计算机网络基础与实践

主　编　卢晓丽　于　洋
副主编　杨晓燕　闫永霞　张　磊　杜永清
参　编　张洪波　姜源水　王　泽

北京理工大学出版社
BEIJING INSTITUTE OF TECHNOLOGY PRESS

内 容 简 介

本书按照由浅入深、循序渐进的模式，对计算机网络基础知识的教学内容进行编排，注重理论与实践的紧密结合，力求展现计算机网络基本知识的全貌。本书共 8 章，包括计算机网络概论、网络体系结构及协议选择、局域网组网技术、交换机的配置与应用、无线局域网、网络互连、网络操作系统和网络管理与网络安全。同时，每章包括相应的实践练习和章节习题，深入浅出，可读性和可操作性较强。

本书内容组织突出"以用为本、学以致用、综合应用"，化解知识难点，增强教学效果。同时，本书采用微课的形式讲解实践性较强及抽象的理论知识，便于学生理解和掌握。本书面向计算机网络初学者，适合作为计算机专业学生的学习用书，也可供广大计算机网络技术人员参考。

版权专有　侵权必究

图书在版编目（CIP）数据

计算机网络基础与实践/卢晓丽，于洋主编．—北京：北京理工大学出版社，2020.8
（2020.9 重印）

ISBN 978 – 7 – 5682 – 7656 – 6

Ⅰ．①计…　Ⅱ．①卢…②于…　Ⅲ．①计算机网络 – 高等学校 – 教材　Ⅳ．①TP393

中国版本图书馆 CIP 数据核字（2019）第 222816 号

出版发行／北京理工大学出版社有限责任公司

社　　址／北京市海淀区中关村南大街 5 号

邮　　编／100081

电　　话／（010）68914775（总编室）

　　　　　（010）82562903（教材售后服务热线）

　　　　　（010）68948351（其他图书服务热线）

网　　址／http：//www.bitpress.com.cn

经　　销／全国各地新华书店

印　　刷／河北盛世彩捷印刷有限公司

开　　本／787 毫米 × 1092 毫米　1/16

印　　张／18.5　　　　　　　　　　　　　　　　　责任编辑／钟　博

字　　数／438 千字　　　　　　　　　　　　　　　文案编辑／毛慧佳

版　　次／2020 年 8 月第 1 版　2020 年 9 月第 2 次印刷　责任校对／周瑞红

定　　价／49.80 元　　　　　　　　　　　　　　　责任印制／施胜娟

图书出现印装质量问题，请拨打售后服务热线，本社负责调换

前　言

当今世界已进入计算机网络的时代。Internet 的飞速发展，使全世界的人们通过计算机网络紧密地联系在一起。人们的学习、工作和生活都已经与计算机网络密切相关。计算机网络的产生、发展、应用和普及正在从根本上改变着人们的生活方式、工作方式和思维方式。计算机网络应用和普及的程度已成为衡量一个国家现代化水平和综合国力的重要标准。计算机网络技术相对复杂，但发展十分迅速，新知识、新技术、新标准、新产品不断涌现，令人目不暇接。本书紧密结合计算机网络的发展方向，将计算机网络基础知识与实际应用相结合，力求内容新颖、覆盖面全、理论结合实际，同时注重培养学生的综合能力。

为适应新型工业化发展的需要，结合信息类专业的特点，本书内容与企业工作岗位需求密切结合，形成了较为鲜明的、以就业为导向的教育特色。本书根据目前计算机类各专业的课程设置情况，构建工作过程系统化的课程体系，由企业专家确定典型教学案例，并提出各种与工程实践相关的技能要求，将这些意见和建议融入课程教学，使教学环节和教学内容最大限度地与工程实践相结合。

本书以培养学生的创新意识和工程实践能力为重点，在讲解计算机网络基础知识的同时，介绍相关知识在网络组建、网络操作系统中的具体应用，使学生掌握计算机网络的体系结构、局域网技术、网络设备的配置与调试、网络操作系统、无线局域网的组建、网络管理与网络安全、Internet 应用与技术原理、物联网等当前较新的网络技术。本书强调适度的理论说明，侧重于应用，力求做到简明通俗、深入浅出和循序渐进。为了便于学生学习使用，加深对教学内容的理解，巩固学习内容和提高实际操作能力，每章最后都配有相应的实践练习和章节习题。

本书是在总结了编者多年来的计算机网络基础与实践教学经验的基础上，由"计算机网络基础与实践课程标准"项目开发团队成员集体编写而成的。本书由卢晓丽和于洋担任主编，杨晓燕、闫永霞、张磊、杜永清担任副主编，长城宽带网络服务有限公司张洪波、神州数码网络有限公司姜源水、丹东诚麟科技有限公司王泽参编。其中第 1 章由于洋编写，第 2 章和第 8 章由闫永霞编写，第 3 章和第 4 章由卢晓丽编写，第 5 章由杨晓燕编写，第 6 章由杜永清编写，第 7 章由张磊编写。全书由卢晓丽统阅定稿。

由于时间仓促，编者水平有限，书中难免存在疏漏和不足之处，欢迎广大读者提出宝贵的意见和建议。

编　者

前　言

目　　录

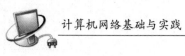

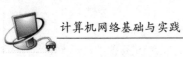

第1章

计算机网络概论

计算机网络是计算机技术与通信技术结合的产物，被认为是人类历史上第五次信息技术革命，自此人类进入网络信息时代。计算机网络的出现和发展给人们的生产和生活方式带来了巨大的变化，引发了经济和社会的变革，使人类走向新的文明。

1.1 概　　述

计算机网络已经深入人们生活与工作的方方面面，网上交流、收发电子邮件、网上购物、网络视频会议、远程医疗、网上订票等都极大地方便了人们的工作与生活。计算机网络的定义是什么？它的功能是什么？它是由什么组成的？它的未来发展如何？应怎样学习计算机网络？

1.1.1　计算机网络的定义

计算机网络是指将地理位置不同的、具有独立功能的多台计算机及其外部设备，通过通信线路连接起来，在网络操作系统、网络管理软件及网络通信协议的管理和协调下，实现资源共享和信息传递的计算机系统。它的简单定义是：一些相互连接的、以共享资源为目的的、自治的计算机的集合。

1.1.2　计算机网络的功能

计算机网络的功能很多，其中非常重要的三个功能是数据通信、资源共享和分布处理。

微课 1-1

1. 数据通信

数据通信是计算机网络最基本的功能。它用来快速传送计算机与终端、计算机与计算机之间的各种信息，包括文字信件、新闻消息、咨询信息、图片资料、报纸版面等。利用这一特点，可将分散在各个地区的单位或部门用计算机网络联系起来，进行统一的调配、控制和管理。

2. 资源共享

"资源"指的是网络中所有的软件、硬件和数据资源。"共享"指的是网络中的用户都能够部分或全部地享受这些资源。例如，某些地区或单位的数据库（如飞机票信息、饭店客房信息等）可供全网使用；某些单位设计的软件可供需要的地方有偿调用或办理一定手续后调用；一些外部设备（如打印机）可面向用户，使没有这些设备的地区也能使用这些硬件设备。如果不能实现资源共享，各地区都需要有一套完整的软、硬件及数据资源，这将大大地增加全系统的投资。

3. 分布处理

当某台计算机负担过重时，或该计算机正在处理某项工作时，网络可将新任务转交给空闲的计算机来完成，这样处理能均衡各计算机的负载，提高问题处理的实时性；对大型综合性问题，可将其各部分交给不同的计算机分头处理，这样可以充分利用网络资源，增强计算机的处理能力，即增强实用性。对解决复杂问题来说，多台计算机联合使用并构成高性能的计算机体系，这种协同工作、并行处理的方式的性价比比单独购置一台高性能的大型计算机高很多。

除了上述三大基本功能外，计算机网络的功能还包括提高可靠性，其表现在网络中的各计算机可以通过网络彼此互为后备，一旦某台计算机出现故障，故障计算机的任务可由其他计算机代为处理，避免了在无后备机的情况下，某台计算机出现故障导致系统瘫痪的现象，大大提高了系统的可靠性。提高计算机的可用性是指当网络中某台计算机负担过重时，网络可将新的任务转交给其中较空闲的计算机来完成，这样就能均衡各计算机的负载，提高每台计算机的可用性。

1.1.3 计算机网络的组成

计算机网络通俗地说就是将多台计算机（或网络设备）通过传输介质和软件（协议）连接在一起组成的。总的来说，计算机网络由网络硬件和网络软件组成。

（1）网络硬件：主机、传输介质和网络设备。

（2）网络软件：网络操作系统、网络通信协议和网络应用软件。

1. 网络硬件

1）主机

这里所说的主机是广义的，它包括通常所说的计算机、服务器、笔记本电脑、平板电脑和手持设备等。

微课 1−2

2）传输介质

传输介质是计算机网络中最基础的通信设施，对网络性能的影响很大。衡量传输介质性能优劣的主要技术指标有传输距离、传输带宽、衰减、抗干扰能力、连通性和价格等。

传输介质可分为两大类：有线传输介质和无线传输介质。有线传输介质利用电缆或光缆等为传输导体，如双绞线（Twisted Pair，TP）等；无线传输介质利用电波或光波为传输导体，如无线电波等。

3）网络设备

（1）网卡：又称网络适配器（Network Adapter）或网络接口卡（Network Interface Card，NIC），是连接计算机和传输介质的接口，它不仅能实现与传输介质之间的物理连接和电信号匹配，还具有帧的发送与接收、帧的封装与拆封、介质访问控制、数据的编码与解码及数据缓存功能等。按照传输介质划分，网卡分为有线网卡和无线网卡；按照是否为独立部件划分，网卡分为独立网卡和集成网卡。

（2）调制解调器（Modem）：一种信号转换装置。其作用是：发送信息时，将计算机的数字信号转换成可以通过模拟通信线路传输的模拟信号，这就是"调制"；接收信息时，把模拟通信线路上传来的模拟信号转换成数字信号传送给计算机，这就是"解调"。

（3）中继器（Repeater）与集线器（Hub）：中继器是最简单的网络延伸设备，其作用就是放大通过网络传输的数据信号。集线器可以说是一种特殊的中继器，也称多口中继器，只是简单地接收数据信号并将其发送到其他所有端口。

（4）交换机（Switch）：将多台主机相互连接构成局域网络的主要设备。当前应用最为广泛的交换机是以太网交换机。以太网交换机一般有很多个 RJ‐45 接口，通过这些接口，可以将多台有以太网接口的计算机用双绞线连接起来，形成一个物理上可以连通的局域网络。这是目前最常用，也是最常见的连接方式。

（5）无线接入点（Access Point，AP）：用于无线网络的无线交换机，通过无线信号将安装有无线网卡的主机或设备连接起来形成一个被无线信号覆盖的局域网络。

（6）路由器（Router）：将不同的局域网、园区网连接起来形成更大的网络的设备。它主要负责在网络间将数据包从源位置转发到最终目的地的路径选取工作。

2. 网络软件

计算机网络中的网络软件包括：

（1）网络操作系统。常用的网络操作系统有 Windows Server、Netware、UNIX、Linux 等。

（2）网络通信协议。为了使网络设备之间能成功地发送和接收信息，必须制定相互都能接受并遵守的语言和规范，这些规则的集合就称为网络通信协议，如 TCP/IP、SPX/IPX、NetBEUI 等。

（3）网络软件。其主要包括网络数据库系统、网络管理软件、网络工具软件和网络应用软件。

1.1.4 计算机网络的应用

计算机网络在资源共享和信息交换方面所具有的功能是其他系统不能替代的。计算机网络的高可靠性、高性价比和易扩充性等优点，使它在工业、农业、交通运输、邮电通信、文化教育、商业、国防及科学研究等各个领域、各个行业中获得了越来越广泛的应用。计算机网络的应用范围十分广泛，下面仅列举一些具有普遍意义和典型意义的应用领域：

（1）办公自动化；

（2）电子数据交换；

（3）远程交换；

（4）远程教育；

（5）电子银行；

（6）电子公告板系统；

（7）搜索引擎；

（8）Web 服务；

（9）电子邮件（E‐mail）；

（10）域名系统（Domain Name System，DNS）；

（11）文件传输协议（File Transfer Protocol，FTP）；

（12）远程登录（Telnet）；

（13）多媒体网络应用。

1.2　计算机网络的发展

计算机网络从 20 世纪 60 年代发展至今，经历了由简单到复杂、由低级到高级、由少量用户到超大量用户及由小范围到超大范围的演变过程。纵观整个演变过程，计算机网络的发展可分为以下 4 个阶段：

（1）面向终端的计算机网络：20 世纪 60 年代初期—60 年代中期。

（2）面向通信的计算机网络：20 世纪 60 年代中期—70 年代中期。

（3）面向标准化的计算机网络：20 世纪 70 年代中期—90 年代末。

（4）网络互连与高速网络：20 世纪 90 年代末至今。

1.2.1　面向终端的计算机网络

1946 年，世界上第一台计算机问世。当时计算机的价格非常高，而且数量少，而通信线路和通信设备又相对便宜，因此，如何利用通信线路将终端与计算机连接起来以有效利用计算机资源，显得尤为重要。所谓终端是指不具备处理和存储功能，只负责接收用户输入的信息，并将结果显示给用户的计算机。

1954 年，第一代计算机网络诞生。它是以单个计算机为中心，利用通信线路将计算机和终端连接起来的网络结构。系统中只有主计算机具有独立的数据处理和数据存储功能；系统中，终端负责输入和输出，即接收用户输入的信息和显示结果。当用户想要进行数据运算和数据存储时，在终端设备输入信息并发送请求；主机接收到请求后对数据进行运算、处理和存储，并将结果通过通信线路返回终端显示给用户。

面向终端的计算机网络经历了两个阶段：面向终端的单机互连系统（图 1-1）和面向终端的多机互连系统（图 1-2）。

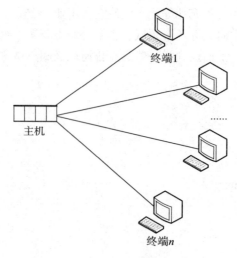

图 1-1　面向终端的单机互连系统

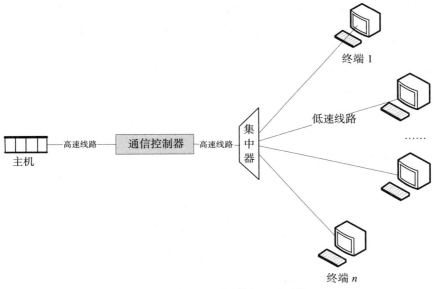

图 1 - 2　面向终端的多机互连系统

在单机互连系统中，主机主要负责终端用户的数据处理和存储以及主机与终端间的通信。随着终端用户对主机业务量的不断增加，主机通信负担过重，降低了网络利用率和主机数据处理业务的效率。

为了克服单机互连系统的缺点，提高网络的可靠性和可用性，产生了多机互连系统，即在主机前增加一个专门用于处理主机与终端间通信的终端网络——前端机。

1.2.2　面向通信的计算机网络

20 世纪 60—70 年代初期，由美国国防部高级研究计划局研制的 ARPANET 网络标志着第二代计算机网络的出现，它将计算机网络分为通信子网与资源子网（图 1 - 3）。通信子网一般由通信设备、网络介质等物理设备构成；资源子网的主体为网络资源设备，如服务器、

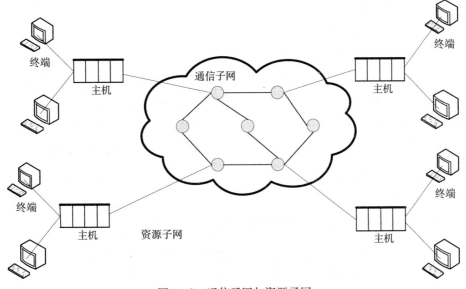

图 1 - 3　通信子网与资源子网

用户计算机（终端机或工作站）、网络存储系统、网络打印机、数据存储设备（曲线以外的设备）等。通信子网为资源子网提供信息传输服务，而资源子网为用户提供资源，两者结合起来组成了统一的资源共享网络。

第二代计算机网络以分组交换网为中心，网络中的通信双方都是具有自主处理能力的计算机，网络功能以资源共享为主。

1.2.3　面向标准化的计算机网络

在第二代计算机网络中后期，各大厂家为了霸占市场，各自开发自己的技术并采用自己的网络体系结构，这使得它们生产出来的设备无法互连，更有甚者同一家产品在不同时期也无法互通，这大大阻碍了网络的发展。

为了实现网络大范围的发展和不同厂家设备的互连，1977 年国际标准化组织（International Organization for Standardization，ISO）提出了一个标准框架——开放系统互连参考模型（Open System Interconnection/Reference Model，OSI/RM），共 7 层。1984 年正式发布了 OSI 标准，使厂家设备、协议实现全网互连。统一的网络体系结构以及遵守国际标准的开放式和标准化的网络标志着计算机网络进入第三个阶段，从此，计算机网络走上了标准化的轨道。

在面向标准化的计算机网络中，所有设备遵循统一的通信规则，采用通信软件实现网络内部及网络间的通信；通过网络操作系统对网络资源进行管理，极大地简化了用户使用网络的步骤，实现了网络对用户的透明服务。

1.2.4　网络互连与高速网络

20 世纪 90 年代末至今都属于计算机网络发展的第四个阶段，即网络互连与高速网络阶段，在这一阶段，相继出现了快速以太网、光纤分布式数据接口（Fiber Distributed Data Interface，FDDI）、快速分组交换技术（包括帧中继、ATM）、千兆以太网、B－ISDN 等一系列新型网络技术。随着 Internet 的建立，它把分散在各地的网络连接起来，形成一个跨越国界范围、覆盖全球的网络。Internet 就是这一代网络的典型代表，它已经成为人类最重要的、最大的知识宝库。

综上，4 个计算机网络时代可总结如下：

（1）第一代计算机网络由主机、通信线路、终端组成，是计算机网络的"雏形"。

（2）以分组交换网为中心的资源子网和通信子网是计算机网络的"形成与发展"阶段。

（3）面向标准提供统一通信规则的第三代计算机网络是计算机网络的"成熟"阶段。

（4）面向综合化、高速化的第四代计算机网络属于计算机网络的"继续发展"阶段。

1.2.5　中国互联网的发展史

1. 第一阶段——网络探索（1987—1994 年）

1987 年 9 月 20 日，北京计算机应用技术研究所钱天白教授发出了中国第一封电子邮件："Across the Great Wall we can reach every corner in the world"。该邮件经意大利到达德国的卡尔斯鲁厄大学，成为我国互联网（Internet）的开山之笔。

1988—1990 年，中国不断在网络的道路上探索。1991—1994 年，中国政府通过多种渠道、多种方式申请加入 Internet；1994 年年初，中国获准加入 Internet；1994 年 4 月 20 日，中国正式成为真正拥有全功能 Internet 的第 77 个国家；1990 年 10 月 10 日，王运丰确定使用"CN"作为中国的域名；1994 年 5 月 21 日，".CN"域名服务器最终"回家"，中国科学院计算机网络信息中心完成了服务器设置，并负责服务器的管理和维护工作。

2. 第二阶段——蓄势待发（1994—1997 年）

在此期间，四大 Internet 主干网——中国科技网（CSTNet）、金桥信息网（CHINAGBN）、中国公共计算机互联网（CHINANET）及中国教育和科研计算机网（CERNET）相继建设，开启了铺设中国信息高速公路的历程。1997 年 10 月，四大主干网实现了互连互通。

3. 第三阶段——应运而生（1997—1998 年）

中国互联网进入空前活跃期，应用发展迅猛。下面是中国互联网中的"第一事件"：

（1）1994 年 5 月，国家智能计算机研究开发中心开通曙光 BBS 站，这是中国大陆的第一个 BBS 站。

（2）1995 年 1 月，由国家教委主管主办的《神州学人》杂志，经中国教育和科研计算机网进入 Internet，成为中国第一份中文电子杂志。

（3）1996 年 9 月 22 日，中国第一个城域网——上海热线正式开通并进行试运行，这标志着作为上海信息港主体工程的上海公共信息网正式建成。

（4）1996 年 11 月 15 日，实华开公司在北京首都体育馆旁边开设了实华开网络咖啡屋，这是中国第一家网络咖啡屋。

（5）1997 年 1 月 1 日，《人民日报》主办的人民网进入国际互联网络，这是中国开通的第一家中央重点新闻宣传网站。

（6）1997 年 2 月，瀛海威全国大网开通，成为中国最早，也是最大的民营互联网服务提供商（Internet Service Provider，ISP）和互联网内客提供商（Internet Content Provider，ICP）。

（7）1997 年 11 月，中国互联网络信息中心（China Internet Network Information Center，CNNIC）发布了第一次《中国互联网络发展状况统计报告》。

（8）1998 年 3 月 16 日，163.net 开通了容量为 30 万用户的中国第一个免费电子邮件系统。

（9）1999 年 7 月 12 日，中华网在纳斯达克首发上市，这是第一支在美国纳斯达克上市的中国概念网络公司股。

4. 第四阶段——网络大潮（1999—2002 年）

在此期间，中国互联网进入普及和快速增长期，网上教育、网上银行、电子商务、网络游戏、即时通信等层出不穷。2000 年 4 月 13 日，新浪宣布首次公开发行股票，第一支真正来自中国的网络股在纳斯达克上市。2000 年 7 月 5 日，网易宣布发行股票，登陆纳斯达克。2000 年 7 月 12 日，搜狐在纳斯达克挂牌上市。三大门户网站的相继上市，掀起了中国互联网的第一轮投资热潮。

5. 第五阶段——繁荣与未来（2003 年至今）

应用多元化到来，中国互联网逐步走向繁荣。人们通过各种媒体开始了解互联网的神奇之处，中国网民开始呈几何级数增长，上网从前卫变成了一种真正的需求。一场互联网革命就这样传遍了全国。

1.3　计算机网络的分类

计算机网络可以有多种分类形式，如按覆盖范围划分、按传输方式划分、按管理性质划分和按逻辑功能划分等。

按网络覆盖范围划分：局域网、城域网、广域网、接入网。

按逻辑功能划分：通信子网、资源子网。

按管理性质划分：客户机/服务器网络、对等网络。

按传输方式划分：广播网络、点对点网络。

按数据交换方式划分：电路交换、报文交换、分组交换。

按网络用途划分：公用网、专用网。

1.3.1　按网络覆盖范围划分

1. 局域网

局域网（Local Area Network，LAN）是指一组相互连接、接受统一管理控制的本地网络。局域网一般限定在较小的区域内，覆盖范围一般不超过10km，属于一个部门或单位组建的小范围网络。其特点如下：

微课 1-3

（1）传输速度高，但覆盖范围有限。

（2）主要面向单位内部提供各种服务。

2. 城域网

城域网（Metropolitan Area Network，MAN）位于骨干网与接入网的交汇处，是通信网中最复杂的应用环境，各种业务和协议都在此汇聚、分流和进出骨干网。多种交换技术和业务网络并存的局面是城域网建设所面临的最主要的问题。其特点如下：

（1）传输速度高，网络覆盖范围局限在一个城市。

（2）面向一个城市或一个城市的某系统内部提供电子政务、电子商务等服务。

3. 广域网

广域网（Wide Area Network，WAN）的覆盖范围比局域网和城域网都大。广域网的通信子网主要使用分组交换技术。通信子网利用公用分组交换网、卫星通信网和无线分组交换网，将分布在不同地区的局域网或计算机系统连接起来，达到资源共享的目的。例如，互联网是世界范围内最大的广域网。

4. 接入网

接入网（Access Network，AN）又称本地接入网或居民接入网，是近年来由于用户对高速上网需求的增加而出现的一种网络。

广域网、城域网、接入网和局域网的关系如图 1-4 所示。

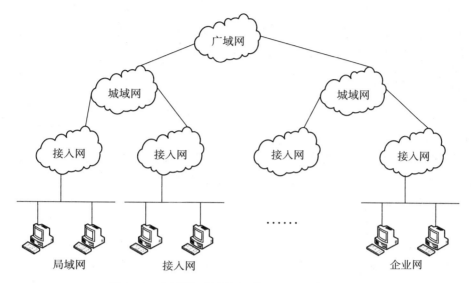

图 1-4　广域网、城域网、接入网和局域网的关系

局域网、城域网和广域网的比较见表 1-1。

表 1-1　局域网、城域网和广域网的比较

网络	覆盖范围	传输速度	数据稳定性	使用方向
局域网	很小	很快	稳定	局部资源共享，部分网络服务应用
城域网	小	快	稳定	城市范围内的网络服务应用
广域网	大	较快	较稳定	全世界范围内网络服务的广泛应用

1.3.2　按逻辑功能划分

1. 资源子网

资源子网负责全网的数据处理业务，并向网络用户提供各种网络资源和网络服务。资源子网主要由主机、终端及相应的 I/O 设备、各种软件资源和数据资源组成。

2. 通信子网

通信子网的作用是为资源子网提供传输、交换数据信息的能力。通信子网主要由通信控制处理机、通信链路及其他设备（如调制解调器等）组成。

1.3.3　按管理性质划分

按管理性质的不同，计算机网络可分为客户机/服务器（Client/Server）网络和对等网络。

在客户机/服务器网络中，服务器是高性能的计算机，专门为其他计算机提供服务；客户机是通过向服务器发出请求获得相关服务的计算机。

在对等网络中，所有计算机的地位是平等的，没有专门的服务器。每台计算机既作为服务器，又作为客户机；既为其他计算机提供服务，又从其他计算机那里获得服务。由于对等网络没有专门的服务器，因此只能分别管理，不能统一管理，管理起来不是很方便。因此，对等网络一般应用于计算机较少、安全性不高的小型局域网中。

1.3.4　按传输方式划分

按传输方式的不同，计算机网络可分为广播网络和点对点网络。

微课1-4

广播网络是指网络中的计算机或者设备使用一个共享的通信介质进行数据传播，网络中的所有节点都能收到任一节点发出的数据信息。

点对点网络指网络中的两个节点是点对点通信的。若两台计算机之间没有直接连接的线路，它们之间的通信就要通过中间节点来接收、存储和转发，直至到达目的地。

1.3.5　按数据交换方式划分

按数据交换方式的不同，计算机网络可分为电路交换、报文交换和分组交换。

1. 电路交换

电路交换在发送方和接收方设备之间建立一条专用的物理链路，并在通话期间保持不变。

其优点如下：

（1）实时性好。

（2）数据传输速率稳定。

（3）不存在信道访问延迟。

其缺点如下：

（1）不能充分发挥传输媒介的潜力。

（2）传输媒介的价格昂贵。

（3）长距离连接的建立过程长。

2. 报文交换

报文交换以报文为传输单位，报文中携带目的地址、源地址等信息。报文在从源节点到达目的节点的过程中无须提前建立链接，而是根据网络实际情况进行相应的路由选择，在交换节点处采用存储转发的传输方式。

其优点如下：

（1）提供有效的通信管理。

（2）减轻网络通信的拥堵状况。

（3）比电路交换更加有效地利用信道资源。

（4）在不同时区里提供异步通信能力。

其缺点如下：

（1）不能满足实时应用的要求。

（2）投资可能较多。

（3）不适合交互式通信。

3. 分组交换

分组交换在发送端先把较长的报文划分成较短的、固定长度的数据段，然后在每个数据段前面添加首部构成分组，接着以分组为传输单元将它们依次发送到接收端，最后接收端收到分组后，剥去首部还原成报文。

其优点如下：

（1）在繁忙的通信电路中，由于其能将数据分割到不同的路由中，因此能对带宽资源进行有效的利用。

（2）在传输过程中，如果网络中的一条特定链路出现故障而中断，剩余数据包可通过其他路由传送。

其缺点如下：

（1）存在存储－转发延迟。

（2）存在排队延迟。

（3）会出现数据包丢失。

电路交换、报文交换和分组交换的对比见表 1－2。

表 1－2　电路交换、报文交换和分组交换的对比

项目	电路交换	报文交换	分组交换
数据传输单位	整个报文	分段报文	分组
链路建立与拆除	需要	不需要	不需要
路由选择	链路建立时进行	每个报文进行	每个分组进行
链路故障影响	无法继续传输	无影响	无影响
传输延迟	需要一定的链路建立时间，但数据传输延迟最短	不需要建立链路，但存储转发因排队会出现延迟，数据传输慢	不需要建立链路，但存储转发因排队会出现延迟，数据传输比报文交换传输快

1.3.6　按网络用途划分

1. 公用网

公用网一般是由国家邮电或电信部门建设的通信网络，由政府电信部门管理和控制。按规定缴纳相关租用费用的部门和个人均可以使用公用网，如公共电话交换网（Public Switched Telephone Network，PSTN）、数字数据网（Digital Data Network，DDN）、综合业务数字网（Integrated Services Digital Network，ISDN）等，如图 1－5 所示。

2. 专用网

专用网是指单位自建的、满足本单位业务需求的网络。专用网不向本单位以外的人提供服务，如金融、石油、军队、铁路、电力等系统均拥有本系统的专用网。随着信息时代的到来，各企业纷纷采用 Internet 技术建立内部专用网（Intranet）。它以 TCP/IP 为基础，以 Web 为核心应用，组成统一和便利的信息交换平台。

图 1-5 公用网

1.4 网络的性能指标

1.4.1 带宽和吞吐量

微课 1-5

1. 带宽

带宽是指计算机网络中的主机在数字信道上，单位时间内从一端传送到另一端的最大数据量，即最大速率。用供水管来比喻，假设管子中有流动的水，这里的水就好比数据；在单位时间内，从管子的某个横截面流出的水量可以看作速率；当管子中充满水时，单位时间内从管子的某个横截面流出的水量可以看作最大速率，即带宽。

在实际网络应用中，下载软件时常常显示 125kB/s、103kB/s 等宽带速率大小字样，因为 ISP 提供的线路带宽使用的单位是比特（bit），而一般下载软件显示的是字节（Byte，1Byte=8bit），所以要通过换算才能得到实际值。以 1M（1Mbit/s）宽带为例，按照换算公式进行换算：

$$1 \text{ Mbit/s} = 1000\text{kB/s} = (1\,000/8) \text{ kB/s} = 125\text{kB/s}$$

因此，4M（4Mbit/s）的宽带理论速率是 500kB/s，实际速率为 200~440kB/s，因为实际速率往往受到用户计算机性能、网络设备质量、资源使用情况、网络高峰期、网站服务能力、线路衰耗及信号衰减等多方面因素的影响。

2. 吞吐量

吞吐量是计算机网络中的主机在给定的带宽或额定速率下，单位时间内通过某个网络（信道、接口）的实际数据量，可以理解为用户获得的实际带宽。吞吐量不会大于带宽或额定速率，100Mbit/s 的以太网，其吞吐量上限值也为 100Mbit/s。

1.4.2 响应时间和时延

1. 响应时间

响应时间是指从终端发起到远端的连接请求，到收到远端的回复所需要的时间，即数据包一次往返所花费的时间。有很多因素会影响响应时间，如网络的负荷、网络主机的负荷、网络的带宽、网络设备的负荷等。

2. 时延

时延是数据从网络的一端传送到另一端所需要的时间，包括发送时延、传播时延、处理时延和排队时延，如图 1-6 所示。发送时延是指数据从节点进入传输介质所需的时间；传播时延是指电磁波在信道中从一端传播到另一端所花费的时间；处理时延是为存储转发进行处理所花费的时间；排队时延是节点缓存队列中分组排队所经历的时延，它取决于网络中当时的通信量。

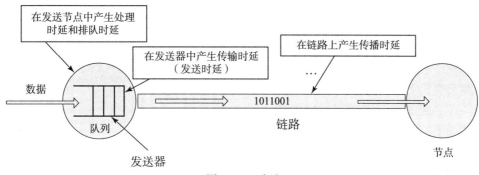

图 1-6　时延

1.4.3　网络利用率

信道利用率是指信道平均被占用的程度。完全空闲的信道利用率是零，但信道利用率并非越高越好。网络利用率是全网络信道利用率的加权平均值。网络利用率与时延的关系是随着网络利用率的增加，时延呈几何级数增长，如图 1-7 所示。

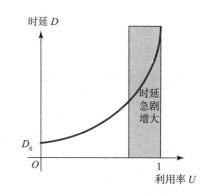

图 1-7　网络利用率与时延的关系

1.4.4　网络的可用性、可靠性和可恢复性

网络的可用性是指网络是否能正常通信，路径是否可达；网络的可靠性是指网络自身（设备、软件和线路）在规定条件下和规定时间内正常工作的能力；网络的可恢复性是指当网络存在问题影响通信时，网络恢复正常通信的能力。它们三者之间的关系：网络的可用性是基本，网络的可恢复性是保障，网络的可靠性是目标。

1.5　实践练习

对等局域网的组建与配置

1. 工作任务

任务导入：大白是计算机网络技术专业的毕业生，毕业后进入一家网络公司从事网络现场布线工作。现有一家公司租用了一层办公楼，该公司共有 3 个部门，分别是技术部、财务部和人力资源部，另外还有一间公司负责人办公室。该公司的要求是在部门内部可以相互访问，部门间不能相互通信，公司负责人有权查看各部门的资料。

任务分解：要想完成上述项目，先要对该项目进行分解。首先组建各部门的内部对等局域网，然后组建公司客户机/服务器网络，最后是公司网络与外网的连接。大白负责技术部对等局域网的组建工作，他将这一任务分成两部分：组建对等局域网和设置等对局域网中的资源共享。

2. 任务实施

任务实施分为两部分：组建对等局域网和设置对等局域网中的资源共享。

任务实施一：组建对等局域网。

第 1 步：利用直连双绞线将各计算机连接到交换机上，如图 1 - 8 所示。

第 2 步：配置计算机 PC0 的 IP 地址，步骤如下：

（1）用鼠标右键单击桌面上的"网络"图标 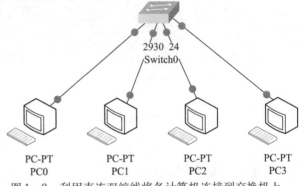，在弹出的快捷菜单中选择"属性"命令，打开图 1 - 9 所示的"网络和共享中心"窗口。

图 1 - 8　利用直连双绞线将各计算机连接到交换机上

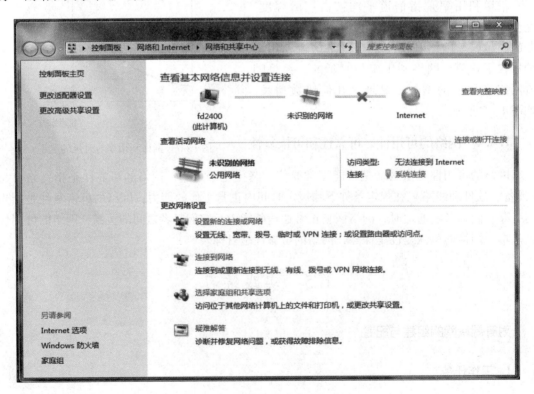

图 1 - 9　"网络和共享中心"窗口

（2）单击"更改适配器设置"超链接，打开"网络连接"窗口，如图 1 - 10 所示。

图 1 - 10 "网络连接"窗口

（3）用鼠标右键单击"系统连接"图标，在弹出的快捷菜单中选择"属性"命令，弹出"系统连接 属性"对话框，如图 1 - 11 所示。

图 1 - 11 "系统连接 属性"对话框

（4）双击"Internet 协议版本 4（TCP/IPv4）"选项，弹出"Internet 协议版本 4（TCP/IPv4）属性"对话框，如图 1 - 12 所示。

（5）单击"高级"按钮，在弹出的"高级 TCP/IP 设置"对话框中删除所有地址。单击"添加"按钮添加 IP 地址。在"IP 地址"文本框中输入"192.168.11.10"，在"子网掩码"文本框中输入"255.255.255.0"，单击"确定"按钮，关闭当前对话框。对等局域网内的其他计算机的 IP 地址的前 3 个数都是 192.168.1，第 4 个数可以是 2~254 之间的任何数。

第 3 步：利用 ipconfig 命令检查计算机 PC0 的 IP 地址是否配置正确。在命令行窗口中输入"ipconfig"，查看本机 IP 地址是否设置成功。单击"开始"菜单，在"搜索程序和文件"文本框中输入"cmd"，按 Enter 键后打开命令提示符窗口。在命令行下输入"ipconfig"，查看本机的 IP 地址、子网掩码和每个网卡的默认网关值，如图 1 - 13（a）所示。

在命令行下输入"ipconfig/all"，查看完整的配置（包括 DNS 等），如图 1 - 13（b）所示。

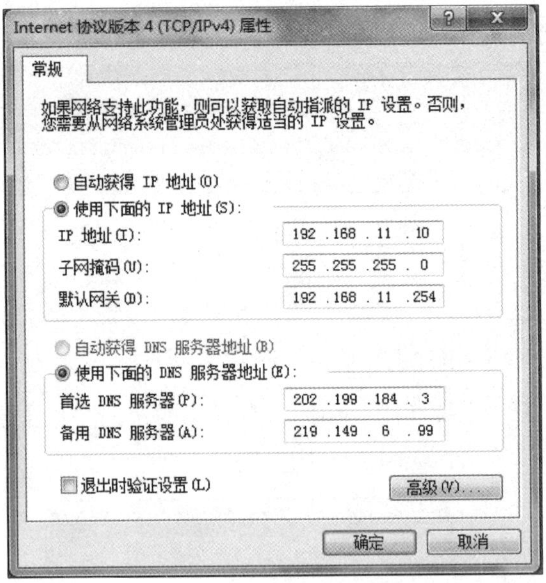

图 1 - 12 "Internet 协议版本 4 (TCP/IPv4) 属性" 对话框

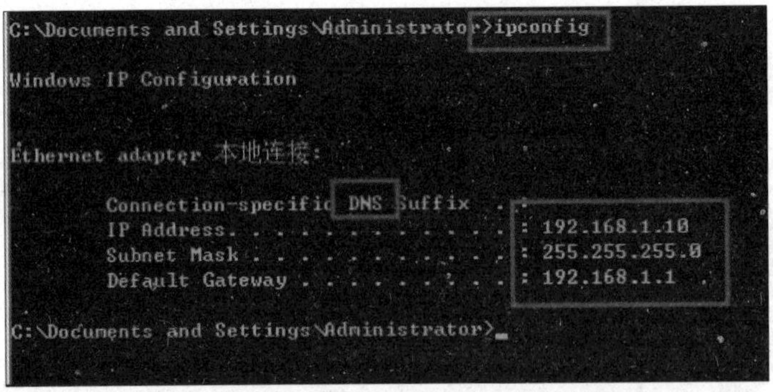

（a）

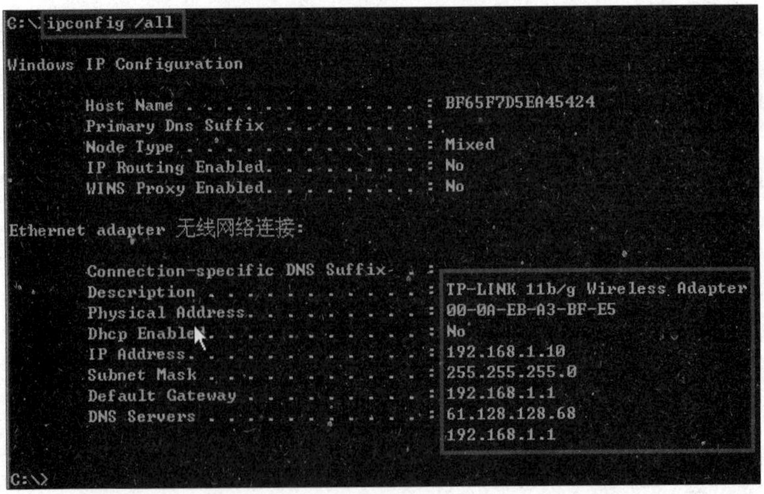

（b）

图 1 - 13 ipconfig 命令的使用

（a）查看 IP 地址；（b）查看完整的配置

第 4 步：按照第 2 步所示，配置计算机 PC1～PC3 的 IP 地址，并查看 IP 地址的配置是否正确。注意，配置 IP 地址时，不能与 PC0 的 IP 地址相同，即组内各计算机的 IP 地址必须是唯一的。

第 5 步：利用 ping 命令测试该局域网内计算机的连通性。

任务实施二：设置对等局域网中的资源共享。

第 1 步：组建对等局域网。利用双绞线连接计算机与交换机，组建对等局域网。

第 2 步：设置对等局域网中各计算机的 IP 地址并检查对等局域网中计算机的连通性。

第 3 步：同步工作组。查看或更改计算机的工作组、计算机名等信息，用鼠标右键单击"计算机"图标，在弹出的快捷菜单中选择"属性"命令，如图 1－14 所示，打开"系统"窗口。

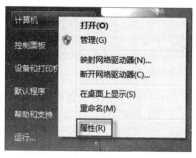

图 1－14　选择"属性"命令

若相关信息需要更改，则单击"计算机名称、域和工作组设置"一栏中的"更改设置"超链接，如图 1－15 所示。

图 1－15　单击"更改设置"超链接

弹出图 1－16（a）所示的"系统属性"对话框，单击"更改"按钮，在弹出的"计算机名/域更改"对话框中输入合适的计算机名和工作组名后，单击"确定"按钮，如图 1－16（b）所示（默认工作组为 WORKGROUP，简易版和家庭版不带域功能）。这一步操作完成后，应重启计算机使更改生效。

第 4 步：配置网络和共享中心。

打开"控制面板"/"网络和 Internet"/"网络和共享中心"窗口，单击"更改高级共享设置"超链接，如图 1－17 所示。

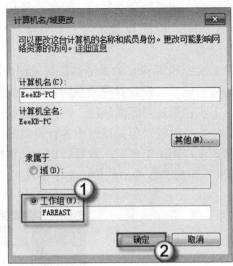

（a）   （b）

图 1-16　设置计算机系统属性

（a）"系统属性"对话框；（b）"计算机名/域更改"对话框

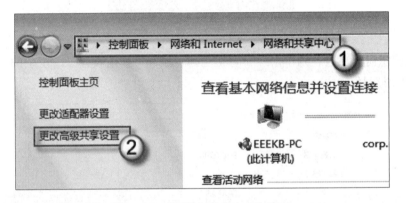

图 1-17　"网络和共享中心"窗口

选中"启用网络发现""启用文件和打印机共享""启用共享以便可以访问网络的用户可以读取和写入公用文件夹中的文件""关闭密码保护共享"单选按钮，如图 1-18所示。

第 5 步：设置防火墙，启用来宾（Guest）账户。

打开"控制面板"/"系统和安全"/"Windows 防火墙"窗口，检查防火墙设置，确认"文件和打印机共享"选项处于允许状态，如图 1-19 所示。

打开"控制面板"/"用户账户及家庭安全"/"用户账户"/"管理其他账户"/"Guest"/"启用来宾账户"窗口，单击"启用"按钮。

第 6 步：共享对象设置。

如果需要共享某些特定的 Windows 7 文件夹，则用鼠标右键单击此文件夹，在弹出的快捷菜单中选择"属性"命令，如图 1-20 所示。

网络发现

如果已启用网络发现，则此计算机可以发现其他网络计算机和设备，而其他网络计算机亦可发现此计算机。什么是网络发现？

- 启用网络发现
- 关闭网络发现

文件和打印机共享

启用文件和打印机共享时，网络上的用户可以访问通过此计算机共享的文件和打印机。

- 启用文件和打印机共享
- 关闭文件和打印机共享

公用文件夹共享

打开公用文件夹共享时，网络上包括家庭组成员在内的用户都可以访问公用文件夹中的文件。什么是公用文件夹？

- 启用共享以便可以访问网络的用户可以读取和写入公用文件夹中的文件
- 关闭公用文件夹共享(登录到此计算机的用户仍然可以访问这些文件夹)

密码保护的共享

如果已启用密码保护的共享，则只有具备此计算机的用户帐户和密码的用户才可以访问共享文件、连接到此计算机的打印机以及公用文件夹。若要使其他用户具备访问权限，必须关闭密码保护的共享。

- 启用密码保护共享
- 关闭密码保护共享

家庭组连接

通常，Windows 管理与其他家庭组计算机的连接。但是如果您在所有计算机上拥有相同的用户帐户和密码，则可以让家庭组使用您的帐户。帮助我决定

- 允许 Windows 管理家庭组连接(推荐)
- 使用用户帐户和密码连接到其他计算机

图 1-18　"高级共享设置"窗口

允许程序通过 Windows 防火墙通信

若要添加、更改或删除所有允许的程序和端口，请单击"更改设置"

允许程序通信有哪些风险？

更改设置(N)

允许的程序和功能(A)：

名称	家庭/工作(专用)	公用
□ 分布式事务处理协调器	□	□
□ 安全套接字隧道协议	□	□
☑ 家庭组	☑	□
□ 性能日志和警报	□	□
☑ 文件和打印机共享	☑	☑
□ 无线便携设备	□	□
☑ 核心网络	☑	☑
☑ 网络发现	☑	☑
☑ 腾讯QQ2009	☑	□
□ 路由和远程访问	□	□
□ 远程事件日志管理	□	□

详细信息(L)...　　删除(M)

图 1-19　确认"文件和打印机共享"选项处于允许状态　　　　图 1-20　选择"属性"命令

在弹出的文件夹属性对话框中选择"共享"选项卡，单击"高级共享"按钮，如图 1 - 21 所示。

弹出"高级共享"对话框，选中"共享此文件夹"复选框，单击"确定"按钮退出，如图 1 - 22 所示。

图 1 - 21　单击"高级共享"按钮

图 1 - 22　"高级共享"对话框

如果某文件夹被设置为共享文件夹，则它的所有子文件夹都将默认被设置为共享文件夹。

设置共享文件权限：用鼠标右键单击将要共享的文件夹，在弹出的快捷菜单中选择"属性"命令。在弹出的文件夹属性对话框中选择"安全"选项卡，单击"编辑"按钮，如图 1 - 23 所示。

弹出文件夹权限对话框，单击"添加"按钮，如图 1 - 24 所示。

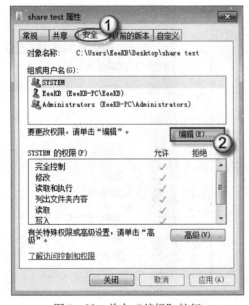

图 1 - 23　单击"编辑"按钮

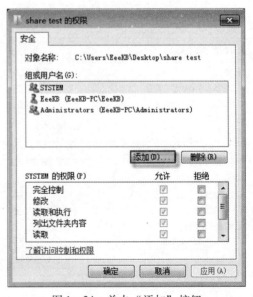

图 1 - 24　单击"添加"按钮

弹出"选择用户或组"对话框，在"输入对象名称来选择"文本框中输入"Everyone"，单击"确定"按钮退出，如图 1 - 25 所示。

图 1 - 25　"选择用户或组"对话框

选中"Everyone"，在权限选择栏中选中将要赋予 Everyone 的相应权限，如图 1 - 26 所示。

第 7 步：查看共享文件夹。

打开"控制面板"/"网络和 Internet"/"查看网络计算机和设备"窗口，选择相应的计算机/设备名称即可查看共享文件夹。在网络中可看到对等局域网中的计算机，单击设有共享目录的那台主机，可看到其下面的共享文件夹，如图 1 - 27 所示。

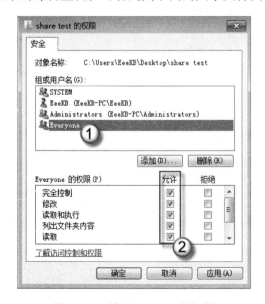

图 1 - 26　设置 Everyone 的权限

图 1 - 27　查看共享文件夹

3. 任务结果

使用 ipconfig 命令确认本机 IP 地址已配置正确，使用 ping 命令确认本对等局域网内的各计算机处于连通状态，在该对等局域网中可以实现文件和文件夹的共享。

本章习题

一、选择题

1. 在网络上只要有一个节点故障就可能使整个网络瘫痪的网络结构是（　　　）。

A. 星型网络　　　　　B. 总线型网络　　　　C. 环型网络　　　　D. 分布式网络

2. 以下关于星型网络的说法中正确的是（假定集中区所用设备是集线器）（　　　）。

A. 一旦集线器出现故障，则整个网络就会崩溃

B. 如果有一段网络介质断裂了，则整个网络不能正常工作

C. 因为网络的唯一集中区位于集线器处，所以星型拓扑结构易于维护

D. 星型网络消除了端用户对中心系统的依赖性

3. 以下关于局域网的叙述中不正确的是（　　　）。

A. 局域网覆盖的地理范围是有限的

B. 局域网具有较高的数据传输速率和误码率

C. 局域网的主要技术要素是网络拓扑结构、传输介质和介质访问控制方法

D. 局域网易于建立、维护和扩展

4. 计算机网络的主要目的是实现（　　　）。

A. 数据通信　　　　B. 资源共享　　　　C. 远程登录　　　　D. 分布式处理

5. 在计算机网络组成结构中，（　　　）负责完成网络数据传输、转发等任务。

A. 资源子网　　　　B. 局域网　　　　C. 通信子网　　　　D. 广域网

6. （　　　）拓扑结构比较适合对数据或用户进行分层管理。

A. 环型　　　　　　B. 树型　　　　　　C. 总线型　　　　　D. 网状型

7. （　　　）的特点是结构简单、传输时延确定，但系统维护工作复杂。

A. 网状拓扑结构　　　　　　　　　B. 树型拓扑结构

C. 环型拓扑结构　　　　　　　　　D. 星型拓扑结构

8. 目前，实际存在与使用的广域网基本采用（　　　）。

A. 树型拓扑结构　　　　　　　　　B. 网状拓扑结构

C. 星型拓扑结构　　　　　　　　　D. 环型拓扑结构

9. 在（　　　）中，所有联网的计算机都共享一个公共通信信道。

A. 互联网　　　　B. 广播式网络　　　　C. 广域网　　　　D. 点对点网络

二、简答题

1. 概述计算机网络的功能，并举例说明。

2. 概述计算机网络的拓扑结构分类及特点。

3. 简述计算机网络的分类，至少 5 种。

4. 查看计算机 IP 地址的方法有哪两种？

5. 同一局域网内的计算机 IP 地址可以是一样的吗？为什么？

6. 如何设置可供来宾账户查看、执行，但不允许写入和修改的共享目录？

第 2 章

网络体系结构及协议选择

计算机网络是一个复杂的系统，需要解决的问题很多并且性质各不相同。为了减少其设计的复杂性，通常把计算机网络按照一定的功能和逻辑关系划分出层次结构，对网络协议也分层进行描述。计算机网络体系结构就是这种层次结构和协议的集合，即描述网络的功能及其划分，它为网络硬件、网络软件、网络协议、存取控制和拓扑结构提供了标准。

2.1 计算机网络体系结构

2.1.1 采用层次结构的优势

随着数据通信和计算机网络技术的发展，计算机网络系统的种类越来越多、越来越复杂，在设计完整的网络时，可以将难以管理的、复杂的任务划分成几个较小的、易于处理的设计问题，即分层设计。不同的网络，其分层的数目、各层的名称、内容和功能也不尽相同。每一层的目的都是向上一层提供特定的服务，当前层的实现细节对上一层是屏蔽的。

计算机网络采用结构化的分层设计方法，将网络的通信子网与资源子网分成相对独立的易于操作的层次，依靠各层之间的功能组合来提供网络的通信服务和资源共享，从而方便了网络系统的设计、修改和更新。计算机网络采用分层结构有以下优势：

（1）各层之间相互独立。高层并不需要知道低层是如何实现服务的，仅需要知道该层通过层间的接口所提供的服务。

（2）灵活性好。当一层发生变化时，只要接口保持不变，则这层以上或以下各层均不受影响。另外，当某层提供的服务不再被需要时，甚至可将该层取消。

（3）结构上可分隔开。各层都可以采用最合适的技术来实现，各层实现技术的改变不会影响其他层。

（4）易于实现和维护。因为整个系统已被分解为若干个易于处理的层，这种结构使一个庞大而复杂的系统的实现和维护变得容易。

（5）有利于促进标准化。因为每一层的功能和所提供的服务都已有了精确的说明，所以有利于促进标准化。

2.1.2 分层原则

计算机网络主要是解决异地独立工作的计算机之间实现正确、可靠的通信这一问题，计算机网络分层体系结构模型正是为解决这一关键问题而设计的。在网络的层次结构中，各层有各层的协议，网络体系的分层一般应遵循以下原则：

（1）根据逻辑功能的需要进行网络分层，每一层应当实现一个明确的功能集合。

（2）层与层的结构要相对独立和相互隔离，从而使某一层内容或结构的变化对其他层的影响较小，各层的功能、结构应相对稳定。

（3）每一层的选择应当有助于制定国际标准化协议。

（4）尽量做到相邻层间接口清晰，选择层间边界时应尽量减少跨过端口的信息量。

（5）层数应足够多，以免不同的功能混杂在同一层中，使实现变得复杂；同时层又不能太多，否则网络体系结构将过于庞大。

2.1.3 协议

计算机网络由多个互连的节点组成，节点之间要有条不紊地进行数据交换和信息控制，因此，每个节点都必须遵守一些事先约定好的规则。这些为计算机网络中进行数据交换而建立的规则、标准或约定的集合称为网络协议（Protocol）。

一个网络协议主要由以下 3 个要素组成：

（1）语义：解释控制信息每个部分的意义，规定了需要发出何种控制信息，以及完成的动作与作出什么样的响应。

（2）语法：用户数据与控制信息的结构与格式，以及数据出现的顺序。

（3）时序：对事件发生顺序的详细说明。

人们形象地把这 3 个要素描述为：语义表示要做什么，语法表示要怎么做，时序表示按什么顺序做。网络协议对计算机网络来说是不可缺少的，一个功能完备的计算机网络需要制定一套复杂的协议表，对于复杂的计算机网络协议，最好的组织方式是采用层次结构模型。分层设计的网络体系结构中，不同系统同等层之间的通信规则就是该层使用的协议，如有关第 N 层的通信规则的集合就是第 N 层协议。

2.1.4 接口和服务

1. 接口和服务的概念

分层设计的网络体系结构中，不同系统同等层之间采用相同的协议，同一系统上的相邻功能层之间的信息传递是通过接口来进行的。用"接口"来描述相邻层之间的相互作用，两个相邻层之间，下层为上层提供服务，上层利用下层提供的服务实现规定给自己的功能，这种服务和被服务的关系就是接口关系。接口是同一系统相邻功能层之间的通信约定，每一层的接口告诉它上面的进程应该如何访问本层、它定义了哪些参数，以及结果是什么，但并没有说明本层内容是如何工作的。

服务是指为相邻的上层提供的功能调用，每层只能调用紧邻的下层提供的服务，服务通过服务访问点（Service Access Point，SAP）提供。一个服务通常是由一组原语操作来描述的，用户进程通过这些原语操作可以访问该服务，这些服务告诉该服务执行某个动作，或者将某个对等体所执行的动作报告给用户，即服务指明了该层做什么，而不是上层实体如何访问该层，即服务定义了该层的语义。

2. 服务与协议的关系

服务与协议是截然不同的概念，服务是指某一层向它的上一层提供的一组原语操作，它定义了该层打算代表其用户执行哪些操作，但并不涉及如何实现这些操作。服务会涉及两层之间的接口，其中低层是服务提供者，上层是服务的用户。协议是一种规则，是同一层上对等实体之间所交换的消息或分组的格式和含义，协议涉及不同计算机上对等实体间发送的分组。这些实体利用协议来实现它们的服务定义，实体可以自行改变协议，但不能改变服务。

2.1.5　网络体系结构

随着计算机网络技术的发展，网络系统的种类越来越多、越来越复杂，计算机网络的设计采用了程序设计中的"结构化"思想，把网络设计为分层的结构，上一层建立在下一层的基础上，每相邻层之间有一个接口，各层之间通过接口传递信息数据，各层内部的功能实现方式对外加以屏蔽，这样对整个网络的研究就转化为对各层的研究。

网络体系结构就是指计算机网络层次结构模型和各层协议的集合，是对计算机网络的逻辑结构和应完成的功能的精确定义。体系结构是抽象的，而不是具体的实现，即计算机网络体系结构只是从功能上描述计算机网络设置了多少层及每层提供哪些服务，不涉及每层硬件和软件的组成及如何实现服务等问题。

世界上第一个网络体系结构是 IBM 公司于 1974 年提出的系统网络体系结构（System Network Architecture，SNA）。此后，许多公司纷纷提出了各自的网络体系结构，这些网络体系结构都采用了分层技术，但层次的划分、功能的分配与采用的技术术语均不相同。随着信息技术的发展，网络互连成为人们迫切需要解决的问题。目前计算机网络体系结构主要有两种分层模型：一种是 ISO 推出的开放系统互连参考模型（7 层），另一种是 TCP/IP 的 4 层模型。

2.2　开放系统互连参考模型

2.2.1　开放系统互连参考模型的层次结构

开放系统互连参考模型（OSI/RM）为开放系统互连提供了一种功能结构的框架，所谓开放系统是指遵循国际标准的、能够通过互连而相互作用的系统。OSI/RM 是一种分层的体系结构，它定义了网络互连的 7 层结构，并在该结构下详细规定了每一层的功能服务，以实现开放系统环境中的互连性、互操作性和应用的可移植性。

OSI/RM 的 7 层结构从低到高依次为物理层（Physical Layer）、数据链路层（Data Link Layer）、网络层（Network Layer）、传输层（Transport Layer）、会话层（Session Layer）、表示层（Presentation Layer）和应用层（Application Layer），如图 2 – 1 所示。

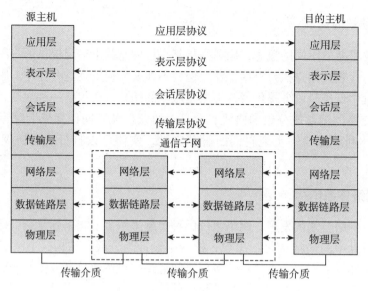

图 2 - 1　OSI/RM 的 7 层结构

2.2.2　开放系统互连参考模型各层功能简介

1. 物理层

物理层位于 OSI/RM 的最低层，它定义了物理链路所要求的机械特性、电气功能等，其主要功能是利用物理传输介质为数据链路层提供物理连接，以透明地传送比特流。物理层关心的问题是：用多大的电压来表示数据"1"和"0"、一个比特持续的时间有多长、传输是双向还是单向、接口（插头或插座）有多少个管脚及各管脚的作用等。物理层处理的数据传输单元是比特位（bit）。

2. 数据链路层

在物理层提供比特流传输服务的基础上，数据链路层完成网络中相邻两个节点之间数据帧的可靠传输，负责建立、维护和释放数据链路的连接，这种数据链路为网络层提供了一条无差错的信道。

相邻节点之间的数据交换是分帧进行的，各帧按顺序传送，并通过接收端的校验检查和应答保证可靠的传输。数据链路层对帧重复、帧丢失和帧损坏应能进行处理；同时相邻节点之间的数据传输也有流量控制的问题，数据链路层采用差错控制和流量控制的方法，使有差错的物理线路变成无差错的数据链路。

3. 网络层

网络层的任务主要是通过路由算法在网络中选择合适的路径，使数据能够沿着路径正确无误地到达目的地。网络层要实现的功能有路由选择、中继转发、网络互连、流量控制和拥塞控制等。

4. 传输层

传输层位于高层的应用子网和低层的通信子网中间，是整个网络的关键部分。传输层的信息传送单位是分段报文，其主要任务是为发送端和接收端之间提供端到端可靠的数据传输。

传输层的主要功能包括：建立、维护和拆除传输层链接，向网络层提供合适的服务，提供端到端的差错控制和流量控制，向会话层提供独立于网络层的传送服务和可靠的透明传输。传输层向高层屏蔽了下层数据通信的细节，因此，它是最关键、最复杂的一层。

5. 会话层

会话层的主要任务是完成不同计算机应用进程之间的通信，包括会话的建立、管理、终止及数据传输等。

6. 表示层

网络上计算机可能采用不同的数据表示，所以需要在数据传输时进行数据格式的转换。表示层主要用于处理交换信息的表示方式，包括数据的表示、数据格式的转换、数据的编码和解码、数据的加密和解密、数据的压缩和解压等。表示层关心的是其所传送信息的语法和语义。

7. 应用层

应用层是 OSI/RM 中的最高层，直接面向用户，其功能是为网络用户提供使用网络的接口，提供完成特定网络服务功能、提供各种应用服务所需要的各种应用程序协议。

2.2.3　开放系统互连参考模型中的数据传输过程

为了实现通信并交换信息，在 OSI/RM 中每一层都使用协议数据单元（Protocol Data Units，PDU）。在 OSI/RM 中的每一层，这些含有控制信息的 PDU 被附加到数据上，且通常会被附加到数据字段的报头中，也可以附加在数据字段的报尾中。每个 PDU 都有特定的名称，其名称取决于每个报头所提供的信息，而且这种 PDU 信息只能由接收方设备中的对等层读取处理，并将数据提交给上一层。

OSI/RM 中每个层接收到上层传递过来的数据后都要将本层的控制信息加入数据单元的头部，一些层还要将校验和等信息附加到数据单元的尾部，这个过程称为封装。每层封装后的数据单元的叫法不同，应用层、表示层、会话层的协议数据单元统称为数据（data），传输层的协议数据单元称为数据段（segment），网络层的协议数据单元称为数据包（packet），数据链路层的协议数据单元称为数据帧（frame），物理层的协议数据单元称为比特流（bits）。

当数据到达接收端时，每一层读取相应的控制信息，根据控制信息中的内容向上层传递数据单元，在向上层传递之前去掉本层的控制头部信息和尾部信息，此过程称为解封装。这个过程逐层执行，直至将对端应用层产生的数据发送给本端相应的应用进程。OSI/RM 的数据封装与解封装过程如图 2 - 2 所示。

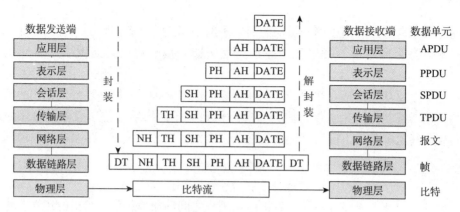

图 2 - 2　OSI/RM 的数据封装与解封装过程

　　数据包在网络中的传输过程实质上就是一个重复的封装和解封装的过程。下面以用户浏览网站为例，说明数据在 OSI/RM 中的传输过程。

　　当用户输入要浏览的网站信息后，由应用层产生相关的数据，通过表示层转换为计算机可识别的 ASCII 码，再由会话层产生相应的主机进程传给传输层；传输层将以上信息作为数据并加上相应的端口号信息，以便目的主机辨别此报文，得知具体应由本机的哪个任务来处理；在网络层加上 IP 地址，使报文能确认应到达哪个具体主机；在数据链路层加上 MAC 地址，转换成比特流信息，从而在网络上传输。报文在网络上被各主机接收，通过检查报文的目的 MAC 地址判断是否是自己需要处理的报文，如果发现 MAC 地址与自己的地址不一致，则丢弃该报文，如果一致，就去掉 MAC 信息并发送给网络层判断其 IP 地址，然后根据报文的目的端口号确定由本机的哪个进程来处理，这就是报文的解封装过程。

2.3　TCP/IP 体系结构

2.3.1　TCP/IP 体系结构模型

　　OSI/RM 定义比较复杂，效率较低，而且实现较困难，没有得到很好的实际应用，但 OSI/RM 为分析和研究网络体系提供了很重要的指导意义。由美国国防部高级研究计划署开发的 ARPANET 发展而来，并由后继的 Internet 使用者继续开发的网络体系结构——TCP/IP 参考模型，已经在互联网上得到了广泛的使用，也得到了大型网络公司的普遍支持，已成为目前最流行的商业化协议，被公认为当前事实上的工业标准。

　　TCP/IP 参考模型可分为 4 个功能层：应用层、传输层、互连层、主机 - 网络层（网络访问层）。其中，应用层与 OSI/RM 中的应用层、表示层和会话层对应，传输层与 OSI/RM 中的传输层对应，互连层与 OSI/RM 中的网络层对应，主机 - 网络层与 OSI/RM 中的数据链路层和物理层对应，在 TCP/IP 参考模型中没有定义会话层和表示层协议。TCP/IP 参考模型与 OSI/RM 的对应关系如图 2 - 3 所示。

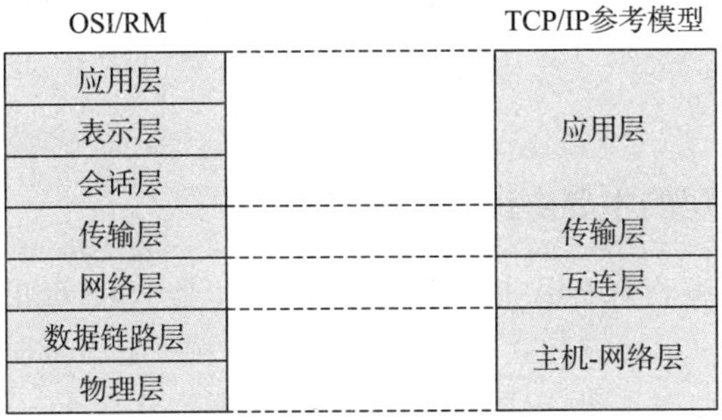

OSI/RM   TCP/IP参考模型

OSI/RM		TCP/IP参考模型
应用层		应用层
表示层		
会话层		
传输层		传输层
网络层		互连层
数据链路层		主机-网络层
物理层		

图 2 – 3　TCP/IP 参考模型与 OSI/RM 的对应关系

2.3.2　TCP/IP 体系结构各层功能

TCP/IP 参考模型分为 4 个功能层，各层功能分别如下。

1. 应用层

应用层是 TCP/IP 参考模型中的最高层。应用层向用户提供一组常用的应用程序，包括各种标准的网络应用协议，并且总是不断有新的协议加入。应用层的基本协议主要有远程登录协议（Telnet）、文件传输协议（File Transfer Protocol，FTP）、简单邮件传输协议（Simple Mail Transfer Protocol，SMTP）、超文本传输协议（Hyper Text Transfer Protocol，HTTP）、域名系统（Domain Name System，DNS）协议、简单网络管理协议（Simple Network Management Protocol，SNMP）、动态主机配置协议（Dynamic Host Configuration Protocol，DHCP）等。

2. 传输层

传输层的设计目的主要是在互联网中源主机与目的主机的对等实体之间建立用于会话的端到端连接。传输层的功能主要是提供应用进程之间可靠的端到端的通信。传输层定义了两种不同的协议：一种是传输控制协议（TCP），它是一种可靠的、面向连接的协议；另一种是用户数据报协议（User Datagram Protocol，UDP），它是一种不可靠的无连接协议。

3. 互连层

互连层主要负责将源主机的报文分组发送到目的主机，其功能主要包括三个方面：

（1）处理来自传输层的分组发送请求。将分组装入 IP 数据报，填充报头，选择发送路径，然后将数据报发送到适当的网络接口。

（2）处理接收的数据报。接收到其他主机发送的数据报后，检查其目的地址，如需转发，则进行路由选择并转发数据；如本节点为目的地址，则去除报头，将分组交给传输层处理。

（3）处理互连的路径、流量控制与拥塞问题。

互连层在功能上类似于 OSI/RM 中的网络层。

4. 主机 – 网络层

主机 – 网络层也称为网络访问层，是 TCP/IP 参考模型的最低层，负责接收从互连层传来的 IP 数据报，并将数据报通过低层物理网络发送出去；或者从低层物理网络上接收数据帧，并解封出 IP 数据报，交给互连层处理。其功能主要包括 IP 地址与物理硬件地址的映射，数据的封装、解封。

2.3.3 TCP/IP 各层的主要协议

TCP/IP 参考模型是基于 TCP/IP 协议栈的，TCP/IP 是 Internet 的基础，也是现在最流行的组网形式，TCP/IP 是一组协议的代名词，TCP/IP 协议栈是由不同的网络层次的不同协议组成的。TCP/IP 参考模型与 TCP/IP 协议簇的关系如图 2-4 所示。

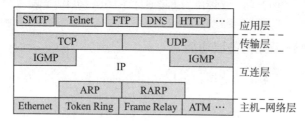

图 2-4 TCP/IP 参考模型与 TCP/IP 协议簇的关系

1. 应用层协议

应用层为用户的各种网络应用开发了许多网络应用程序，如文件传输程序、网络管理程序等。这里重点介绍常用的几种应用层协议。

Telnet 是客户机使用的与远端服务器建立连接的标准终端仿真协议。

DNS 把网络节点的易于记忆的名字转化为网络地址。

FTP 是用于文件传输的 Internet 标准。FTP 支持一些文本文件（如 ASCII 文件、二进制文件等）和面向字节流的文件结构。FTP 使用 TCP 在支持 FTP 的终端系统间执行文件传输，因此，FTP 被认为提供了可靠的面向连接的服务，适用于远距离、可靠性较差线路上的文件传输。

SMTP 支持文本邮件的 Internet 传输。

SNMP 负责网络设备监控和维护，支持安全管理、性能管理等。

2. 传输层协议

传输层协议包括 TCP 和 UDP，虽然 TCP 和 UDP 都使用相同的网络层协议——网际协议（Internet Protocol，IP），但是 TCP 和 UDP 却为应用层提供完全不同的服务。

（1）TCP。TCP 是面向连接的传输协议。当一台计算机需要与另一台远程计算机连接时，TCP 会让它们建立一个连接、发送和接收数据及终止连接。

（2）UDP。UDP 是面向无连接的传输协议，没有建立连接和确认重传的过程。相对于 IP，它唯一增加的功能是提供协议端口以保证通信进程。许多基于 UDP 的应用程序虽然在局域网上运行得很好，但在通信质量较差的互联网环境下，可能根本无法运行，原因就在于 UDP 不可靠。因此，基于 UDP 的应用程序必须解决可靠性问题。

3. 互连层协议

互连层为了保证数据包的成功转发，主要定义了以下协议：

（1）IP。IP 和路由协议协同工作，寻找能够将数据包传送到目的端的最优路径。IP 不关心数据报文的内容，提供无连接的、不可靠的服务。IP 能适应各种各样的网络硬件，对底层网络硬件几乎没有任何要求，任何网络只要可以从一个地点向另一个地点传送二进制数据，就可以使用 IP 加入 Internet。

（2）地址解析协议（Address Resolution Protocol，ARP）。ARP 把已知的 IP 地址解析为 MAC 地址。ARP 过程如下：ARP 发送一份称为 ARP 请求的以太网数据帧给以太网上的每个主机，该过程称为广播，ARP 请求数据帧中包含目的主机的 IP 地址，其意思是"如果你是这个 IP 地址的拥有者，请回答你的硬件地址"。连接到同一 LAN 的所有主机都接收并处理 ARP 广播，目的主机的 ARP 层收到这份广播报文后，根据目的 IP 地址判断出这是发送端在寻问它的 MAC 地址，于是发送一个单播 ARP 应答。这个 ARP 应答包含 IP 地址及对应的硬件地址。收到 ARP 应答后，发送端即可知道接收端的 MAC 地址。

（3）网际控制消息协议（Internet Control Message Protocol，ICMP）。ICMP 定义了网络层控制和传递消息的功能，ICMP 报文是在 IP 数据报内部进行传输的。

（4）主机－网络层协议。主机－网络层支持多种接口协议，如局域网和城域网协议（IEEE 802.2、Token Ring、FDDI、SLIP、PPP、HDLC 等）、广域网协议（X.25、DDN FRN、ATM 等）。

2.3.4　OSI/RM 与 TCP/IP 体系结构模型的比较

计算机网络中已经形成的两个主要网络体系 OSI/RM 与 TCP/IP 的参考模型之间有很多共同点，但是二者在层次划分和使用的协议上有很大区别。

OSI/RM 与 TCP/IP 参考模型的主要区别如下：

（1）OSI/RM 中服务、接口和协议是它的核心概念，OSI/RM 最大的贡献就是明确定义了这 3 个概念；TCP/IP 参考模型没有明确地区分服务、接口和协议三者之间的差异，没有将功能与实现方法区分开来。因此，OSI/RM 中的协议比 TCP/IP 中的协议有更好的隐蔽性。当技术发生变化时，OSI/RM 中的协议相较于 TCP/IP 更加容易被替换为新的协议。

（2）OSI/RM 在协议开发之前就已经产生，这意味着 OSI/RM 不会偏向于任何特定的协议，它更具有通用性；而 TCP/IP 却正好相反，协议先出现，TCP/IP 只是这些已有协议的一个描述，因此，协议与模型非常吻合。但是，TCP/IP 不适合其他协议栈，不适合描述其他非 TCP/IP 网络。

（3）二者分层设计的层数不同，OSI/RM 有 7 层，而 TCP/IP 只有 4 层，两个模型都有网络层、传输层和应用层，TCP/IP 没有会话层和表示层，其主机－网络层与 OSI/RM 中的数据链路层和物理层相对应。

（4）二者在无连接的和面向连接的通信范围不同。OSI/RM 的网络层同时支持无连接和面向连接的通信，而在传输层上只支持面向连接的通信；TCP/IP 的网络层只有无连接通信一种模式，但在传输层上同时支持两种通信模式。

无论是 OSI/RM 还是 TCP/IP 参考模型与协议都有成功的一面和不足的一面，OSI/RM 由于技术复杂、实现困难、效率较低等缺陷，最终没有流行起来，但其研究成果、方法及提出的概念对计算机网络的发展有很重要的指导意义。

2.4 IPv4 技术

互联网是将提供不同服务、使用不同技术且具有不同功能的物理网络互连起来而形成的，如以太网、帧中继网、令牌网、ATM 等。由于这些网络采用不同的技术，其物理地址的长度、格式和表示方式都不相同，在网络互连时，IP 作为一种网络互连协议采用统一的网络地址来屏蔽各种物理地址的差异。

2.4.1 IPv4 地址的定义与分类

IP 是 TCP/IP 协议簇的核心协议，目前使用的 IP 版本主要以 1981 年 9 月制订的 IPv4 为主。IP 地址采用层次结构，并且是按逻辑网络结构进行分层的。IPv4 规定 IP 地址用 32 位二进制数（4 字节）表示，由网络号和主机号两部分组成。网络号用于识别互联网中的一个逻辑网络，主机号用于识别网络中的一个连接。如果两个主机具有相同的网络号，则说明这两个主机属于同一个网络；若两台主机的网络号不同，则说明两个主机不属于同一个网络。为了方便用户的理解和记忆，IP 地址采用了点分十进制记号法，即将 4 字节的二进制数值转换成 4 个十进制数值，数值中间用"."隔开，表示形式为 A. B. C. D。

按照 IP 地址空间将 IP 地址分为 A、B、C、D 和 E 5 类，每类地址所包含的网络数和主机数不同，以适应不同规模网络的地址分配。IP 地址分类如图 2 - 5 所示。

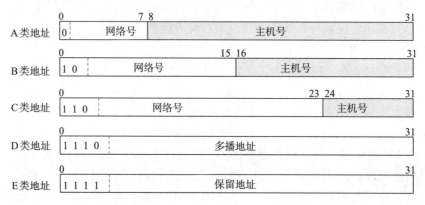

图 2 - 5 IP 地址分类

其中，A、B、C 类地址最为常用。A 类地址仅用第一个 8 位表示网络地址，且最高位为 0，后 24 位表示主机地址。A 类地址第一个字节组成的地址中 0 和 127 具有保留功能，所以实际共有 126 个 A 类网络，每个网络可容纳主机数为 $2^{24} - 2$。A 类地址适用于大型网络。

B 类地址使用前 16 位表示网络号，后 16 位表示主机号。B 类地址第一个字节的前两位固定为 10，取值范围为 128 ~ 191。共有 2^{14} 个 B 类网络，每个 B 类网络可容纳 $2^{16} - 2$ 个主机。B 类地址适用于中型网络。

C 类地址前 24 位表示网络号，后 8 位表示主机号，第一个字节的前三位固定为 110，取值范围为 192 ~ 223。每个 C 类网络可容纳主机数为 254。C 类地址适用于小型网络。

D 类地址第一个字节前四位为 1110，取值范围为 224 ~ 239，D 类地址并不用于标准的 IP 地址。D 类地址指一组主机，它们作为多点传送小组的成员而注册。D 类地址用于多目的地址发送，即多点广播，多点传送需要特殊的路由配置，在默认情况下，它不会转发。

E 类地址第一个字节的前四位为 1111，这类地址并不应用于传统的 IP 地址，被保留为研究、实验之用。

IP 地址的分类可以灵活地适用于不同的网络规模，其类别与规模见表 2－1。

表 2－1　IP 地址的类别与规模

类别	第一个字节范围	网络地址长度	最多网络数	最多主机数	适用的网络规模
A	1 ~ 126	8 位	126 (2^7-2)	16, 387, 064 ($2^{24}-2$)	大型网络
B	128 ~ 191	16 位	2^{14}	64, 516 ($2^{16}-2$)	中型网络
C	192 ~ 223	24 位	2^{21}	254 (2^8-2)	小型网络
D	224 ~ 239	组播地址	—	—	—
E	240 ~ 255	研究、实验用地址	—	—	—

2.4.2　几种特殊的 IPv4 地址

IP 地址用于唯一标识一个网络连接，但并不是每个 IP 地址都是可用的。IPv4 地址中保留了几种有特殊用途的 IPv4 地址，这些 IP 地址不能分配给网络中的设备使用。

（1）环回地址：网络部分为 127 的地址 127.0.0.0/8，主要用于测试 TCP/IP。

（2）默认路由：0.0.0.0，表示所有不清楚的主机和目的网络，在路由器上用 0.0.0.0 地址指定默认路由。

（3）有限广播地址：255.255.255.255，该地址不能被路由器转发，用于主机配置过程中 IP 数据报的目的地址。

（4）网络地址：主机号部分全为 0 的 IP 地址。

（5）广播地址：主机号部分全为 1 的 IP 地址，用于内部网络的广播，也称直接广播地址。

2.4.3　子网掩码

子网掩码也称网络掩码，用于屏蔽 IP 地址的一部分，以区别网络标识和主机标识，它主要用来区分 IP 地址中的网络号和主机号，即子网掩码定义了构成 IP 地址的 32 位中的多少位用于网络位，或者网络及其相关子网位。子网掩码不能单独使用，必须和 IP 地址一起使用，而且 IP 地址在没有相关子网掩码的情况下其存在是没有意义的。

子网掩码与 IPv4 地址相同，也是一个 32 位 IP 地址，它的组成特点就是将 IP 地址中的网络号对应的标识位用 "1" 来表示，将 IP 地址中主机号对应的标识位用 "0" 表示，子网掩码中的 1 和 0 必须是连续的。

子网掩码可以用点分十进制标记法表示，如 100.1.1.1 和 255.0.0.0；也可以用网络前缀的方式表示，具体表示方法为在 IP 地址后加一个 "/"，并后跟网络标识的位数，如 100.1.1.1/8。标准的 A、B、C 类地址子网掩码的两种表示方式分别如下：

A 类：255.0.0.0 或/8；

B 类：255.255.0.0 或/16；

C 类：255.255.255.0 或/24。

子网掩码是判断任意两台终端设备的 IP 地址是否属于同一个子网的依据，如果两个主机的 IP 地址与子网掩码进行相与运算的结果相同，则表示这两个主机属于同一个子网。例如，两个主机的 IP 地址如下：

PC1 地址：IPv4 地址 192.168.50.10，子网掩码为 255.255.255.128；

PC2 地址：IPv4 地址 192.168.50.200，子网掩码为 255.255.255.128。

分别将 PC1 和 PC2 的 IP 地址与其子网掩码转化为二进制后进行相与运算，得出结果如下：

PC1 所属的子网：192.168.50.0；

PC2 所属的子网：192.168.50.128。

结果表明 PC1 和 PC2 两个主机不属于同一个子网，它们之间不能直接通信，必须通过三层路由技术才能实现相互通信。

2.4.4 私有地址与公有地址

现有的网络中，IP 地址分为公有地址和私有地址。

公有地址（Public Address）由 Internet 信息中心负责，在互联网上是可以识别的，也是唯一的，使用时必须向互联网信息中心进行申请，需要支付一定的费用。

私有地址（Private Address）属于非注册地址，专门为组织机构内部使用。私有地址是在局域网内部使用的 IP 地址，在互联网中是不可识别的。一个配有私有地址的主机要访问互联网，必须把私有地址转换为合法的公有地址。RFC 1918 分别为 A、B、C 类地址保留了 3 块专有的 IP 地址空间作为私有的内部使用地址，私有地址范围见表 2-2。

表 2-2 私有地址范围

IP 地址类型	私有地址范围
A	10.0.0.0 ~ 10.255.255.255
B	172.16.0.01 ~ 172.31.255.255
C	192.168.0.0 ~ 192.168.255.255

2.4.5 IP 地址的规划与分配

IP 地址的合理规划与分配是网络设计中的重要环节之一，IP 地址规划的好坏影响到网络路由协议算法的效率、网络的性能、网络的扩展及维护管理。一般情况下，在规划 IP 地址时应遵循以下基本原则：

（1）唯一性。IP 地址是主机和网络设备在网络中的标识，要保证在网络中的唯一性，不能同时有多台主机或设备使用相同的 IP 地址。即使使用了地址重叠技术，也应尽量避免 IP 地址重复。

（2）连续性。分配连续的 IP 地址在层次结构网络中易于进行地址汇总，大大缩减路由表，提高路由算法的效率，同时也有利于地址管理。

（3）扩展性。IP 地址分配在每一层上都要留有余量，以满足日后网络规模扩展的需要，并保证扩展时地址汇总所需的连续性。

（4）实意性。好的 IP 地址规划应该使每个地址都具有实意性，看到一个地址就可以大致确定该地址表示的设备，以方便查看和管理。

总之，IP 地址的规划主要考虑其扩展性和连续性，这样才能更好地进行地址汇总，减少路由条目；同时要预留一定量的 IP 地址来满足网络后期的扩容；在满足上述情况下可以考虑地址分配的实意性。

2.4.6　子网划分技术

标准的 IPv4 地址分为网络标识和主机标识两级结构，但这种结构在实际网络应用中存在一些不足。例如，在企业组网或通信核心网中每个网络都用于支持限定数量的主机，有的网络，如设备互连构成的子网，只需两个 IP 地址，但是对于大型企业部门内的用户 LAN 却需要支持几十或数百台主机，这就需要设计网间编址方案，以满足每个网络不同的主机数量需求。

1. 子网划分思想

如果网络没有进行子网划分，则一个 IP 地址分为两部分，即网络位和主机位，使用标准网络的默认子网掩码。子网划分的方法就是将主机位中的某些二进制位划出来用于标识子网位，一个 IP 地址将分为三部分：网络位、子网位和主机位。子网位和主机位由原 IP 地址的主机位分割成两部分得到。子网划分后 IP 地址的结构如图 2-6 所示。

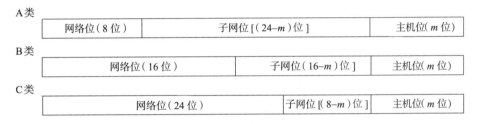

图 2-6　子网划分后 IP 地址的结构

2. 子网划分步骤

子网划分可以按以下步骤进行：

（1）确定主机数量。首先要考虑整个企业所需的主机总数，必须使用可以支持网络中所有设备的地址块，这些设备包括用户终端设备、服务器、中间设备和路由器接口，还要考虑网络的发展应用。

（2）确定所需的子网络数量 N 和每个网络的主机数量 M。根据实际组网需求，分析要划分多少子网，一般企业按照部门或地理位置进行划分。根据每个子网所需要接入的主机数量（一般要考虑预留），按照最大需求量确定主机数量 M。

（3）确定子网位位数和主机位位数。根据网络数量 N 确定所需的子网位数 n，根据主机数量 M 确定所需的主机位数 m，它们应满足如下条件：

①$2^n \geqslant N$；

②$2^m - 2 \geqslant M$；

③$m + n = $ 原主机位位数。

例如，设一个 C 类网络地址为 192.168.1.0，要将该网络划分为 4 个子网，每个子网需容纳 30 个主机，确定子网划分的子网位位数 n 和主机位位数 m。可进行如下划分：

①由 $2^n \geq 4$ 确定 $n \geq 2$，由 $2^m - 2 \geq 30$ 确定 $m \geq 5$。

②$m + n = 8$，可以采用的方案有两种：$m = 5$，$n = 3$；$m = 6$，$n = 2$。

③m 和 n 的分配方案可以根据用户实际使用情况选取一种，下面以选取 $m = 6$，$n = 2$ 为例：

a. 确定子网划分后的子网掩码。将子网划分后 IP 地址中的网络位和子网位置为 1，将主机位位数置为 0，然后转换为点分十进制形式即可。如上例子网划分后子网掩码为 11111111 11111111 11111111 11 000000，则转化为点分十进制为 255.255.255.192。

b. 确定子网及可用 IP 地址。两位子网位共有 4 个组合：00、01、10、11。子网划分结果见表 2-3。

表 2-3　子网划分结果

子网号	子网掩码	网络地址	广播地址	可用地址范围
00	255.255.255.192	192.168.1.0	192.168.1.63	192.168.1.1 ~ 192.168.1.62
01	255.255.255.192	192.168.1.64	192.168.1.127	192.168.1.65 ~ 192.168.1.126
10	255.255.255.192	192.168.1.128	192.168.1.191	192.168.1.129 ~ 192.168.1.190
11	255.255.255.192	192.168.1.192	192.168.1.255	192.168.1.193 ~ 192.168.1.254

3. 可变长子网掩码

可变长子网掩码（Variable Length Subnet Mask，VLSM）的划分是指一个网络可以用不同的掩码进行子网划分。VLSM 提供了在一个主类（A 类、B 类、C 类）网络包含多个子网掩码的能力，可以对一个子网再进行子网划分。下面举例说明 VLSM 划分方法：

某企业主网络号为 192.168.1.0，有 3 个部门，分别为 A 部门、B 部门和 C 部门。其中 A 部门有 100 台主机，B 部门有 50 台主机，C 部门有 10 台主机。VLSM 划分过程如下：

（1）确定最大子网——A 部门。3 个部门中 A 部门主机数最多，所需子网规模最大。A 部门有 100 台主机，为了使一个子网的可用 IP 地址数达到 100 以上，主机位位数 m_1 需满足 $2^{m_1} - 2 \geq 100$，m_1 至少应为 7，即只有 1 位可借用为子网位，只能划分两个子网。第一次子网划分结果见表 2-4。

表 2-4　第一次子网划分结果

网络号	第一字节	第二字节	第三字节	第四字节	子网掩码
192.168.1.0	1100 0000	1010 1000	0000 0001	0 0000000	255.255.255.128
192.168.1.128	1100 0000	1010 1000	0000 0001	1 0000000	255.255.255.128

确定分配 A 部门使用 192.168.1.0/25 子网段，该部门可使用的 IP 地址范围为 192.168.1.1 ~ 192.168.1.126，最多可分配 126 个主机地址。

（2）确定第二大子网——B 部门。B 部门有 50 台主机，可以对 192.168.1.128 子网再进行子网划分，主机位位数 m_2 需满足 $2^{m_2} - 2 \geq 50$，m_2 至少应为 6，即还可以借用 1 位给子网位，共 26 位网络位，子网掩码变为 255. 255. 255. 192，192. 168. 1. 128 子网还可进一步划分为两个子网。第二次子网划分结果见表 2 - 5。

表 2 - 5 第二次子网划分结果

网络号	第一字节	第二字节	第三字节	第四字节	子网掩码
192. 168. 1. 128	1100 0000	1010 1000	0000 0001	**0 0** 000000	255. 255. 255. 192
192. 168. 1. 192	1100 0000	1010 1000	0000 0001	**1 1** 000000	255. 255. 255. 192

把 192. 168. 1. 128/26 子网段分配给 B 部门，则 B 部门的主机地址范围为 192. 168. 1. 129 ~ 192. 168. 1. 190，最多可分配 62 个主机地址。

（3）确定 C 部门子网。C 部门有 10 台主机，可以对 192. 168. 1. 192/26 子网再进行子网划分，主机位位数 m_3 需满足 $2^{m_3} - 2 \geqslant 10$，m_4 至少应为 4，可以再借 1 位或 2 位给子网位使用。若借 2 位给子网位使用，则借位后网络位共 28 位，划分后子网掩码为 255. 255. 255. 240，可以划分 4 个子网。第三次子网划分结果见表 2 - 6。

表 2 - 6 第三次子网划分结果

网络号	第一字节	第二字节	第三字节	第四字节	子网掩码
192. 168. 1. 192	1100 0000	1010 1000	0000 0001	**11 00** 0000	255. 255. 255. 240
192. 168. 1. 208	1100 0000	1010 1000	0000 0001	**11 01** 0000	255. 255. 255. 240
192. 168. 1. 224	1100 0000	1010 1000	0000 0001	**11 10** 0000	255. 255. 255. 240
192. 168. 1. 240	1100 0000	1010 1000	0000 0001	**11 11** 0000	255. 255. 255. 240

把 192. 168. 1. 192/28 子网段分配给 C 部门，则 C 部门的主机地址范围为 192. 168. 1. 193 ~ 192. 168. 1. 206，最多可分配 14 个主机地址。

子网划分方案不是唯一的，应在可行的方案中根据实际需求及侧重点的不同进行选择，确定最终的子网划分方案。

2.5 IPv6 技术

随着 Internet 技术的全球普及和飞速发展，当前使用的 IPv4 协议的局限性越发明显，其最重要的问题在于网络地址资源的短缺。IPv4 地址空间已逐渐耗尽，严重制约了 Internet 的应用和发展，尽管目前已经采取了一些措施来保护 IPv4 地址，如非传统网络区域路由和网络地址翻译，但是都不能从根本上解决问题。为了彻底解决 IPv4 存在的问题，IETF 从 1995 年就开始着手研究开发下一代 IP，即 IPv6。IPv6 正处在不断发展和完善的过程中，它在不久的将来将取代目前被广泛使用的 IPv4。

2.5.1 IPv6 地址的结构

IPv6 地址是对接口或接口集合的 128bit 的标识符。IPv6 地址分为两部分：地址前缀 + 接口标识。其中，地址前缀相当于 IPv4 地址中的网络 ID，接口标识相当于 IPv4 地址中的主机 ID。

IPv6 的地址格式与 IPv4 不同，一个 IPv6 的地址长度为 128 位，用以下 3 种通用形式来表示 IPv6 地址：

（1）首选方式。将 128 位地址按每 16 位划分为一个段，每个段由 4 位十六进制数字表示，段与段之间用冒号分隔，其书写格式为 x：x：x：x：x：x：x：x，其中每个 x 代表 4 位十六进制数，例如 1020：0000：0000：3210：FD76：0001：ABCD：4768。

在每个单独的字段中，前面的 0 可以省略，但是每一段都至少要有一个数值，例如 1020：0：0：3210：FD76：1：ABCD：4768。

（2）压缩格式。由于分配不同类型 IPv6 地址的方法不同，通常地址中都会包含长串连续 0 位的情况。为便于书写这种地址形式，可以用一种简单语法对地址进行压缩。用"：："代替连续的多组 16bit 位的 0 位，"：："只可在地址中出现一次；"：："也可用来压缩地址中开头和结尾的 0。例如，1020：0000：0000：3210：FD76：0001：ABCD：4768 可以简化为 1020：：3210：FD76：0001：ABCD：4768。

（3）内嵌 IPv4 地址的格式。在既有 IPv6 节点又有 IPv4 节点的环境中，采用 x：x：x：x：x：x：d. d. d. d 的地址格式。其中，x 是十六进制的数值，表示处于高位的 6 个 16bit 位；d 是十进制的数值，表示处于低位的 4 个 8bit 位，即 IPv6 地址中内嵌的 IPv4 地址采用 IPv4 的十进制表示方法，而其他高位部分（不包括 IPv4 地址的部分）可以采用首选或压缩格式，例如 0：0：0：0：0：0：13. 1. 68. 3 或：：13. 1. 68. 3，0：0：0：0：0：FFFF：129. 144. 52. 38 或：：FFFF：129. 144. 52. 38。

2.5.2　IPv6 的部署进程和过渡技术

许多企业和用户的日常工作、生活越来越依赖 Internet，而且在目前 Internet 中的 IPv4 用户和设备数量非常庞大，IPv4 到 IPv6 的过渡不可能一次性实现，它是一个循序渐进的过程，在体验 IPv6 带来的好处的同时仍能与网络中其余的 IPv4 用户通信。能否顺利地实现从 IPv4 到 IPv6 的过渡，是 IPv6 能否取得成功的一个重要因素。

对于 IPv4 技术向 IPv6 技术演进的策略，业界提出了许多解决方案，主要体现为共存技术与互通技术。IPv4/IPv6 过渡技术是用来在 IPv4 向 IPv6 演进的过渡期内，保证业务共存和互操作的技术。这种过渡技术大致可分为 3 类：双协议栈技术、隧道技术和协议转换/网络地址转换技术。

1. 双协议栈技术

双栈协议技术（Dual Stack）是 IPv4 向 IPv6 过渡技术中应用最广泛的一种过渡技术，该技术可使 IPv4 和 IPv6 共存于同一设备和网络中。具有双协议栈的节点称为 IPv6/IPv4 节点，其同时支持 IPv4 和 IPv6 协议栈，源节点根据目的节点的不同选用不同的协议栈，而网络设备根据报文的协议类型选择不同的协议栈进行处理和转发。

2. 隧道技术

隧道技术是将一种协议报文封装在另一种协议报文中的技术。在 IPv6 发展初期，必然有许多局部的纯 IPv6 网络，这些 IPv6 网络被 IPv4 骨干网络隔离开来，为了使这些孤立的 IPv6"孤岛"互通，可以使用隧道技术，但是隧道技术不能实现 IPv4 主机和 IPv6 主机的直接通信。

3. 协议转换/网络地址转换技术

协议转换/网络地址转换技术提供了 IPv4 网络和 IPv6 网络之间的互通技术，是一种纯 IPv4 终端和纯 IPv6 终端之间的互通方式。将无状态 IP/ICMP 翻译技术（Stateless IP/ICMP Translation，SIIT）协议转换和传统的 IPv4 下的动态地址翻译（NAT）以及适当的应用层网关（Application Layer Gateway，ALG）相结合，可以让使用不同版本 IP 的主机能够直接通信。

2.5.3　双协议栈技术

双协议栈技术就是指在一台设备上同时启用 IPv4 协议栈和 IPv6 协议栈，这台设备既能和 IPv4 网络通信，又能和 IPv6 网络通信。如果这台设备是一个路由器，那么这台路由器的不同接口上分别配置了 IPv4 地址和 IPv6 地址，并可能分别连接了 IPv4 网络和 IPv6 网络。如果这台设备是一个计算机，那么它将同时拥有 IPv4 地址和 IPv6 地址，并具备同时处理这两个协议地址的功能。

采用双协议栈技术的节点上同时运行 IPv4 和 IPv6 两套协议栈，这是使 IPv6 节点保持与纯 IPv4 节点兼容的最直接的方式，其针对的对象是通信端节点（包括主机、路由器）。这种方式对 IPv4 和 IPv6 提供了完全的兼容，但是对于 IP 地址耗尽的问题却没有任何帮助。由于需要双路由基础设施，这种方式反而增加了网络的复杂程度。

2.5.4　隧道技术

隧道技术的目的是利用现有的 IPv4 设施为 IPv6 主机服务，使各个分散的 IPv6 "孤岛"可以跨越 IPv4 网络相互通信。在 IPv6 封包通过 IPv4 网络时，无论哪种隧道机制都使用了一个 "封包–拆包"过程，即处于发送端的隧道端点将该 IPv6 封包封装在 IPv4 包中，将此 IPv6 包视为 IPv4 的负载数据，并将该 IPv4 包头的协议字段设置为 41，以说明该 IPv4 封包的负载是一个 IPv6 封包，然后在 IPv4 网络上传送该封包。当协议字段标为 41 的 IPv4 封包到达处于接收端的隧道端点时，该端点拆掉封包的 IPv4 包头，取出 IPv6 封包继续处理。在对 IPv6 封包进行 IPv4 封装时如何确定该 IPv4 封包的源和目的地址是封装的关键问题，现存的隧道机制的主要区别就在于如何确定 IPv4 封包的地址。

1. 手工配置隧道

手工配置隧道（Configured Tunnel）是一种端到端的机制，需要隧道两端的管理员协同工作来完成隧道的建立。管理员对隧道两端进行配置时，首先应为隧道接口指定两端的 IPv4 地址，对在此隧道上传递的所有 IPv6 封包进行 IPv4 封装时，都要从这一配置信息中提取源和目的 IPv4 地址；其次，管理员要设置必要的路由信息来决定哪些 IPv6 封包要经过隧道传递。

由于手工配置隧道是 IPv6 支持的第一个过渡机制，因此在目前被广泛地支持。这种机制不强制要求使用隧道的主机 IPv6 地址中包含某种固定信息，地址的使用比较灵活。但这种方式的缺点是，手工配置隧道两端的 IPv6 地址和 IPv4 地址都需要事先经过协商和设定，才能完成两端的隧道配置，这给接入网技术管理人员带来了极大的负担。手工配置隧道的工作量大（每天要处理上万条隧道），效率低，而且容易出现差错。

2. 自动配置隧道

自动配置隧道（Automatic Tunnel）需要静态建立双向的隧道，配置隧道的一方不需要与其他方协同工作。系统建立隧道的接口或者在 IPv6 地址中包含 IPv4 地址信息，这样在隧道对 IPv6 封包进行封装时可以从 IPv6 地址中提取 IPv4 地址，并填写 IPv4 包头；或者提供一种 IPv4 寻址方式，利用寻址技术得到对端的 IPv4 地址。目前常用的自动配置隧道技术有以下 5 种：

（1）利用 IPv4 兼容地址的自动配置隧道技术：自动配置隧道能够完成点到多点的连接。在 IPv4 兼容 IPv6 自动配置隧道中，仅仅需要告诉设备隧道的起点，隧道的终点由设备自动生成。为了实现设备自动产生终点的目的，IPv4 兼容 IPv6 自动配置隧道需要使用一种特殊的地址——IPv4 兼容 IPv6 地址。

（2）6over4 技术：利用 IPv4 组播机制实现虚拟链路，自动建立隧道。

（3）6to4 技术：使用这种机制的接口需要使用 6to4 地址，其前缀格式为 2002：IPv4 Addr::/48。这种机制需要对两类路由器进行配置。

① 6to4 路由器（6to4 Router）：作为一个 IPv6 域的出口路由器，其外出接口为 6to4 接口。

② 6to4 中继路由器（6to4 Relay Router）：通常可以将 6to4 路由器的默认路由设置为一个 6to4 中继路由，通过在这个中继路由器中设置相应的路由信息来连接多个 IPv6 域。

（4）ISATAP（Intra-Site Automatic Tunnel Addressing Protocol）技术：一种站内自动隧道协议。利用 ISATAP 服务器分配 ISATAP 前缀。域内主机利用 ISATAP 接口获得该前缀，组成 ISATAP 地址前缀 5EFE：IPv4 addr/64。

（5）Teredo 技术：Teredo 是一项地址分配和自动配置隧道技术，能够跨越 IPv4 Internet 实现 IPv6 单播连接。它将 IPV6 数据包封装在 UDP/IPv4 数据包中传送。

2.5.5 配置 IPv6 地址

在图 2-7 所示的 IPv6 配置案例中，PC0 通过二层交换机与路由器的 F0/0 接口相连，在该网络中启用 IPv6 地址实现计算机与路由器的连通。

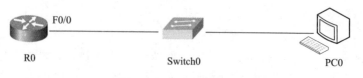

图 2-7 IPv6 配置案例

1. 配置全球单播地址

在图 2-7 中启用 IPv6 协议并使用可聚合全球单播地址实现计算机和路由器的连通，其基本配置方法如下：

（1）在路由器上配置可聚合全球单播地址：

```
R0(config)#ipv6 unicast-routing          //启用 IPv6
R0(config)#interface fa0/0
```

```
R0(config-if)#ipv6 address 2000:aaaa::1/64
R0(config-if)#no shutdown
```

（2）配置计算机。在"本地连接　属性"对话框中选中"Internet 协议版本 6（TCP/IPv6）"复选框，单击"属性"按钮，弹出"Internet 协议版本 6（TCP/IPv6）属性"对话框，选中"使用以下 IPv6 地址"单选按钮，输入分配给该网络连接的全球单播地址和前缀，单击"确定"按钮，如图 2-8 所示。

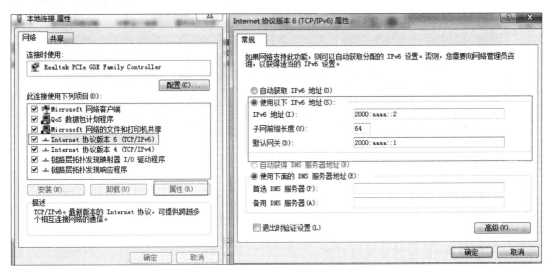

图 2-8　计算机端 IPv6 配置

2. 配置链路本地地址

在上述实例中启用 IPv6 协议并使用链路本地地址实现计算机和路由器的连通。链路本地地址可以由系统自动生成，也可以手动配置。

（1）路由器上配置链路本地地址的方法如下：

```
R0(config)#ipv6 unicast-routing              //启用 IPv6
R0(config)#interface fa0/0
R0(config-if)# ipv6 address FE80::202:4AFF:FE9D:9B01 link-local
                                             //手动设置接口的链路本地地址
或 R0(config-if)#ipv6 address autoconfig
                                             //设置该接口的 IPv6 地址为自动配置
R0(config-if)#no shutdown
R0(config-if)#end
R0#show ipv6 interface fa0/0                 //查看 fa0/0 接口的 IPv6 设置
    FastEthernet0/0 is up,line protocol is up
    IPv6 is enabled,link-local address is FE80::202:4AFF:FE9D:9B01
    No Virtual link-local address(es):
    Global unicast address(es):
    Joined group address(es):
```

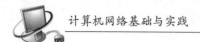

```
FF02::1
FF02::2
FF02::1:FF9D:9B01
......
```

（2）在计算机端查看链路本地地址。打开"命令提示符"窗口，输入命令"ipconfig"，查看配置信息，如图2-9所示。若系统没有安装 IPv6 协议，则应先安装 IPv6 协议，协议安装后会自动配置链路本地地址。

```
PC>ipconfig

FastEthernet0 Connection:(default port)
Link-local IPv6 Address.........: FE80::201:63FF:FEA2:EEA1
IP Address......................: 192.168.51.100
Subnet Mask.....................: 255.255.255.0
Default Gateway.................: 192.168.51.255
```

图2-9　查看链路本地地址

2.6　实践练习

2.6.1　TCP/IP 配置及主机互连

1. 工作任务

在没有其他任何网络设备的情况下在两台计算机之间实现文件共享，请完成所需要的工作。

2. 任务实施

要实现主机互连，需要使用双绞线连接两台计算机，同时互连的计算机安装网卡及相应的驱动程序，需要安装 TCP/IP 并合理配置 IP 属性，以保证直连网络的正常运行。

（1）网卡驱动程序的安装和配置。网卡驱动程序主要是实现网络操作系统上层程序与网卡的接口，目前操作系统集成了常用的网卡驱动程序，一般不需要额外的软件。

（2）连接计算机。双机互连的最简单的方式就是使用双绞线把两台计算机的网卡连接起来，两台计算机之间直连需使用交叉双绞线，如图2-10所示。连接完成后，两台计算机的网卡指示灯均会亮起，如果网卡指示灯不亮则表示它们没有连通，其原因可能是双绞线有问题，也可能是网卡有问题。

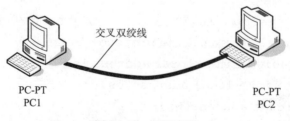

交叉双绞线

PC-PT
PC1

PC-PT
PC2

图2-10　双机互连

（3）配置计算机 TCP/IP 属性。以 Windows 7 操作系统为例，打开"控制面板"/"网络和 Internet"/"网络和共享中心"窗口，单击"更改适配器设置"超链接，打开"网络连接"窗口，用鼠标右键单击"本地连接"图标，在弹出的快捷菜单中选择"属性"命令，弹出"本地连接 属性"对话框。选中"Internet 协议版本 4（TCP/IPv4）"复选框，单击"属性"按钮，在弹出的"Internet 协议版本 4（TCP/IPv4）属性"对话框中进行 IP 地址的配置，如图 2-11 所示。

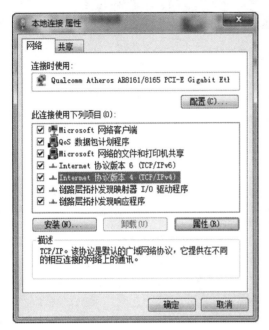

图 2-11　配置 IP 属性

配置 IP 地址、子网掩码及网关地址等 IP 属性（双机直接连接网关地址，DNS 可以不配置），单击"确定"按钮完成 IP 属性的配置。需要注意的是，双机直接连接时，两台计算机的 IP 地址必须配置同一网段的不同地址，如 192.168.1.10/24 和 192.168.1.103/24。

3. 任务结果

1）测试连通性

ping 命令是测试网络连通性的常见命令之一，ping 命令使用 ICMP 有源主机向目的主机发送多个请求应答数据包，目的主机在接收到请求后返回对这些数据的响应。若源主机收到目的主机的回应，则可判断目的主机可达；反之，则判断网络有故障不可达。

具体测试过程：使用"Win + R"组合键或选择"开始"/"运行"命令，在弹出的"运行"对话框中输入 cmd 命令，进入命令提示符界面。输入"ping 对端 IP"，运行结果如图 2-12 所示。

2）使用网络——共享文件

第 1 步：用鼠标右键单击"网络"图标，在弹出的快捷菜单中选择"属性"命令，打开"网络和共享中心"窗口，单击"更改高级共享设置"超链接，在"密码保护的共享"一栏中选中"关闭密码保护共享"单选按钮，如图 2-13 所示。

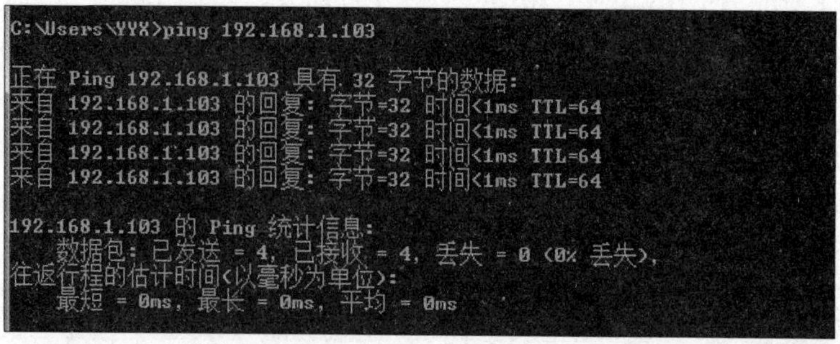

C:\Users\YYX>ping 192.168.1.103
正在 Ping 192.168.1.103 具有 32 字节的数据:
来自 192.168.1.103 的回复: 字节=32 时间<1ms TTL=64
来自 192.168.1.103 的回复: 字节=32 时间<1ms TTL=64
来自 192.168.1.103 的回复: 字节=32 时间<1ms TTL=64
来自 192.168.1.103 的回复: 字节=32 时间<1ms TTL=64
192.168.1.103 的 Ping 统计信息:
数据包: 已发送 = 4，已接收 = 4，丢失 = 0 (0% 丢失)，
往返行程的估计时间(以毫秒为单位):
最短 = 0ms，最长 = 0ms，平均 = 0ms

图 2-12　测试连通性结果

密码保护的共享
如果已启用密码保护的共享，则只有具备此计算机的用户账户和密码的用户才可以访问共享文件，连接到此计算机的打印机以及公用文件夹，若要使其他用户具备访问权限，必须关闭密码保护的共享。
启用密码保护共享
关闭密码保护共享

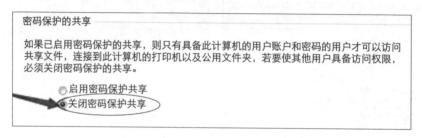

图 2-13　关闭密码保护共享

第 2 步：设置文件夹共享。在所需共享的文件夹上单击鼠标右键，在弹出的快捷菜单中选择“共享”/“特定用户”命令，打开“文件共享”窗口，添加 Everyone 用户，设置共享权限，单击“共享”按钮完成文件夹共享，如图 2-14 所示。

文件共享
选择要与其共享的用户
键入名称，然后单击“添加”，或者单击箭头查找用户。
添加(A)
名称
权限级别
Everyone
读取
YYX
所有者
读取
读/写
删除
我的共享有问题
共享(H)
取消

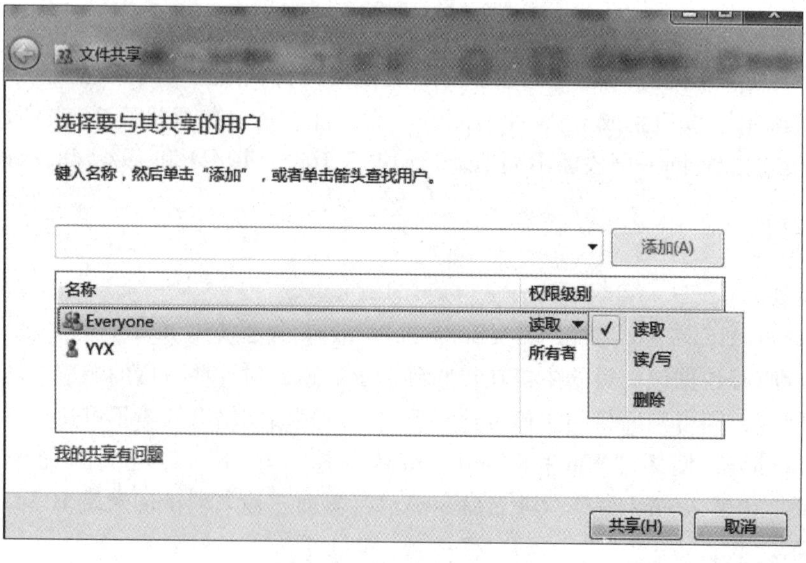

图 2-14　设置文件夹共享

第 3 步：访问共享文件夹。在另一台计算机上双击“网络”图标，打开“网络”窗口，双击对方主机名，打开共享的文件名，即可访问已经共享的文件夹。

2.6.2　IP 子网规划与划分

1. 工作任务

某公司使用一个 C 类网络 192.168.1.0，有 4 个部门，每个部门的主机数量如下：

（1）技术部：计算机 25 台、交换机 2 台。

（2）仓库管理中心：计算机 10 台、交换机 1 台。

（3）信息服务中心：计算机 100 台、交换机 10 台。

（4）行政中心：计算机 50 台、交换机 4 台。

请使用 VLSM 方法为公司各个部门划分一段子网。

2. 任务实施

（1）确定每个部门所需 IP 地址数量。

技术部：$25 + 2 = 27$；

仓库管理中心：$10 + 1 = 11$；

信息服务中心：$100 + 10 = 110$；

行政中心：$50 + 4 = 54$。

（2）确定最大子网——信息服务中心子网划分。

①确定主机位位数 m_1：$2^{m_1} - 2 \geqslant 110$，取 $m_1 = 7$，则可借用 1 位给子网位。

②确定信息服务中心的子网掩码：子网划分后网络位共 25 位，则子网掩码为 255.255.255.128。

③确定信息服务中心子网网络地址和广播地址：新划分的子网位取 0。

a. 网络地址：第 4 字节取 0 0000000，转换成点分十进制为 192.168.1.0/25；

b. 广播地址：第 4 字节取 0 1111111，转换成点分十进制为 192.168.1.127/25。

④确定信息服务中心可用的 IP 地址范围：192.168.1.1 ~ 192.168.1.126。

新子网位取 1 时，网络地址第 4 字节为 1 0000000，即网络地址为 192.168.1.128，该子网位可以用于其他 3 个部门的子网划分。

（3）确定第二大子网——行政中心子网划分。

①在 192.168.1.128/25 子网上再进行子网划分。

②确定主机位位数 m_2：$2^{m_2} - 2 \geqslant 54$，取 $m_2 = 6$，则可借用 1 位给子网位。

③确定行政中心子网掩码：子网划分后网络位共 26 位，则子网掩码为 255.255.255.192。

④确定行政中心子网网络地址和广播地址：新划分的子网位取 0。

a. 网络地址：第 4 字节取 1 0 000000，转换成点分十进制为 192.168.1.128/26；

b. 广播地址：第 4 字节取 1 0 111111，转换成点分十进制为 192.168.1.191/26。

⑤确定行政中心可用的 IP 地址范围：192.168.1.129 ~ 192.168.1.190。

新子网位取 1 时，网络地址第 4 字节为 11 000000，即网络地址为 92.168.1.192，该子网可以用于其他两个部门的子网划分。

（4）确定第三大子网——技术部子网划分。

①在 192.168.1.192/26 子网上再进行子网划分。

②确定主机位位数 m_3：$2^{m_3}-2 \geqslant 27$，取 $m_3=5$，则可借用 1 位给子网位。

③确定技术部子网掩码：子网划分后网络位共 27 位，则子网掩码为 255.255.255.224。

④确定技术部子网网络地址和广播地址：新划分的子网位取 0。

a. 网络地址：第 4 字节取 110 00000，转换成点分十进制为 192.168.1.192/27；

b. 广播地址：第 4 字节取 110 11111，转换成点分十进制为 192.168.1.223/27。

⑤确定技术部可用的 IP 地址范围：192.168.1.193 ~ 192.168.1.222。

新子网位取 1 时，网络地址第 4 字节为 111 00000，即网络地址为 92.168.1.224，该子网可以用于仓库管理中心的子网划分。

（5）确定仓库管理中心子网划分。

①在 192.168.1.224/27 子网上再进行子网划分。

②确定主机位位数 m_4：$2^{m_4}-2 \geqslant 11$，取 $m_4=4$，则可借用 1 位给子网位。

③确定仓库管理中心子网掩码：子网划分后网络位共 28 位，则子网掩码为 255.255.255.240。

④确定仓库管理中心子网网络地址和广播地址：新划分的子网位取 0。

a. 网络地址：第 4 字节取 1110 0000，转换成点分十进制为 192.168.1.224/28；

b. 广播地址：第 4 字节取 1110 1111，转换成点分十进制为 192.168.1.239/28。

⑤确定仓库管理中心可用的 IP 地址范围：192.168.1.225 ~ 192.168.1.238。

新子网位取 1 时，网络地址第 4 字节为 1111 0000，即网络地址为 192.168.1.240，该子网段可预留以满足企业部门扩充的需要。

3. 任务结果

公司各部门子网划分结果见表 2-7。

表 2-7 公司各部门子网划分结果

部门	子网掩码	网络地址	广播地址	可用地址范围
技术部	255.255.255.224	192.168.1.192	192.168.1.223	192.168.1.193 ~ 192.168.1.222
仓库管理中心	255.255.255.240	192.168.1.224	192.168.1.239	192.168.1.225 ~ 192.168.1.238
信息服务中心	255.255.255.128	192.168.1.0	192.168.1.127	192.168.1.1 ~ 192.168.1.126
行政中心	255.255.255.192	192.168.1.128	192.168.1.191	192.168.1.129 ~ 192.168.1.190

本章习题

一、选择题

1. 物理层的任务是在通信系统间完成（   ）的传输。

A. 比特　　　　　　　B. 帧　　　　　　　C. 分组　　　　　　　D. 报文段

2. 在 IP 地址中，网络号规定了（   ）。

A. 计算机的身份　　　　　　　　　B. 该设备可以与哪些设备通信

C. 主机所属的网络　　　　　　　　D. 网络上的哪个节点正在被寻址

3. 在下列 IP 地址中，不是子网掩码的是（ ）。

A. 255. 255. 255. 0   B. 255. 255. 0. 0

C. 255. 241. 0. 0   D. 255. 255. 254. 0

4. 指定网卡的地址在下面哪种信息单元的头部可以找到（ ）。

A. 帧   B. 数据包   C. 消息   D. 以上都不是

5. IPv6 将首部长度变为固定的（ ）字节。

A. 6   B. 12   C. 16   D. 24

6. FE80∷E0∶F726∶4E58 是一个（ ）地址。

A. 全局单播   B. 链路本地   C. 网点本地   D. 广播

二、简答题

1. 简述 OSI/RM 各层功能。

2. 子网掩码的作用是什么？对应 A、B、C 三类网络，其默认的子网掩码分别是什么？

3. TCP/IP 参考模型中各层的主要协议有哪些？

4. 简述 IPv6 的地址结构及其类型。

5. 某计算机的 IP 地址为 201. 10. 10. 12/27，计算其子网掩码、计算机所在的网络地址、广播地址和主机地址的范围。

6. 简述子网划分的方法及步骤。

第3章

局域网组网技术

随着计算机应用的不断发展和用户对资源共享要求的提高，20 世纪 70 年代末出现的计算机局域网在 20 世纪 80 年代获得了飞速的发展和大范围普及，20 世纪 90 年代至今局域网已步入了更加高速发展的阶段。局域网是指在某一区域内由多台计算机互连而成的计算机组，一般是将几千米范围内的各种计算机、外部设备和数据库等互相连接起来组成的计算机通信网。它可以通过数据通信网或专用数据电路，与远方的局域网、数据库或处理中心相连接，组成一个较大范围的信息处理系统。局域网可以实现文件管理、应用软件共享、打印机共享、工作组内的日程安排、电子邮件收发和传真通信服务等功能。

3.1 局域网概述

3.1.1 局域网的体系结构与寻址功能

1. 局域网的体系结构

20 世纪 80 年代初，美国电气和电子工程师学会 IEEE 802 委员会结合局域网自身特点，参考 OSI/RM 提出了局域网参考模型（LAN/RM），制定了局域网体系结构。IEEE 802 标准诞生于 1980 年 2 月，故称为 IEEE 802 标准。由于计算机网络的体系结构和 ISO 提出的 OSI/RM 已经得到广泛认可，并提供了一个便于理解、易于开发和加强标准化的统一计算机网络体系结构，因此局域网参考模型参考了 OSI/RM。

这里所讨论的局域网参考模型以 IEEE 802 标准的工作文件为基础来说明局域网正常运行需要哪些层次，采用 OSI/RM 来分析这一问题。IEEE 802 标准所描述的局域网参考模型与 OSI/RM 的对应关系如图 3 - 1 所示。局域网参考模型只对应于 OSI/RM 的数据链路层与物理层，它将数据链路层划分为逻辑链路控制（Logical Link Control, LLC）子层与媒体访问控制（Medium Access Control, MAC）子层。

1）LLC 子层

LLC 子层也是数据链路层的一个功能子

图 3 - 1 局域网参考模型与 OSI/RM 的对应关系

层，它构成了数据链路层的上半部，与网络层和 MAC 子层相邻。LLC 子层在 MAC 子层的支持下向网络层提供服务。可运行于所有 802 标准的局域网和城域网协议之上的是逻辑链路控制子层，即 LLC 子层。LLC 子层与传输媒体无关，它独立于媒体访问控制方法，隐藏了各种 802 网络之间的差别，向网络层提供一个统一的格式和接口。LLC 子层的作用是在 MAC 子层提供的介质访问控制和物理层提供的比特服务的基础上，将不可靠的信道处理成可靠的信道，以确保数据帧能够正确传输。LLC 子层的具体功能包括：向上层用户提供一个或多个服务访问点，管理链路上的通信，同时具备差错控制和流量控制等功能，并为网络层提供两种类型的服务：面向连接服务和无连接服务。

2）MAC 子层

MAC 子层是数据链路层的一个功能子层。MAC 子层构成了数据链路层的下半部，它直接与物理层相邻。MAC 子层主要制定管理和分配信道的协议规范，即决定广播信道分配的协议属于 MAC 子层。MAC 子层是与传输介质有关的一个数据链路层的功能子层，它的主要功能是在发送数据时进行冲突检测，实现帧的组装与拆卸。它完成介质访问控制的功能，为竞争的用户分配信道使用权。MAC 子层为不同的物理介质定义了介质访问控制标准。目前，IEEE 802 已制定的介质访问控制方法的标准有著名的带冲突检测的载波监听多路访问（Carrier Sense Multiple Access with Collision Detection，CSMA/CD）、令牌环网（Token Ring）和令牌总线（Token Bus）等，数据链路层的协议结构如图 3 – 2 所示。介质访问控制方法决定了局域网的主要性能，它对局域网的响应时间、吞吐量和网络利用率等有十分重要的影响。

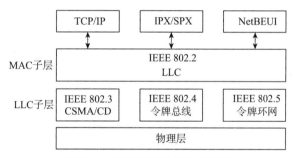

图 3 – 2　数据链路层的协议结构

3）物理层

物理层的主要作用是处理机械、电气、功能和规程等方面的特性，确保二进制位信号的正确传输，包括信号的编码和解码，同步前导码的生成与去除，二进制比特流的正确传送与正确接收，差错校验，物理连接的物理设施的建立、维护和断开等功能。

局域网物理层制定标准规范的主要内容如下：

（1）局域网支持的传输媒体及相应的传输距离；

（2）传输速率；

（3）拓扑结构；

（4）物理信令、物理层向 MAC 子层提供的服务原语，包括请求、证实、指示原语；

（5）物理接口的机械特性、电气特性、功能特性和规程特性；

（6）传输信号的编码方案，包括曼彻斯特、差分曼彻斯特、4B/5B、8B/6T、8B/10B 等；

（7）差错校验码及同步信号的产生与删除。

2. 寻址功能

为了了解局域网中数据交换的过程，需要考虑寻址的具体功能。一般来说，通信过程涉及 3 个因素：进程、主机和网络。进程是进行通信的基本实体。例如，在文件传送操作情况下，一个站点内的文件传送进程和另一个站点内的文件传送进程交换数据；远程终端访问时，用户终端被连接到某个站点，并且受这个站的终端处理进程控制。通过终端处理进程，用户可以远程连接到分时系统，在终端处理和分时系统之间交换数据。进程在主机（计算机）上执行，一台主机往往可以支持多个同时发生的进程。主机通过网络连接起来，将要交换的数据从一个主机传送到另一个主机。从一个进程到另一个进程的数据传送过程，即用户数据首先发送到驻留该进程的主机中，然后送到该进程。

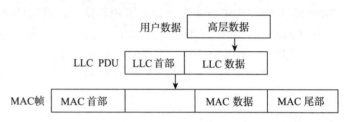

局域网中采用了两级寻址，如图 3-3 所示，提供了使用 LLC 和 MAC 协议时发送数据的完整格式。用户数据向下传递给 LLC 子层，该 LLC 子层对数据附加一个标题（LH）。该标题包含用于本地 LLC 实体和远程 LLC 实体之间

图 3-3　LLC 的 PDU 与 MAC 帧的关系

的协议管理控制信息。用户数据和 LLC 标题的组合称为 LLC 的 PDU。LLC 子层准备好 PDU 之后，即将它作为数据向下传递给 MAC 实体。MAC 子层对它再附加上一个标题（MH）和一个尾标（MT）以管理 MAC 协议，结果得到一个 MAC 子层的 PDU。为了避免与 LLC 子层的 PDU 混淆，将此 MAC 子层的 PDU 称为帧，这也是在标准中使用的术语。

MAC 子层标题必须包含一个用来唯一标识局域网上某个站点的目的地址。之所以需要这样，是因为在局域网上的每个站点都要读出目的地址字段，以决定它是否捕获了 MAC 子帧，若是，则 MAC 实体剥除 MAC 标题和尾标，并将 LLC 子层的 PDU 向上传递给 LLC 实体。LLC 子层标题必须包含 SAP 地址，以使 LLC 子层可以决定该数据需要交付给谁。因此，两级寻址是必须的。MAC 地址标识局域网中的一个具体站点，LLC 地址标识局域网中某个站点中的一个 LLC 用户，如图 3-4 所示。

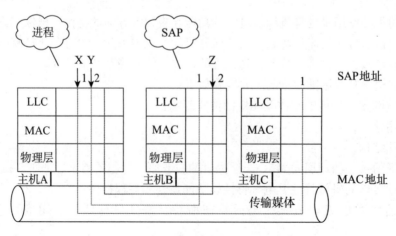

图 3-4　MAC 地址与 LLC 地址的关系

3.1.2　IEEE 802 标准

为了规划网络通信的基本标准，1980 年 2 月电气和电子工程师协会（Institute of Electrical and Electronics Engineers，IEEE）成立了专门负责制定局域网络标准的 IEEE 802 委员会，该委员会制定了一系列局域网标准，称为 IEEE 802 标准。所谓标准是指被广泛使用的，或者由官方规定的一套规则和程序。该标准描述了协议的规定，设定了保障网络通信的最简性能集。IEEE 802 标准化工作进展很快，不但为以太网、令牌网、FDDI 等传统局域网技术制定了标准，近几年还开发出一些新的高速局域网标准，如快速以太网、交换以太网、千兆以太网、万兆以太网等局域网标准。局域网的标准化极大地促进了局域网技术的飞速发展，并对局域网的推广应用起到了巨大的推动作用。

经过讨论，ISO 建议将 IEEE 802 标准定为局域网国际标准。IEEE 802 标准包括很多标准，并且随着局域网技术的发展和更新，这些标准还在不断地扩充和完善。以下简要列出几个主要的标准及其内容：

（1）IEEE 802.1：致力于解决局域网和城域网中的网络互连问题，定义了网络体系结构、网络互连、网络管理和性能测量等。

（2）IEEE 802.2：定义了数据链路层中 LLC 子层的功能与服务，IEEE 802 标准模型大体继承了高级数据链路控制（High Level Data Link Control，HDLC）的帧结构，同时将它划分为两个功能子集：LLC 子层和 MAC 子层。

（3）IEEE 802.3：定义了 CSMA/CD 总线式介质访问控制协议和物理层规格说明。

（4）IEEE 802.4：定义了令牌总线式介质访问控制协议和物理层规格说明。

（5）IEEE 802.5：定义了令牌环网介质访问控制协议和物理层规格说明。

（6）IEEE 802.6：定义了城域网介质访问控制协议和物理层规格说明。

（7）IEEE 802.7：定义了宽带传输技术。

（8）IEEE 802.8：定义了光纤技术。

（9）IEEE 802.9：定义了语音数据网。

（10）IEEE 802.11：定义了无线局域网访问控制和物理层规范。

（11）IEEE 802.12：定义了 100VG – Any LAN 网，即使用集线器的 100Mbit/s 高速局域网，它是一种新的高速网络。

实际上 IEEE 802 标准定义了局域网和城域网的物理层及数据链路层规范，前 5 个标准直接与局域网有关，其中 802.3 以太网标准出现后，又衍生出多个以太网标准，如快速以太网 802.3u，千兆以太网 802.3ab、802.3z，万兆以太网 802.3ae 等。IEEE 802 系列标准之间的关系如图 3 – 5 所示。

图 3-5 IEEE 802 系列标准之间的关系

3.1.3 帧的结构

1980 年，美国 DEC 公司、英特尔（Intel）公司和施乐（Xerox）公司联合推出 10Mbit/s 以太网规约的第一个版本（Ethernet）；1982 年，又将其修改为第二个版本，即 Ethernet Ⅱ，它成为世界上第一个局域网产品的规约。1983 年，IEEE 802 委员会的 802.3 工作组制定了第一个 IEEE 的以太网标准 IEEE 802.3，数据传输速率为 10Mbit/s。它把数据链路层分为 LLC 子层和 MAC 子层，将与传输媒体有关的内容放在 MAC 子层，将与传输媒体无关的内容放在 LLC 子层。IEEE 802.3 标准定义了 MAC 子层的 MAC 帧。随着 Internet 的发展，TCP/IP 体系使用了 Ethernet Ⅱ 标准。以太网帧是以太网网络通信信号的基本单元，是对其进行网络性能分析的基础。MAC 子层的功能是以太网的核心技术，它决定了以太网的主机网络性能。以太网常见的帧为 IEEE 802.3 帧和 Ethernet Ⅱ 帧，两种帧格式如图 3-6 所示。

IEEE 802.3 一般帧格式：

7 字节	1 字节	6 字节	6 字节	2 字节	46~1 500字节	4 字节
前导码 (Preamble)	帧首定界符 (SFD)	目的 MAC 地址 (Destination Address)	源 MAC 地址 (Source Address)	长度 (Length)	数据 (Data)	帧校验序列 (FCS)

Ethernet Ⅱ 帧格式：

8 字节	6 字节	6 字节	2 字节	46~1 500字节	4 字节
前导码 (Preamble)	目的MAC地址 (Destination Address)	源MAC地址 (Source Address)	类型 (Type)	数据 (Data)	帧校验序列 (FCS)

图 3-6 两种帧格式

（1）前导码（Preamble）：由 8（Ethernet Ⅱ）或 7（IEEE 802.3）字节的交替出现的 1 和 0 组成，即 10101010…1010。设置该字段的目的是指示帧的开始并便于网络中的所有接收器均能与到达帧同步，通知目的站点做好接收准备。另外，该字段本身（在 Ethernet Ⅱ 中）或与帧起始定界符一起（在 IEEE 802.3 中）保证各帧之间用于错误检测和恢复操作的时间间隔不小于 9.6ms。

（2）帧首定界符（Start - of - Frame Delimiter，SFD）：该字段仅在 IEEE 802.3 标准中有效，以两个连续的代码 1 结尾，如 10101011，表示一帧的实际开始，它也可以被看作前序字段的延续。实际上，该字段的组成方式继续使用前序字段中的格式，这一个字节字段的前 6 个比特位置由交替出现的 1 和 0 构成，最后两个比特位置是 11，这两位中断了同步模式，并提醒接收方后面跟随的比特是帧数据。

（3）目的 MAC 地址和源 MAC 地址：标识了帧的接收者和发送帧的工作站，各占据 6 字节。其中，目的 MAC 地址可以是单播地址，也可以是多播地址或广播地址。当目的 MAC 地址的第一个字节的最低位为 0 时表示单播地址，仅指定一个接收者，即发送方和接收方之间是一对一的关系；如果为 1 则表示多播或广播地址，当目的地址的所有位都为 1 时表示广播地址，多播地址对应网络中的一组站点，即发送方和接收方之间是一对多的关系。广播地址是多播地址的一种特殊形式，即由 48 个 1 组成的地址，接收者是该局域网中所有的站点，单播、多播或广播如图 3 - 7 所示。

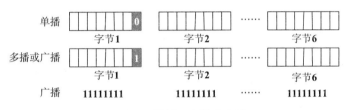

图 3 - 7　单播、多播或广播

（4）长度：表示紧随其后的以字节为单位的数据的长度。以太网中该字段是"类型"，也占用 2 字节，指定接收数据的高层协议。

（5）类型：2 字节的类型字段仅用于 Ethernet Ⅱ 帧。该字段用于标识数据字段中包含的高层协议，即该字段告诉接收设备如何解释数据字段。当该字段的值为 0X0800 时，表示网络层使用 IP；当该字段的值为 0X0806 时，表示网络层使用 ARP；当该字段的值为 0X08137 时，表示网络层使用 NetWare 的 IPX 协议。

（6）数据：该字段是节点待发送的数据部分，其长度为 46 ~ 1 500 字节，用于定义数据字段包含的字节数。无论在 Ethernet Ⅱ 中还是在 IEEE 802.3 标准中，从前序到帧校验序列（Frame Check Sequence，FCS）字段的帧长度最小必须是 64 字节。如果数据段长度过小，使帧的总长度无法达到 64 字节的最小值，那么相应软件将自动填充数据段，以确保整个帧的长度不小于 64 字节。在经过物理层和逻辑链路层的处理之后，包含在帧中的数据将被传递给在类型字段中指定的高层协议。虽然以太网版本 2 中并没有明确作出补齐规定，但是以太网帧中数据段的长度最小应不小于 46 字节。这就决定了最小帧长度为 64 字节，最大帧长度为 1 518 字节。

（7）帧校验序列：既可用于 Ethernet Ⅱ，又可用于 IEE 802.3 标准的帧校验序列字段提供一种错误检测机制，每一个发送器均计算一个包括地址字段、类型/长度字段和数据字段的循环冗余校验（Cyclic Redundancy Check，CRC）码。该序列包含长度为 4 字节的循环冗余校验值，由发送设备计算产生，在接收方被重新计算以确定帧在传输过程中是否被损坏。循环冗余校验是一种较为复杂的校验方法，它将要发送的二进制数据（比特序列）当作一个多项式 $G(x)$ 的系数，在发送端用收、发双方预先约定的生成多项式 $G(x)$ 去除，求得一个余数多项式，将此余数多项式加到数据多项式 $G(x)$ 中之后发送到接收端。接收端用同样的生成多项式 $G(x)$ 去除收到的数据多项式 $G(x)$，得到计算余数多项式。如果此计算余数多项式与传过来的余数多项式相同，则表示传输无误；反之传输有误，由发送端重发数据，直至正确为止。

在实际应用中会发现，大多数应用的以太网数据包是 Ethernet Ⅱ 的帧（如 HTTP、FTP、SMTP、POP3 等应用），而交换机之间的桥协议数据单元（Bridge Protocol Data Unit，BPDU）数据包则是 IEEE 802.3 的帧，VLAN Trunk 协议如 802.1Q 和思科发现协议（Cisco Discovery Protocol，CDP）等则采用 IEEE 802.3 SNAP（以太网帧格式）的帧。

3.1.4　CSMA/CD

以太网的逻辑拓扑结构是一个多路访问总线，这意味着在网络中的所有节点共享传输介质。因为所有的节点能接收到所有的帧，所以每个节点需要判断是否需要接收处理一个帧，这依赖于数据帧中的目的 MAC 地址。以太网提供了一个方法，确定节点如何共享访问介质，媒体访问控制的经典方法是 CSMA/CD，即载波侦听多路访问/冲突检测或带有冲突检测的载波侦听多路访问，其是一种争用型的介质访问控制协议。CSMA/CD 起源于美国夏威夷大学开发的 ALOHA 网所采用的争用型协议，并进行了改进，使之具有比 ALOHA 协议更高的介质利用率。

在公共总线或树型拓扑结构的局域网上，任何站点帧的发送和接收过程通常使用带冲突检测的载波侦听多路访问技术。CSMA/CD 又可称为随机访问或争用介质技术，讨论网络上多个站点如何共享一个广播型的公共传输介质，即解决"下一个轮到谁往介质上发送帧"的问题。对网络上任何站点来说不存在预知的或由调度来安排的发送时间，每个站点的发送都是随机发生的。因为不存在要用任何控制来确定该轮到哪一站点发送，所以网络上所有站点都在争用介质。

载波侦听指的是网络上各个工作站在发送数据前都侦听总线上有没有数据传输。若有数据传输，则不发送数据；若无数据传输，则立即发送准备好的数据。多路访问是指网络上所有工作站收发数据时共同使用同一条总线，且发送数据是广播式的；冲突是指若网络上有两个或两个以上工作站同时发送数据，在总线上就会发生信号碰撞，造成信号的混合，工作站无法辨别真正的数据。

一个想要发送帧的站点首先要侦听介质，以确定是否有其他的帧正在传输，如果有，则等待一段时间再试；若介质空闲，即可发送，但仍有可能其他站点判断介质空闲后也会发送（这些站点可能靠得很近，也可能相距甚远）。这样就会发生帧碰撞现象，造成帧的破坏，无法使网络正常工作。因此，当一个站点发送帧时，它必须随时检测是否发生碰撞，若帧发送完毕，一直未检测到碰撞，则表示此站点成功地占用介质，使帧发送成功；若发送帧过程中检测到碰撞，则立即停止发送，并进行碰撞处理，说明帧未发送成功，要重新发送。

1. 发送规则

CSMA/CD 的工作流程可以简单概括为"先听后发、边发边听、冲突停止、延迟重发"。以太网/IEEE 802.3 CSMA/CD 的发送流程如图 3-8 所示。

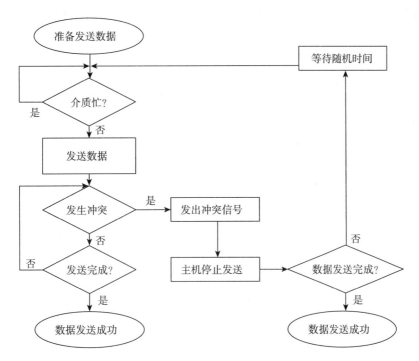

图 3 - 8 CSMA/CD 的发送流程

（1）若介质空闲，则发送，否则进行步骤（2）。

（2）若介质忙，则继续侦听，一旦发现介质空闲，就发送。

（3）若在帧发送过程中检测到冲突，则停止发送帧（形成不完整的帧，称"碎片"在介质上传输），并随机发送一个冲突信号，以保证让网络上所有的站点都知道已出现了碰撞。

（4）发出冲突信号后，等待一段随机时间，再尝试重新发送［返回步骤（1）］。

在返回重新发送帧之前，还要进行以下工作：

①碰撞次数 $n+1$ 递增（开始 $n=0$）。

②判断碰撞次数 n 是否达到 16（十进制）。

③若 $n=16$，则按"碰撞次数过多"差错处理。

④若 $n<16$，则计算一个随机量 r，r 的范围为 $0<r<2^k$，其中 $k=\min$（n，10），即当 $n\geqslant10$ 时，$k=10$；当 $n<10$ 时，$k=n$。

⑤获得时延 $t=rT$。

上式中 T 为常数，是网络上固有的一个参数，称为碰撞槽时间（Slot Time），下文会详细介绍。时延 t 又为称退避时间，表示检测到碰撞后要重新发送帧需要一段随机延迟时间，以错开发生碰撞各站的重新发送帧的时间。

这种规则又称"截短二进制指数退避"（Truncated Binary Exponential Backoff）规则，即退避时间是碰撞时间的 r 倍。

2. 碰撞槽时间

碰撞槽时间指在帧发送过程中发生碰撞时间的上限，即在这段时间中，可能检测到碰撞，而这段时间过去后，永远不会发生碰撞，也就不会检测到碰撞。也就是说，当发送的帧在媒体上传播时，超过了碰撞槽时间后再也不会发生碰撞，直至发送成功；或者说，这段时间过去后，发送站争用媒体成功。

为了理解碰撞槽时间，并进一步了解该参数的重要性，先分析检测一次碰撞需要多长时间。如图 3-9 所示，假设公共总线媒体长度为 S，A 与 B 两个站点分别配置在媒体的两个端点上（A 站点与 B 站点相距 S），帧在媒体上的传播速度为 $0.7C$（C 为光速），网络的传输率为 R（bit/s），帧长为 L（bit）。图 3-9（a）表示 A 站点正开始发送帧 f_A，f_A 沿着媒体向 B 站点传播；图 3-9（b）表示帧 f_A 快到 B 站点前一瞬间，B 站点发送帧 f_B；图 3-9（c）表示在 B 站点处发生了碰撞，B 站点立即检测到碰撞；图 3-9（d）表示碰撞信号返回 A 站点，此时 A 站点的帧 f_A 尚未发送完毕，因此 A 站点能检测到碰撞。

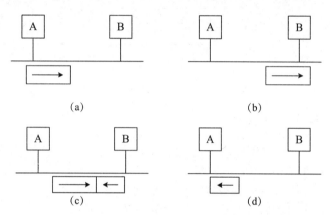

图 3-9　碰撞检测所需时间

（a）A 站点在时刻 t 发送一帧；（b）A 站点发送的帧在时刻 $t+d$ 到达 B 站点；（c）B 站点在时刻 $t+d$ 开始发送，与 A 站点的帧冲突；（d）B 站点和 A 站点冲突后的帧在时刻 $t+2d$ 到达 A 站点

从帧 f_A 发送后直到 A 站点能检测到碰撞为止，这段时间间隔就是 A 站点能检测到碰撞的最长时间。这段时间过去后，网络上不可能发生碰撞，碰撞槽时间的物理意义就是这样描述的，近似地可以用以下公式表示：

$$碰撞槽时间 \approx 2S/0.7C + 2t_{PHY} \qquad (3-1)$$

式中，C 为光速，$0.7C$ 是信号在媒体上的传输速度；t_{PHY} 为 A 站点物理层的时延。

因为发送帧和检测碰撞都在 MAC 层中进行，所以必须要加上 2 倍的物理层时延。

A 站点为了在碰撞槽时间上检测到碰撞，它至少要发送的帧长 L_{min} 以下公式表示：

因为

$$L_{min}/R = 碰撞槽时间 \qquad (3-2)$$

所以

$$L_{min} = (2S/0.7C + 2t_{PHY})/R \qquad (3-3)$$

L_{min} 称为最小帧长度，由于碰撞只可能发生在不大于 L_{min} 的范围内，因此 L_{min} 也可理解为媒体上传输的最大帧碎片长度。

综上所述，碰撞槽时间是 CSMA/CD 中一个极为重要的参数，这一参数描述可在发送帧过程中处理碰撞的 4 个方面：

（1）它是检测一次碰撞所需的最长时间，即超过了该时间，媒体上的帧再也不会因遭到碰撞而损坏。

（2）必须要求发送的帧长度有一个下限限制，即所谓"最小帧长度"。最小帧长度能保证在网络最大跨距范围内，任何站点在发送帧后，若碰撞产生，都能检测到。因为任何站点要检测到碰撞，必须在帧发送完毕之前，否则碰撞产生后可能漏检，造成传输错误。

（3）碰撞产生后，它决定了在介质上出现的最大帧碎片长度。

（4）作为碰撞后帧要重新发送所需的时间延迟计算的基准。

由式（3－3）可知，光速 C 和物理层时延 t_{PHY} 是常数，对于一个具有 CSMA/CD 的公共总线（或树型）拓扑结构的局域网来说，公式中其他 3 个参数 L_{min}、S 及 R 作为变量互为正、反比关系。例如，当传输率 R 固定时，最小帧长度与网络跨距具有正比的关系，即跨距越大，L_{min} 越长；在 L_{min} 不变的情况下，传输率 R 越小，跨距 S 越小。这些分析对以下讨论以太网的性能和发展及高速以太网的特点均有指导性意义。

3. 接收规则

以太网/IEEE 802.3 CSMA/CD 的接收流程如图 3－10 所示。

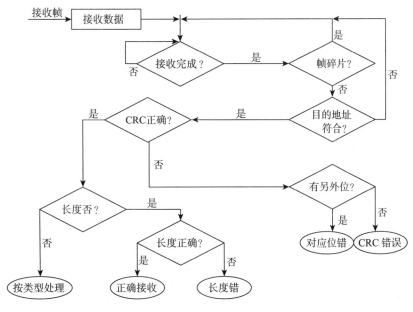

图 3－10　CSMA/CD 的接收流程

（1）网络上的站点若不处在发送帧的状态，则都处在接收状态。只要媒体上有帧在传输，处于接收状态的站点均会接收该帧，即使是帧碎片也会被接收。

（2）完成接收后，首先判断是否为帧碎片。若是，则丢弃；若不是，则进行第（3）步。

（3）识别目的地址。在本步中确认接收帧的目的地址与本站的以太网 MAC 地址是否符合。若不符合，则丢弃接收的帧；若符合，则进行第（4）步。

（4）判断帧检验序列是否有效。若无效，即传输中可能发生错误，错误的性能包括多位或漏位及真正的 CRC 差错；若有效，则进行第（5）步。

（5）确定是长度还是类型字段。若该字段≥0600H，则认为是以太网帧的类型字段，识别出网络层分组是哪一种协议，并作相应处理；若该字段＜0600H，则认为是 IEEE 802.3 帧的长度字段，判别长度是否正确，再进行处理。

（6）接收成功。不管是以太网帧还是 IEEE 802.3 帧，若类型或长度正确，则解开帧，形成网络层分组或 LLC － PDU 提交给高层协议。

总之，CSMA/CD 的原理比较简单，采用了"有空就发"的竞争型访问策略，因此，不可避免地会出现信道空闲时多个站点同时争用的现象，无法完全消除冲突，只能采取一些措施减少冲突，并对产生的冲突进行处理。因此，采用这种协议的局域网环境不适合对实时性要求较高的网络应用。CSMA/CD 在技术上也较易实现，网络中各主机处于同等地位，不需要集中控制，效率较高。但这种方式不能提供优先级控制，各主机节点平等争用总线，当负载增大时，发送信息的等待时间较长。

3.1.5　令牌环网访问控制方式

在以太网中所使用的网络访问模式并不十分可靠，它仍然会产生冲突，站点可能需要重新发送若干次才能成功地将数据发送到链路上，这种重试可能在网络负载较重时造成无法预测的延迟。在以太网中既无法预测冲突的出现，又无法预测多个站点由于同时竞争链路使用权所造成的延迟。令牌环网通过要求站点轮流发送数据解决了这种不确定性。目前常用的环网包括令牌环网和 FDDI 两种。令牌环网是最早使用的一种环网，FDDI 是在其基础上发展起来的一种高速环网。IEEE 802.5 标准及其所描述的令牌环网产品在 20 世纪 80 年代中期问世，IEEE 802.5 标准定义了令牌环网的 MAC 技术和物理层结构。20 世纪 80 年代后期，使用光纤的高速环网 FDDI 随之出现。可以说，当时环网的出现是为了弥补 10Base － 5 及 10Base － 2 以太网的不足，以适应网络应用的进一步需求。

1. 令牌环操作过程

令牌环技术的基础是使用一个称为令牌的特定比特串，当环上所有的站点都空闲时，令牌沿着环旋转，当某一站想发送帧时必须等待直至检测到经过该站点的令牌为止。该站点抓住令牌并改变令牌中的一个比特，然后将令牌转变成一帧的帧首。这时，该站点可以在帧首后面加挂上帧的其余字段并进行发送。此时，环上不再有令牌，因此，其他想发送帧的站点必须等待。这个帧将绕环一整周后由发送站点将它清除。发送站点在符合条件时将在环上插进一个新的令牌，即站点已完成其帧的发送，并且站点所发送的帧在绕环运行一整圈后，帧前沿已回到了本站点。这种机理能保证任一时刻只有一个站点可以发送帧。当某站点释放一个新的令牌时，它下游的第一个站点若有数据要发送，将能够抓住这个令牌并进行发送。

在轻负载条件下，环的效率较低，这是因为一个站点必须等待令牌的到来才能发送；但是，在重负载条件下，环的作用是依次循环传递，既有效又公平。当环上的一个工作站希望发送帧时，必须首先等待令牌。令牌是一组特殊的比特，专门用来决定由哪个工作站访问网络。一旦收到令牌，工作站便可启动并发送帧。帧中包括接收站点的地址，以标识哪一站点应接收此帧。帧在环上传送时，无论该帧是否是发送给自己的，每一个工作站都会转发该帧，直到最终回到始发站点，并由该始发站点撤销该帧。帧的意图接收者除转发帧外，应针对自身站点的帧维持一个副本，并通过在帧的尾部设置"响应比特"来指示已收到此副本。

工作站在发送完一帧后应该释放令牌，以便出让给其他站点使用。出让令牌有两种方式，并与所用的传输速率相关。一种是低速操作（4Mbit/s）时只有收到响应比特才释放，称为常规释放。第二种是工作站发出帧的最后一比特后释放，称为早期释放。

假定工作站 A 发送帧到工作站 C，其发送过程如下：

第 1 步：如图 3 – 11 所示，工作站 A 等待令牌从上游邻站到达本站，以便有发送机会。

第 2 步：如图 3 – 12 所示，工作站 A 将帧发送到环上，工作站 C 对发往它的帧进行复制，并继续将该帧转发到环上。

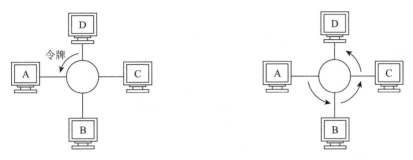

图 3 – 11　令牌环的操作过程（1）　　　　图 3 – 12　令牌环的操作过程（2）

第 3 步：如图 3 – 13 所示，工作站 A 等待接收它所发的帧，并将帧从环上撤离，不再向环上转发。

第 4 步：如图 3 – 14 所示，当工作站 A 接收到帧的最后一比特时便产生令牌，并将令牌通过环传给下游邻站，随后对帧尾部的响应比特进行处理；或者当工作站 A 发送完最后一比特时，便将令牌传递给下游工作站，即早期释放。

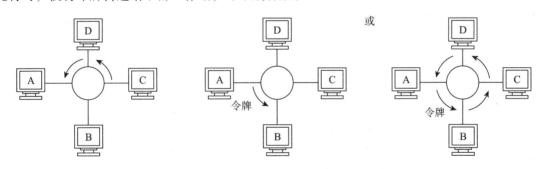

图 3 – 13　令牌环的操作过程（3）　　　　图 3 – 14　令牌环的操作过程（4）

令牌环的主要优点在于其访问方式具有可调整性和确定性，且每个节点具有同等的介质访问权。同时，令牌环还提供优先权服务，具有很强的适用性。它的主要缺点是维护复杂、实现较困难。

2. 令牌环网的 MAC 帧格式

令牌环网提供了 3 种类型的帧，即数据帧、令牌帧和异常终止帧，其 MAC 帧格式如图 3 – 15 所示。

在令牌环网中，数据帧是 3 类帧中唯一可以携带 LLC – PDU 的帧，同时也是唯一带有地址字段的帧。数据帧共有 9 个字段：

（1）起始分界符（Start Delimiter，SD）：占 1 字节，用来警告接收站点一个帧即将到

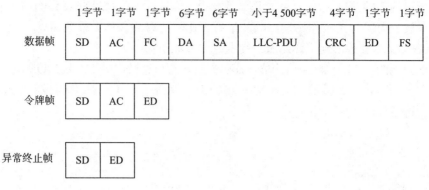

图 3-15 令牌环网的 MAC 帧格式

来，同时允许同步站点的同步时钟。SD 的格式为 JK0JK000。J 和 K 扰动是由物理层创建的，它包含在每个起始分界符中，以保证数据字段的透明性，即保证数据字段不会出现这样的信号模式。这些扰动是通过在对应位的持续间隙内改变编码莫斯来创建的。在差分曼彻斯特编码中，每个比特可能需要两次跳变，一次在位的开始，另一次在位的中间。在 J 扰动中，两次跳变都被取消；在 K 扰动中，中间的跳变被取消。所以，J 和 K 都不是数据模式的信号。

（2）访问控制（Access Control，AC）：占 1 字节，其位模式为 PPPTMRRR。PPP 是 3 位优先级；T 用来指明该帧是令牌帧还是数据帧；M 是监控位，用来防止永久循环的帧存在于网络中；RRR 是预留位，由希望预留下一个令牌的站点来填写。

（3）帧控制（Frame Control，FC）：占 1 字节，其中第一位是类型位，用来指明 LLC - PDU 字段中的信息是数据信息还是控制信息；其他 7 位是特殊信息，包含在令牌环逻辑中所使用的信息。

（4）目的地址（Destination Address，DA）：占 6 字节，标识帧的下一目标的物理地址。

（5）源地址（Source Address，SA）：占 6 字节，标识发送该帧站点的物理地址。

（6）LLC - PDU：可以是 LLC - PDU，也可以是控制信息，由 FC 字段来判断。LLC - PDU 的最大长度为 4 500 字节，没有指明数据长度，但可以通过结束分界符（End Delimiter，ED）字段的位置来判断该字段的具体长度。

（7）CRC：占 4 字节，包含 CRC - 32 差错检测序列。

（8）ED：ED 字段是第二个标记字段，占 1 字节，指明了发送数据或控制信息的结束，其位模式为 JK1JK1IE。J 和 K 是扰动信号；E 为错误检测位，任何中间站点检测到任何错误，即将该位复位；I 在多帧传送中使用，该位被复位表示还有后续的帧要传送，此帧不是最后一帧。

（9）帧状态（FS）：帧的最后一个字节是 FS 字段，其位模式为 ACrrACrr，其中 r 没有定义。A 和 C 由接收者设置，A 被复位表示地址被识别，C 被复位表示帧接收者复制。A 和 C 都重复是为了防止错误，由于 FS 字段位于 CRC 校验范围之外，因此这种重复是必要的。

令牌帧只包含 SD、AC、ED 这 3 个字段。SD 字段指明了帧即将到来；AC 字段除了指明帧是令牌之外，还包括一个优先级字段和预留字段；ED 字段指明了帧的结束。

异常终止帧不包含任何信息，它仅仅是起始和结束分界符。异常终止帧可以由发送者来产生，用于停止自己的传输；也可以由监控站点产生，用于清除线路上异常的传输。

一旦令牌被释放，环中下一个有数据要发送的站点获得令牌。但是，令牌也可以被具有更高优先级的站点预留。每个站点都有一个优先码，当一帧经过时，等待发送数据的站点可以将自己的优先码添入该帧的 AC 字段中，以预留下一个被释放的令牌。一个高优先级的站点可以删除一个低优先级的预留，而代之以自己的预留。在具有相同优先级的站点中，这个过程遵循"先来先服务"原则。

3.2　以太网技术

3.2.1　标准以太网

以太网（Ethernet）技术由施乐公司于 1973 年提出并实现，最初其速率只有 2.94Mbit/s。20 世纪 80 年代，以太网开始成为普遍采用的网络技术，它采用 CSMA/CD 介质访问控制机制，并采用 IEEE 制定的 802.3 LAN 标准，管理各个网络节点设备在网络总线上发送信息。以太网技术是世界上应用最广泛、最常见的网络技术，广泛应用于世界各地的局域网和企业骨干网。以太网技术的发展历程见表 3-1。

表 3-1　以太网技术的发展历程

时间/年	事件	速率/（bit·s^{-1}）
1973	Metcalfe 博士在施乐实验室发明了以太网，并开始进行以太网拓扑的研究工作	2.94M
1980	DEC、英特尔和施乐联手发布 10Mbit/s DIX 以太网标准提议	10M
1983	IEEE 802.3 工作组发布 10Base-5 "粗缆"以太网标准，这是最早的以太网标准	10M
1986	IEEE 802.3 工作组发布 10Base-2 "细缆"以太网标准	10M
1991	加入了无屏蔽双绞线（Unshielded Twisted Pair，UTP），称为 10Base-T 标准	10M
1995	IEEE 通过 802.3u 标准	100M
1998	IEEE 通过 802.3z 标准（集中制定使用光纤和对称屏蔽铜缆的千兆以太网标准）	1 000M
1999	IEEE 通过 802.3ab 标准（集中解决用五类线构造千兆以太网的标准）	1 000M
2002	IEEE 802.3ae 10G 以太网标准发布	10G

1. 以太网的标准系列

自从 1992 年 IEEE 802.3 标准确定以后，拓扑结构为公共总线使用粗同轴电缆的传统以太网（DIX）经过几年的应用后，在其原有基础上制定了一种媒体使用细同轴电缆的以太网标准 IEEE 802.3a，网络市场也出现了相应的产品。后者因具有组网价格低廉、结构简单和架构方便等特点，在小型 LAN 市场上取代了前者，但其电缆分段连接引起的不可靠性是一个致命的缺陷。再则，公共总线使用光纤来代替同轴电缆比较困难的事实导致了 IEEE 802.3i 及继后的 IEEE 802.3j 两个标准的制定，其对应的产品分别为 10Base-T 和 10Base-F。

基于星型结构使用双绞线和光纤的 10Base－T 和 10Base－F 是现代以太网技术发展的基础。此后短短几年中，快速以太网、全双工以太网及千兆位以太网的标准陆续推出，相应的产品目前已在网络市场上广为流行。

2. 4 种常见的传统以太网

传统以太网是传输速率为 10Mbit/s 的以太网，主要包括 10Base－5、10Base－2、10Base－T、10Base－F 等，并且在 IEEE 802.3 标准中为不同的传输介质制定了不同的物理层标准，不同以太网的物理层实现如图 3－16 所示。以太网命名方式的含义（以 10 Base－5 为例）：Base 表示基带传输，即电信号在传输过程中不用发生数字信号与模拟信号的转换，基带传输的信号都是数字信号；Base 前面的数字表示传输速率，10 就是指传输速率为 10Mbit/s；Base 后面的数字或字母表示其选用的传输介质，其中 5 表示同轴电缆的粗缆，2 表示同轴电缆的细缆，T 表示双绞线，F 表示光纤。下面具体介绍这 4 种常见的传统以太网。

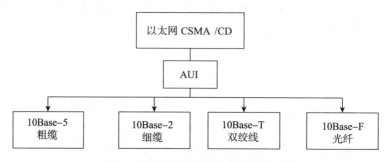

图 3－16　不同以太网的物理层实现

1）10Base－5

10Base－5（粗缆以太网）是最早制定的以太网标准，它是总线型粗同轴电缆以太网的简略标识符，是基于粗同轴电缆介质的原始以太网系统。目前由于 10Base－T 技术的广泛应用，在新建的局域网中，10Base－5 很少被采用，但有时 10Base－5 还会用作连接集线器的主干网段。

10Base－5 又称标准以太网，因为这是最初实现的一种以太网。图 3－17 所示为一个 10Base－5 布线方案。10Base－5 干线上的每个站点使用一个收发器与电缆连接。该收发器与用于 10Base－2 的 BNC（Bayonet Nut Connector）连接器不同，它是一个提供工作站与粗缆电气隔离的小盒子。在收发器中使用了一种"心跳（Heart－Beat）"测试的技术，以决定该工作站是否连接妥当。

10Base－5 网络所使用的硬件如下：

（1）网卡。网卡插在计算机的扩展槽中，使该计算机成为网络的一个节点，通过一根电缆连接收发器，收发器直接与粗缆连接。

（2）粗同轴电缆。这是 10Base－5 网络定义的传输媒体，可靠性好，抗干扰能力强。其型号为 RG－58，是一种直径为 10mm 的同轴电缆，其特性阻抗为 50Ω，长度不超过 500m。

（3）外部收发器。外部收发器又称介质连接单元（Medium Attachment Unit，MAU），两端连接粗同轴电缆，中间经 AUI（Attachrnent Unit Interface）端口由收发器电缆连接，网卡负责数据的发送、接收及冲突检测。

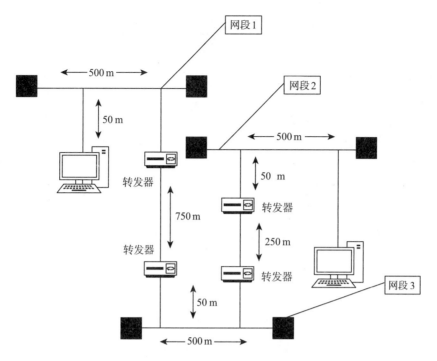

图 3 – 17　10Base – 5 布线方案

（4）收发器电缆。收发器电缆两端带有 AUI 接口，用于外部收发器与网卡之间的连接。收发器电缆在站点与收发器之间执行物理层接口的功能。收发器电缆的长度不能超过 50m。

（5）50Ω 终端适配器。电缆两端各接一个终端适配器，用于阻止电缆上的信号散射。

构建 10Base – 5 网络时应遵循以下规则：所有的站点都接在粗同轴电缆上，每个网段允许连接 100 个工作站，工作站到收发器的距离为 50m，两个收发器之间的最小距离为 2.5m，整个网络最多可以包含 4 个转发器，接到转发器的点到点链路总长度不能超过 1 000m。

同轴电缆的长度受限制是因为信号沿总线传播时会有衰减，若总线太长，则信号将会衰减得很弱，以致影响载波监听和冲突检测的正常工作。因此，以太网所用的同轴电缆的长度上限为 500m。若实际网络需要跨越更长的距离，就必须采用中继器将信号放大并整形后转发出去。

2）10Base – 2

10Base – 2（细缆以太网）为总线型细缆以太网的简略标识符。细缆指细同轴电缆，是以太网支持的第二类传输媒体。10Base – 2 使用 50Ω 细同轴电缆，组成总线型网络。10Base – 2 不需要外部收发器和收发器电缆，减少了网络开销，素有"廉价网"的美称，这也是它曾被广泛应用的原因之一。目前大部分新建局域网都使用 10Base – T 技术，使用细同轴电缆的已不多见，但是在计算机比较集中的计算机网络实验室中，为了便于安装、节省投资，仍可采用这种技术。

10Base – 2 的电缆在物理上较 10Base – 5 的电缆容易处理，它不需要站点使用收发器。10Base – 2 的电缆便宜，但干线段的长度短于 10Base – 5 的电缆。图 3 – 18 所示为 10Base – 2 网络的组成。

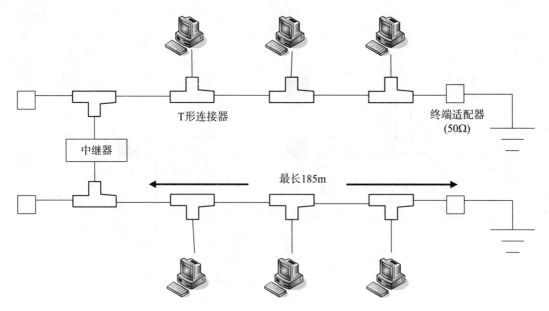

T形连接器

终端适配器
(50Ω)

中继器

最长185m

图 3 – 18　10Base – 2 网络的组成

10Base – 2 网络所使用的硬件如下：

（1）带有 BNC 插座的以太网卡。它插在计算机的扩展插槽中，使该计算机成为网络的一个节点，以便连接入网。

（2）50Ω 细同轴电缆。这是 10Base – 2 网络定义的传输媒体，可靠性稍差。

（3）BNC 连接器。BNC 连接器用于细同轴电缆与 T 形连接器的连接。

（4）50Ω 终端适配器。电缆两端各接一个终端适配器，用于阻止电缆上的信号散射。

10Base – 2 组网规则如下：

（1）每段电缆最长 185m。

（2）每段电缆最多连接 30 个节点。

（3）节点之间的最小距离为 0.5m。

（4）每段电缆两端必须安装 50Ω 终端适配器，而且一端接地。

（5）每段电缆可由多个带 BNC 接头的细缆段组成，通过 T 形连接器将电缆和节点连接起来。T 形连接器必须直接连接到网卡的 BNC 接口上，在它们之间不能再连接其他缆段。

（6）当要求延长缆段长度或扩展网络规模时，可以使用中继器连接多个缆段。

3）10Base – T（双绞线以太网）

IEEE 10Mbit/s 基带双绞线的标准称为 10Base – T。在 10Base – T 以太网中使用类似模块化电话电缆的双绞线作为传输介质，而无须使用昂贵的同轴电缆。此外，许多厂商都遵循该标准或将产品与之兼容。

1990 年，IEEE 802 标准化委员会公布了 10Mbit/s 双绞线以太网标准 10Base – T。该标准规定使用非屏蔽双绞线连接到中心设备（集线器），组成星型拓扑结构。10Base – T 双绞线以太网系统操作具有技术简单，价格低廉，可靠性高，易实现综合布线和易于管理、维护，易升级等优点。正因为它比 10Base – 5 和 10Base – 2 技术有更大的优越性，所以 10Base – T 技术一经问世就成为连接桌面系统最流行、应用最广泛的局域网技术。

与采用同轴电缆的以太网相比，10Base – T 网络更适合在已铺设布线系统的办公大楼环境中使用。因为在典型的办公大楼中，95% 以上的办公室与配电室的距离不超过 100m。同时，10Base－T 采用的是与电话交换系统一致的星型结构，很容易实现网线与电话线的综合布线，这就使 10Base－T 网络的安装和维护简单易行，且费用低廉。此外，10Base－T 采用了 RJ－45 连接器，使网络连接比较可靠。10Base－T 网络系统结构如图 3－19 所示。

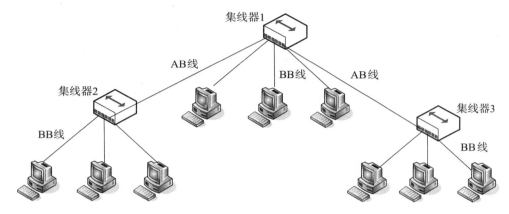

图 3－19　10Base－T 网络系统结构

10Base－T 网络所使用的硬件如下：

（1）提供 RJ－45 接口的网卡。它插在计算机的扩展槽中，使该计算机成为网络的一个节点，以便连接入网。

（2）RJ－45 连接器。电缆两端各接一个 RJ－45 连接器，一端连接网卡，另一端连接 10Base－T 集线器。

（3）集线器。这是 10Base－T 网络技术的核心。集线器是一个具有中继器特性的有源多口转发器，其功能是接收从某一端口发送来的信号，对其进行重新整形再转发给其他端口。集线器有 8 口、12 口、16 口和 24 口等多种类型。有些集线器除了提供多个 RJ－45 端口外，还提供 BNC 和 AUI 插座，支持 UTP、细同轴电缆和粗同轴电缆的混合连接。

（4）屏蔽或非屏蔽双绞线。3 类以上的 UTP 或 STP 双绞线是 10Base－T 网络定义的传输介质。

网卡与集线器、集线器之间通过 RJ－45 连接器连接双绞线，图 3－20 所示为 RJ－45 接线示意。

一个 RJ－45 连接器最多可连接 4 对双绞线，1、2、3、6、4、5、7、8 分别连接一根双绞线。在 10Base－T 上仅用了两根双绞线，即 1、2 和 3、6。网卡与集线器双绞线的连接、集线器之间的双绞线连接如图 3－21 所

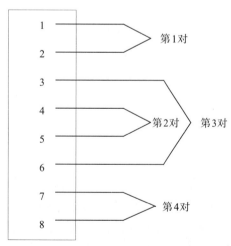

图 3－20　RJ－45 接线示意

示。在网卡上 1，2 为发送用双绞线，而 3、6 为接收用双绞线，而集线器却与之相反，因此集线器之间可采用两种办法连接，即双绞线电缆两端 RJ－45 交叉连接或集线器中用开关控制。

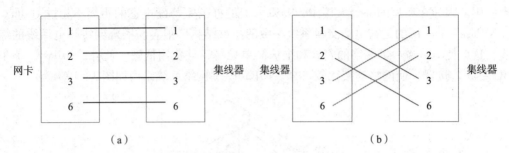

图 3 - 21　双绞线连接示意

（a）网卡与集线器的双绞线连接；（b）集线器之间的双绞线连接

10Base - T 组网规则如下：

（1）每段双绞线最大长度为 100m。

（2）一条通路最多允许连接 4 台集线器。

（3）每台集线器最多可以连接 96 个站点。

（4）可用中继器连接两端双绞线来进行长度的延长，不能超过 500m。

（5）帧的长度可变，最大为 1 518 字节。

（6）访问控制方式采用 CSMA/CD。

（7）拓扑结构可以为星型或总线型，目前大多采用星型拓扑结构。

对于整个 10Base - T 以太网系统来说，集线器与网卡之间和集线器之间的最长距离均为 100m，集线器数量最多为 4 个，即任意两站点之间的距离不超过 500m。非屏蔽双绞线的特点是不仅价格低廉、安装方便，而且有一定抗外界电磁场干扰的能力，如图 3 - 22 所示。

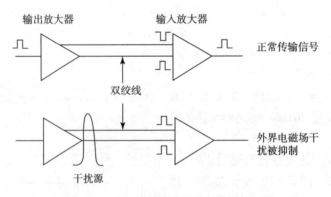

图 3 - 22　非屏蔽双绞线抗外界电磁场干扰

在正常情况下，当发送放大器有输入信号时，放大器在输出双绞线对上分别产生极性相反且幅度相等的差分信号。而对于接收放大器，只有差分信号作为输入信号时，放大器才会有输出信号。当外界有电磁场干扰时，则线对上会产生同极性且幅度相等的信号，这种信号作为接收放大器的输入信号时，被接收放大器抑制而不产生输出信号。这就是非屏蔽双绞线能够抗外界电磁场干扰的简单机理。单股铜线不具备这种抗电磁场干扰的能力，外皮屏蔽接地形成同轴电缆才有抗外界电磁场干扰的能力。10Base - T 由于安装方便，价格比粗缆和细缆都便宜，而且连接方便，便于管理，性能优良，一经问世就受到广泛的关注并实现大量的应用。综上所述，10Base - T 以太网系统的特点如下：

①网络建立和扩展十分灵活方便。根据每个集线器的端口数量（有 8 口、12 口、16 口和 32 口）和网络大小，可选用不同端口的集线器组成所需网络；增减工作站可不中断整个网络的工作。

（2）可以预先和电话线统一布线，并在房间内预先安装好 RJ-45 插座，所以改变网络布局十分容易。

（3）集线器具有自动隔离故障的作用，某工作站发生故障，不会影响网络的正常工作。

（4）集线器可将一个网络有效地分成若干互连的段，当发生故障时，管理人员可在较短的时间内迅速查出故障点，提高排除故障的速度。

（5）10Base-T 与 10Base-2、10Base-5 能很好地兼容，所有标准以太网运行软件可不做修改就能兼容运行。

（6）在集线器上设有粗缆的 AUI 接口和细缆的 BNC 接口，所以粗缆或细缆与双绞线 10Base-T 混合布线连接方便，使用场合较多。

集线器之间的连接方式有两种。一种是干线方式，可以在同一个层次上作为中继器延伸网络跨距，4 个集线器组成系统的干线；另一种是层次方式，可以组成一个层次结构的网络，如图 3-23 所示。一个主集线器连接若干个分支集线器，每个分支集线器还可往下连接更下层的分支集线器，依此类推。无论哪一种方式，任意两站点之间的跨距不能超过 500m。

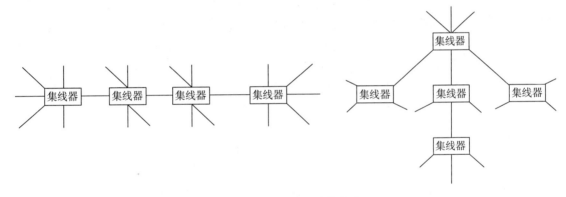

图 3-23 集线器的连接方式

10Base-T 网络在组网过程中要遵守 10Base-T 的 5-4-3 规则。10Base-T（星型网络）的 5-4-3 规则是指任意两台计算机间最多不能超过 5 段线（既包括集线器到集线器的连接线缆，也包括集线器到计算机的连接线缆）、4 台集线器，并且只能有 3 台集线器直接与计算机等网络设备连接。图 3-24 所示即 10Base-T 网络所允许的最大拓扑结构，以及所能级联的集线器层数。其中，位居中间的集线器是网络中唯一不能与计算机直接连接的集线器。5-4-3 规则的采用与网络所允许的最大延迟有关。

计算机发送数据后，如果在一定的时间内没有得到回应，将认为数据发送失败，然后不断地重复发送，但对方却永远无法收到。数据在网络中的传输延迟一方面受网线长度的影响，另一方面受集线设备的影响。因此，10Base-T 不仅限制了电缆的传输距离，也限制了集线器的数量。

4）10Base-F

10Base-F（光纤以太网）是基于曼彻斯特信号编码传输的 10Mbit/s 以太网系统通过编码后在光缆中传输，在光缆上传输的信号是光信号，而不是电信号。因此，10Base-F 具有

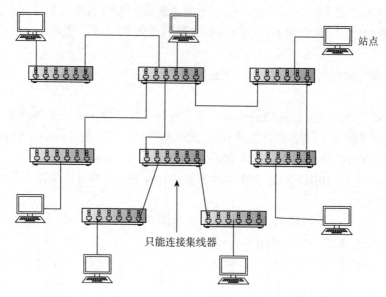

图 3 - 24 　10BaseT 5 - 4 - 3 规则所允许的最大拓扑结构

传输距离长、安全可靠、可避免电击危险等优点。由于光纤适宜连接相距较远的站点，因此10Base - F 常用于建筑物间的连接，它能够构建园区主干网（如北京大学早期的校园主干网采用的就是 10Base - F 技术），并能实现工作组级局域网与主干网的连接。因为信号是单向传输的，适合端到端的通信模式，因此 10Base - F 以太网呈星型或放射状结构。

光纤的一端与光收发器（光集线器）连接，另一端与网卡连接。根据网卡的不同，光纤与网卡有以下两种连接方法：

①把光纤直接通过 ST 或 SC 接头连接到可处理光信号的网卡上，此类网卡是把光纤收发器内置于网卡中。

②通过外置光收发器连接，即光纤收光器一端通过 AUI 接口连接电信号网卡，另一端通过 ST 或 SC 接头与光纤连接。采用光、电转换设备也可将粗、细电缆网段与光缆组合在同一个网络中。

3.2.2　快速以太网

数据传输速率为 100Mbit/s 的快速以太网是一种高速局域网，能够为桌面用户及服务器或者服务器集群等提供更宽的网络带宽。快速以太网是在 10Base - T 和 10Base - FL 技术的基础上发展起来的具有 100Mbit/s 传输速率的以太网。快速以太网家族中使用最广泛的是100Base - TX 和 100Base - FX，它们的拓扑结构与 10Base - T 和 10Base - FL 完全一样，快速以太网的介质和介质布局向下兼容 10Base - T 或 10Base - FL，其差别就在于传输速率相差10 倍，至于帧结构和介质访问控制方式则完全按照 IEEE 802.3 的基本标准执行。快速以太网技术与产品推出后，迅速获得广泛应用。它既有共享型集线器组成的共享型快速以太网系统，又有交换器组成的交换型快速以太网系统。在使用光缆作为介质的环境中，快速以太网又充分发挥了全双工以太网技术的优势。10/100Mbit/s 自适应的特点使 10Mbit/s 以太网系统可以平滑地过渡到 100Mbit/s 以太网系统。

1. 快速以太网的体系结构

IEEE 专门成立了快速以太网研究组来对以太网传输速率提升到 100Mbit/s 的可行性进行评估。该研究组为快速以太网的发展确立了重要目标，100Base–T 是 IEEE 正式接受的 100Mbit/s 以太网规范，采用 UTP 或 STP 为网络介质，MAC 层与 IEEE 802.3 协议所规定的 MAC 层兼容，被 IEEE 作为 802.3 规范的补充标准 802.3u 公布。

快速以太网是基于 10Base–T 和 10Base–F 技术发展而来的传输速率达到 100Mbit/s 的局域网。从 OSI 层次来看，其与 10Mbit/s 以太网一样也包括数据链路层和物理层，如图 3–25 所示。从 IEEE 802 标准来看，快速以太网具有 MAC 子层和物理层（包括物理介质）的功能。

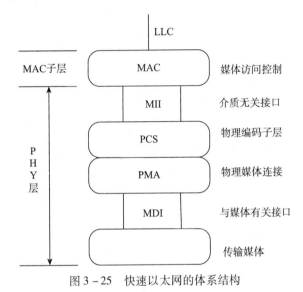

图 3–25　快速以太网的体系结构

100Base–T 定义了 4 种不同的物理层协议，其协议结构如图 3–26 所示。为了屏蔽下层不同的物理细节，为 MAC 和高层协议提供了一个 100Mbit/s 传输速率的公共透明接口，快速以太网在物理层和 MAC 子层之间还定义了一种独立于介质种类的介质无关接口（Medium Independent Interface，MII）。

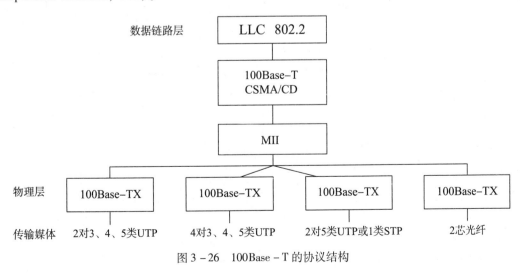

图 3–26　100Base–T 的协议结构

在统一的 MAC 子层下面有 4 种 100Mbit/s 以太网的物理层，每种物理层连接不同的媒体来满足不同的布线环境。同样，4 种不同的物理层中也可以再分成编码/译码和收发器两个功能模块。显然，4 种编码/译码功能模块不全相同，收发器的功能也不完全一样。100Base – T 不同的物理层协议见表 3 – 2。

表 3 – 2　100Base – T 不同的物理层协议

物理层协议	线缆类型	线缆对数	最大分段长度/m	编码方式	优点
100Base – T2	3、4、5 类 UTP	2	100	8B/6T	3 类 UTP
100Base – T4	3、4、5 类 UTP	4	100	8B/6T	3 类 UTP
100Base – TX	5 类 UTP、RJ – 45 接头 1 类 STP、DB – 9 接头	2	100	4B/5B	全双工
100Base – FX	62.5μm 单模光纤 125μm 多模光纤 ST 或 SC 光纤连接器	2	2 000	4B/5B	全双工、长距离

可以理解，100Base – TX 继承了 10Base – T 5 类 UTP 的环境，在布线不变的情况下，把 10Base – T 设备更换成 100Base – TX 的设备即可形成一个 100Mbit/s 以太网系统；同样，100Base – TX 继承了 10Base – FL 的多模光纤的布线环境，可以直接升级成 100Mbit/s 光纤以太网系统；对于较旧的一些只采用 3 类 UTP 的布线环境，则可采用 100Base – T4 和 100Base – T2 来适应。目前，100Base – TX 与 100Base – FX 使用得最普遍，特别对我国来说，20 世纪 90 年代以来建设的布线系统中，一般网络信息传输几乎都选用 5 类双绞线或光纤。

（1）100Base – T2。100Base – T2 可使用 2 对音频或者数据 3、4、5 类 UTP 电缆，1 对用于发送数据，1 对用于接收数据，可以实现全双工操作；符合 EIA586 结构化布线标准；使用与 10Base – T 相同的 RJ – 45 连接器；它的最大网段长度为 100m。

（2）100Base – T4。100Base – T4 可使用 3、4、5 类 UTP 或 STP 的快速以太网技术，它使用 4 对双绞线，其中 3 对用于传输数据，1 对用于检测冲突信号。每对双绞线都是极化的，一条传输正（+）信号，而另一条传输负（-）信号。表 3 – 3 为 100Base – T4 UTP MDI 管脚分配表。100Base – T4 在传输中使用 8B/6T 编码方式，信号频率为 25MHz，符合 EIA586 结构化布线标准。100Base – T4 使用与 10Base – T 相同的 RJ – 45 连接器，它的最大网段长度为 100m。

表 3 – 3　100Base – T4 UTP MDI 管脚分配表

管理号	信号名	电缆编码
1	TX_ D1_	白色/橙色
2	TX_ D1_	橙色/白色
3	RX_ D2_	白色/绿色
4	BI_ D3_	蓝色/白色
5	BI_ D3_	白色/蓝色
6	RX_ D2_	绿色/白色
7	BI_ D4_	白色/棕色
8	BI_ D4_	棕色/白色

（3）100Base - TX。100Base - TX 是一种用 5 类 UTP 的快速以太网技术。使用 2 对双绞线，1 对用于发送数据，1 对用于接收数据。100Base - TX 在传输中使用 4B/5B 编码方式，信号频率为 125MHz，符合 EIA586 的 5 类布线标准和 IBM 的 STP 1 类布线标准。100Base - TX 使用同 10BaseT 相同的 RJ - 45 连接器，它的最大网段长度为 100m，支持全双工的数据传输。

（4）100Base - FX。100Base - FX 是一种使用光缆的快速以太网技术，可使用单模光纤和多模光纤（62.5μm 和 125μm）。100Base - FX 在传输中使用 4B/5B 编号方式，信号频率为 125MHz。它使用 MIC/FDDI 连接器、ST 连接器或 SC 连接器。它的最大网段长度为 150m、412m、2 000m，甚至可达 10km，这与所使用的光纤类型和工作模式有关。它支持全双工的数据传输。100Base - FX 特别适合在有电气干扰的环境、距离连接较大或保密环境中使用。

2. 快速以太网的组成

快速以太网标准 IEEE 802.3u 是从 802.3（特别是 802.3i/g）标准发展而来的，它继承了 10Base - T 和 10Base - FL 技术，并进一步发展。两者在 MAC 子层和 PHY 层的性能上有相同之处，也有明显的区分，其比较见表 3 - 4。

表 3 - 4　100Mbit/s 快速以太网与 10Base - T/FL 性能比较

项目	10Base - T/FL	100Base - TX/FX
IEEE 标准	802.3i/j	802.3u
拓扑结构	星型	星型
数据传输速率	10Mbit/s	100Mbit/s
介质	3 类、4 类、5 类 UTP MMF	5 类 UTP、STP（150Ω）、SMF、MMF
最长介质段	UTP：100m；MMF：2km	UTP、STP：100m；MMF：2km；SMF：40km
曼彻斯特编码	4B/5B 编码	NRZI 编码
帧结构	符合 DIX 802.3 标准	符合 DIX 802.3 标准
CSMA/CD	同上	同上
碰撞槽时间	5 ~ 12ms（512bit）	5 ~ 12ms（512bit）
碰撞域范围	UTP：500m（4 个中继器）	2 个中继器 UTP、STP：205m；MMF：228m；UTP + MMF：216mm。 无中继器： UTP：100m；MMF：412m

注：MMF 为多模光纤，SMF 为单模光纤，NRZI 为不归"0"反相。

从两者在 PHY 层上的比较来看，除传输速率相差 10 倍外，传输介质的选择在快速以太网 10Base - TX 环境中只能是 5 类 UTP，但增加了 150Ω 特性阻抗的 STP；在 100Base - FX 环境中增加了 SMF 作为介质。在 PHY 层中，另一明显差别在于编码技术，快速以太网 10Base - TX/FX 采用的代码和编码技术与 ANSIX3T9.5FDDI 标准相同，即采用了 4B/5B 代码技术和 NRZI 编码技术，在介质上以时钟为 125M 的信号波特率来获得 100Mbit/s 的数据传输速率。NRZI 编码技术与曼彻斯特编码技术完全不同，它以信号跳变表示 1，以信号不跳变（即高或低电平）表示 0，通过此方式对 4B/5B 代码进行编码。

从两者在 MAC 子层上的比较来看，由于帧结构完全相同，其最大帧和最小帧长度也完全相等（分别为 1 516B 和 64B）。两者传输速率相差 10 倍后，每一位的时间宽度也相差 10 倍，100Base – TX/FX 为 0.01μs 而 100Base – TX/FL 为 0.1μs。两者在 CSMA/CD 的媒体访问控制方式机理完全一样的情况下，碰撞槽时间在快速以太网系统环境中比 100Mbit/s 传输速率以太网系统小了 10 倍。碰撞槽时间的明显差别，反映到碰撞域范围上也有明显的差别。

1993 年 10 月以前，对于要求 10Mbit/s 以上数据流量的 LAN 应用，只有 FDDI 可供选择，它是一种非常昂贵的、基于 100Mbit/s 光缆的 LAN。

1993 年 10 月，出现了世界上第一台快速以太网集线器 Fast Switch10/100 和网络接口卡 Fast NIC100。与此同时，IEEE 802 工程组对 100Mbit/s 以太网的各种标准，如 100Base – TX、100Base – T4、MII、中继器、全双工等进行了研究。1995 年 3 月，IEEE 宣布了 IEEE 802.3u 标准，开启了快速以太网时代。快速以太网和其他高速以太网技术的对比如下：

（1）CDDI（铜质分布型数据接口）是运行在屏蔽双绞线和非屏蔽双绞线上的 FDDI（在纤分布式数据接口）的一个版本。

（2）FDDI 技术同 IBM 的 TokenRing 技术相似，并具有 LAN 和 Token Ring 所缺乏的管理、控制和可靠性措施，FDDI 支持长达 2km 的多模光纤。FDDI/CDDI 的主要缺点是价格同快速以太网相比过高，且只支持光缆和 5 类电缆，使用环境受到限制，从以太网升级面临大量移植问题。

当然，快速以太网也有它的不足之处，快速以太网是基于 CSMA/CD 技术的，当网络负载较重时，会造成效率的降低，这可以使用交换技术来弥补。

构成 100Base – T 网络物理连接的主要部件如下：

（1）网络介质。网络介质用于计算机之间的信号传递。100BaseT 主要采用 4 种不同类型的网络介质，分别是 100Base – TX、100Base – FX、100Base – T2 和 100Base – T4。

（2）媒体相关接口（Medium Depended Interface，MDI）。MDI 是一种位于传输媒体和物理层设备之间的机械和电气接口。

（3）MII。使用 100 Mbit/s 外部收发器，MII 可以把快速以太网设备与任何一种网络介质连接在一起。MII 是一种 40 针接口，连接电缆的最大长度为 0.5m。

（4）PHY 层设备。PHY 层设备提供 10 Mbit/s 或 100 Mbit/s 操作，可以是一组集成电路，也可以作为外部独立设备使用，通过 MII 电缆与网络设备上的 MII 端口连接。

在统一的 IEEE 802.3 MAC 层下面有 4 种不同的物理媒体，可以分别用来满足不同的布线环境。其中，100Base – TX 继承了 10Base – T 的布线系统，在布线不变的情况下，把 10Base – T 设备更换成 100Base – TX 设备就可以直接升级为快速以太网系统；同样，100Base – FX 继承了 10Base – FL 的多模光纤系统，也可以直接升级到 100Mbit/s；对于一些较早的采用 3 类 UTP 的以太网系统，可以采用 100Base – T4 进行升级。

3. 自动协商功能

由于快速以太网技术、产品和应用的快速发展，在使用 UTP 媒体的环境中，网卡和集线器的端口 RJ – 45 上可支持全双工模式，因此，当两个设备端口间进行连接时，为了达到逻辑上的互通，可以人工进行工作模式的配置。但在新一代产品中引入了端口间自动协商功能，不必人工进行工作模式的配置（注意，在使用 STP 及光缆作为媒体的设备中不支持自动协商功能）。当端口间进行自动协商后，就可以获得一致的工作模式。

为此，设备必须支持自动协商的优先级排队模式。100Base – T2 的优先级最高，10Base – TX 的优先级最低。若两个支持自动协商功能的设备在 UTP 连接并进行加电后，首先就在端口间进行自动协商，最终获得两者所拥有的共同最佳工作模式。例如，如果双方都具有 10Base – T 和 100Base – TX 工作模式，则自动协商后，按共同的高优先级工作模式进行自动配置，最后端口间确定按 100Base – TX 工作模式进行工作。

在 IEEE 802.3 标准中详细说明了自动协商功能。除 100Base – T2 工作模式外，其他工作模式的自动协商功能均作为可选的功能，而 100Base – T2 则必须要求具有自动协商功能。当设备加电启动后，就立即进行自动协商。端口间在进行自动协商时，首先在连接的链路上发送快速链路脉冲（Fast Link Pulse，FLP）信号，FLP 信号中包括了设备工作模式的信息，支持自动协商端口的双方设备利用 FLP 信号所携带的信息实现自动协商并自动配置成共同的最佳工作模式，即按照共同的优先级最高的工作模式来配置。

一旦完成了自动协商，确定了共同的工作模式，FLP 信号就不再出现了，此时，端口之间的链路进入正常工作状态。若设备重新启动或者工作时链路媒体断开后重新连上，则自动协商功能再次启动，FLP 信号再次出现直至链路重新开始正常工作。

4. 快速以太网的典型组网方案

图 3 – 27 所示为在一个 4 层建筑中配置各种 100Mbit/s 以太网设备的解决方案。在 1、4 层上配置了 100Mbit/s 以太网交换机，在 2、3 层上配置了 100Mbit/s 以太网共享型集线器。各个楼层中连接各个站点均采用 5 类 UTP，各个站点上均安装了 100Mbit/s 以太网网卡或 100Mbit/s 以太网接口，层间的连线均采用多模光缆，多模光缆均由各层的配线间连到 1 层设备中。设备间通过多模光缆和园区内其他大楼的 100Mbit/s 以太网交换机连接。

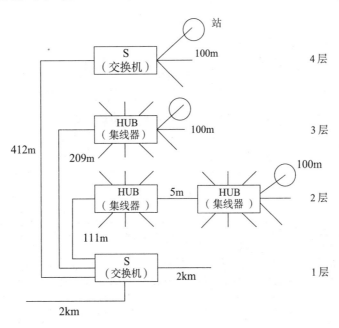

图 3 – 27　组网典型连接解决方案

第 1、4 两层交换机之间多模光缆的最大距离可达 412m；第 3 层上使用一个共享型集线器（中继器），该设备与低层交换机之间的多模光缆最长距离达 209m；第 2 层由于站点密集，必须使用 2 个共享型集线器（中继器）提供足够数量的 100Mbit/s 端口，2 个集线器之间的距离为 5m，则多模光缆的最大距离为 111m；最低层设备中配置的是本系统主交换机，和园区内其他大楼交换机之间进行全双工模式传输的多模光缆的最大距离可达 2km；各楼层连接各站点的 5 类 UTP 的最大距离可达 100m。

3.2.3　千兆以太网

千兆以太网（Gigabit Ethernet，GE）是快速以太网技术的自然发展，只是传输速率相差10 倍，两者的拓扑结构完全一致。千兆以太网的帧结构和介质访问控制方式几乎与 IEEE802.3 标准类同，但有所发展。千兆以太网系统的介质和介质布局在快速以太网的基础上有所发展，一般来说，可以向下兼容快速以太网或 10Base - T/FL。同样，千兆以太网系统包括共享型和交换型两类。在使用光缆作为介质的环境中，千兆以太网与快速以太网一样充分发挥了全双工以太网技术的特点。目前，千兆以太网多用于 LAN 系统的主干。

为了实现千兆以太网技术和产品的开发，1996 年 3 月，IEEE 成立了 802.3z 工作组，负责研究千兆以太网技术并制定相应的标准。千兆以太网是提供 1 000Mbit/s（1 000Mbit/s =1Gbit/s）数据传输速率的以太网，是对 10 Mbit/s 和 100 Mbit/s IEEE 802.3 以太网非常成功的扩展，它和传统的以太网使用相同的 IEEE 802.3 CSMA/CD 协议、相同的帧格式和相同的大小。千兆以太网与现有以太网完全兼容，仅仅是速度快，它的传输速率达到 1Gbit/s。千兆以太网支持全双工操作，最高速率可以达到 2 Gbit/s。这对于广大的以太网用户来说，意味着它们现有的以太网能够很容易地升速到 1Gbit/s 或 2 Gbit/s。随着千兆以太网技术的应用和发展，有专家预计，千兆位以太网不仅广泛应用于园区网，而且也会在城域网甚至广域网中得到应用，它将成为主干网和桌面系统的主流技术。千兆以太网信号系统的基础是光纤信道。

1. 千兆以太网的体系结构与分类

图 3 - 28 所示为千兆以太网的体系结构和功能模块，整个结构类似于 IEEE 802.3 标准所描述的体系结构，包括 MAC 子层和 PHY 层两部分内容。MAC 子层中实现了 CSMA/CD 介质访问控制方式和全双工/半双工处理方式，其帧格式和长度也与 802.3 标准所规定的一致。

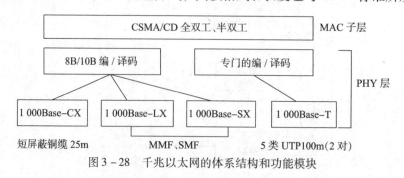

图 3 - 28　千兆以太网的体系结构和功能模块

千兆以太网在 PHY 层上与 802.3 标准有很大的区别，千兆以太网的 PHY 层体现了802.3z 与 802.3 标准的最大区别，PHY 层中包括编/译码、收发器及介质 3 个主要模块，还包括 MAC 子层与 PHY 层连接的逻辑 MII。

收发器模块包括长波光纤激光传输器、短波光纤激光传输器及铜缆收发器 3 种类型。不同类型的收发器模块分别对应于所驱动的传输介质，传输介质包括单模和多模光缆及屏蔽和非屏蔽双绞线。对应不同类型的收发器模块，802.3z 标准还规定了两类编/译码器：8B/9B 和专门用于 5 类 UTP 的专门的编/译码方案。光缆介质的千兆以太网除了支持半双工链路外，还支持全双工链路，而铜缆介质只支持半双工链路。

综合 PHY 层上的各种功能，把它们归纳成两种实现技术，即 1 000Base – X 和 1 000Base – T，具体网络类型见表 3 – 5。在同一个 MAC 子层下面的 PHY 层中包括 1 000Base – X 和 1 000Base – T 两种技术，而 1 000Base – X 中又包括了 1 000Base – LX、1 000Base – X 及 1 000Base – CX，它们分别对应着相应的编/译码技术、收发器和传输介质。1 000Base – T 的物理层功能与 1 000Base – X 差别较大，有其相应的编/译码技术及传输介质。

表 3 – 5　千兆以太网的网络类型

传输介质	传输距离/m
1 000Base – CX Copper STP	25
1 000Base – SX Copper Cat5 UTP	1 00
1 000Base – LX 多模光纤	500
1 000Base – T 单模光纤	3 000

1）1 000Base – X

1 000Base – X 是千兆以太网技术中易实现的方案，也是目前已经使用的解决方案。1 000BaseX 包括 1 000Base – CX、1 000Base – LX 和 1 000Base – SX 3 种，但它们的 PHY 层中均采用 8B/10B 的编/译码方案。对于收发器部分三者差别较大，原因在于三者所分别对应的传输介质及在介质上所采用的信号源方案不同。

（1）1 000Base – CX。1 000Base – CX 是使用铜缆的两种千兆以太网技术之一，另一种是 1 000Base – T。1 000Base – CX 的介质是一种短距离屏蔽双绞线，最大距离达 25m，这种屏蔽电缆不是符合 ISO 11801 标准的 STP，而是一种特殊规格高质量平衡双绞线对的 TW 型带屏蔽的双绞线。连接这种电缆的端口上配置 9 芯 D 型连接器。图 3 – 29 所示为 9 芯 D 型连接器屏蔽双绞线对的连接方式。在 9 芯 D 型连接器中只用 1、5、6、9 四芯，1 与 6 用于一根双绞线，5 与 9 用于另一根双绞线。双绞线的特性阻抗为 150Ω。

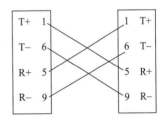

图 3 – 29　9 芯 D 型连接器屏蔽双绞线对的连接方式

1 000Base – CX 的短距离屏蔽双绞线适用于交换器间的短距离连接，特别适用于千兆主干交换器与主服务器的短距离连接，这种连接往往在机房的配线架柜上以跨线的方式连接即可，不必使用长距离的双绞线或使用光缆。

（2）1 000Base – LX。1 000Base – LX 是一种在收发器上使用长波激光（Long Wage Length，LWL）作为信号源的媒体技术，这种收发器上配置了激光波长为 1 270～1 355nm（一般为 1 300nm）的光纤激光传输器，它可以驱动多模光纤，也可驱动单模光纤，可以使用62.5μm的多模光纤、50μm的多模光纤、10μm的单模光纤。对于多模光缆，在全双工模式下最大距离可达550m；对于单模光缆，全双工模式下最大距离达3km。连接光缆所使用的SC型光纤连接器与100Mbit/s快速以太网1 000Base－FX使用的型号相同。

（3）1 000Base－SX。1 000Base－SX是一种在收发器上使用短波激光（Short Wage Length，SWL）作为信号源的媒体技术，这种收发器上配置了激光波长为770～860nm（一般为800nm）的光纤激光传输器，不支持单模光纤，仅支持多模光纤，包括62.5μm的多模光纤和50μm的多模光纤两种规格。对于62.5μm的多模光纤，全双工模式下最大距离为300m；对于50μm的多模光缆，全双工模式下最大距离为525m。连接光缆所使用的连接器与1 000Base－LX和1 000Base－FX一样，为SC型光纤连接器。

2）1 000Base－T

1000Base－T是一种使用5类UTP的千兆以太网技术，其标准为IEEE 802.3ab，不同于1 000Base－X的IEEE 802.3z。其最大媒体距离与100Base－TX一样，达100m，这种5类UTP上距离为100m的技术从100Mbit/s传输速率升级到1 000Mbit/s，对用户来说可以在原来使用5类UTP的布线系统中，传输的带宽可升级10倍。但是要实现这样的技术，不能采用1 000Base－X所使用的8B/10B编/译码方案及信号驱动电路，代之以专门的更先进的编/译码方案和特殊的驱动电路方案。

随着越来越多的台式机和工作组向快速以太网升级，网络骨干部分的集中业务将大幅度增长。为了处理这种业务，所有新型骨干交换机应支持千兆以太网上行链路。骨干网部分的千兆以太网交换机可被用来连接高交易率服务器，以及集中快速以太网工作组的网段交换机。如果说千兆以太网的光纤网连接方式解决了楼宇之间的高速连接，那么1 000Base－T千兆以太网技术则解决了楼层之间，甚至办公室之间的高速连接。

2. 千兆以太网的特点

千兆以太网已经发展成为主流网络技术，大到成千上万人的大型企业，小到几十人的中小型企业，在建设企业局域网时都会把千兆以太网技术作为首选的高速网络技术。千兆以太网技术甚至正在取代ATM技术成为城域网建设的主力军，其特点如下：

（1）千兆以太网提供了完美无缺的迁移途径，充分保护在现有网络基础设施上的投资。千兆位以太网将保留IEEE 802.3和以太网帧格式及802.3受管理的对象规格，从而使企业能够在升级至千兆性能的同时，保留现有的线缆、操作系统、协议、桌面应用程序和网络管理战略与工具。

（2）千兆以太网相对于原有的快速以太网、FDDI、ATM等主干网解决方案，提供了一条最佳的路径。至少在目前看来，千兆以太网是改善交换机与交换机之间骨干连接和交换机与服务器之间连接的可靠的和经济的途径。网络设计人员能够建立有效使用高速、关键任务的应用程序，网络管理人员将为用户提供对Internet、Intranet、城域网与广域网的更快速的访问。

（3）IEEE 802.3工作组建立了802.3z和802.3ab千兆以太网工作组，其任务是开发适应不同需求的千兆以太网标准。该标准支持全双工和半双工1 000Mbit/s，相应的操作采用IEEE 802.3以太网的帧格式和CSMA/CD介质访问控制方法。千兆以太网还要与10Base－T和100Base－T向后兼容。此外，IEEE标准将支持最大距离为550m的多模光纤、最大距离为70km的单模光纤和最大距离为100m的铜轴电缆。千兆以太网填补了802.3以太网/快速以太网标准的不足。

3. 千兆以太网的组网跨距

组网跨距即系统的覆盖范围。在设计系统时，跨距是组网必须考虑的问题之一。以下分别讨论有、无中继器互连的两种情况。

1）无中继器互连的情况

千兆以太网的组网跨距在采用光缆和双绞线两种介质时差别很大，与 10Mbit/s 和 100Mbit/s 以太网相比显得更复杂，即使采用了光缆为介质，还要区分是多模还是单模光纤，而且多模光纤还有 $50\mu m$ 和 $62.5\mu m$ 之分，驱动光源还有长波和短波之分，对于双绞线又要区分采用的是 TW 型 STP 还是 5 类 UTP。在有如此之多的介质选择的情况下，还要区分是处在半双工模式还是在全双工模式下联网，半双工模式即处在 CSMA/CD 约束下的碰撞域范围；全双工模式不必考虑 CSMA/CD 的约束，仅是有效数字信号在介质上传输的最大距离。各种情况的组网跨距见表 3-6。

表 3-6 各种情况的组网跨距

千兆以太网	传输介质	半双工/m	全双工/m
1 000Base - LX	多模光纤 62.5μm	330	550
	多模光纤 50μm	330	550
	单模光纤 10μm	330	3000
1 000Base - SX	多模光纤 62.5μm		300
	多模光纤 50μm	330	550
1 000Base - CX	TW 型 STP	25	25
1 000Base - T	5 类 UTP	100	100

上述半双工和全双工两种模式下的组网跨距均是标准所规定的目标值，至于具体厂家产品所能达到的指标则稍有不同。

2）有中继器互连的情况

千兆以太网标准规定，在媒体段只允许配置 1 个中继器。实际上在半双工模式下也只可能配置 1 个中继器，在半双工模式下使用一个中继器后，组网跨距会增大还是减小？其在千兆以太网上与 100Mbit/s 快速以太网情况类似，当采用双绞线介质时，使用 1 个中继器，组网跨距能增加一倍；当采用光缆介质时，组网跨距反而减小。其原因在于铜缆半双工的组网跨距并非真正反映碰撞域的最大范围，而恰恰反映了有效数字信号传输的最大距离；而光缆情况正相反，即半双工的组网跨距已反映了碰撞域的最大范围。增加了 1 个中继器后，在半双工模式下，组网跨距分别为 240m（1 000Base - LX/SX）、50m（1 000Base - CX）和 200m（1 000Base - T）。

同样，增加了 1 个中继器后，组网跨距的数值是目标值，在厂家的产品或以后的标准中可能稍有区别。

4. 帧扩展技术

在半双工模式下，由于 CSMA/CD 的约束，产生了碰撞槽时间和碰撞域的概念。由于要在发送帧的同时能检测到媒体上发生的碰撞现象，因此要求发送帧限定最小长度。在一定的传输速率下，最小帧长度与碰撞域的地理范围成正比，即最小帧长度越大，半双工模式的网络系统跨距越大。在10Mbit/s传输速率下，802.3标准中定义最小帧长度为64字节，即512位数字信号长度。

在100Mbit/s快速以太网内容讨论中，仍旧使用512位作为最小帧长度的标准，与10Mbit/s以太网不同的是，其碰撞域范围大大缩小。快速以太网使用光纤半双工模式在无中继器情况下跨距只有412m，即在最小帧长度不变的情况下，碰撞域范围随着媒体传输速率的增加会缩小。当传输速率达到1Gbit/s时，同样的最小帧长度标准，则半双工模式下的网络系统跨距要缩小到无法实用的地步。为此，在千兆以太网上采用了帧的扩展技术，目的是在半双工模式下扩展碰撞域，达到增加跨距的目的。

帧扩展技术是在不改变802.3标准所规定的最小帧长度的情况下提出的一种解决办法，帧的扩展如图3-30所示。把帧一直扩展到512字节，即4096位，即若形成的帧小于512字节，则在发送时要在帧的后面添上扩展位，达到512字节后再发送到媒体上去。扩展位是一

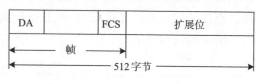

图3-30　帧的扩展

种非0、1数值的符号，若形成的帧已大于或等于512字节，则发送时不必添加扩展位。这种解决办法使得在媒体上传输的帧长度最短不会小于512字节，在半双工模式下大大扩展了碰撞域，媒体的跨距可延伸得较长。显然，在全双工模式下，由于不受CSMA/CD约束，无碰撞域概念，在媒体上的帧没有必要扩展到512字节。

5. 帧突发技术

上面所讨论的帧扩展技术在1Gbit/s半双工模式下获得了比较大的地理跨距，以致千兆以太网组网得到了较理想的工程可用性。但这种技术如果处在大量短帧传输的应用环境中，就会造成系统带宽的浪费，大大降低半双工模式下的传输性能。要解决传输性能下降的问题，802.3z标准中定义了一种"帧突发"（Frame Bursting）技术。

帧突发在千兆以太网上是一种可选功能，它使一个站（特别是服务器）能一次连续发送多个帧，帧突发过程如图3-31所示。当一个站点需要发送很多短帧时，该站点先试图发送第一帧，该帧可能是附加了扩展位的帧。一旦第一个帧发送成功，则具有帧突发功能的站点就能够继续发送其他帧，直到帧突发的总长度达到1500字节为止。为了在帧突发过程中使媒体始终处在"忙状态"，发送站必须在帧间的间隙时间中发送非0、1数值符号，以避免其他站点在帧间隙时间中占领媒体而中断本站的帧突发过程。

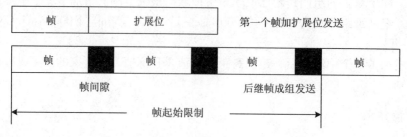

图3-31　帧突发过程

帧突发过程中只有第一个帧在试图发出时可能会遇到媒体忙的情况或产生碰撞，在第一个帧以后的成组帧的发送过程中再也不可能产生碰撞。以帧起始限制（Frame Start Limit）参数控制成组帧的发送长度，该长度必须不超过 1 500 字节。第一个帧恰恰是一个最长帧，即 1 518 字节，因此标准规定帧突发过程的总长度限制在 3 000 字节范围内。

显然，只有半双工模式才可能选择帧突发过程以弥补大量发送短帧时系统效率的急剧降低；当采用全双工模式时，不存在帧突发的选择问题。

3.2.4　万兆以太网

随着 IP 业务量的迅速增长，用户对网络带宽的需求也在日益增长。用户迫切需要一种具备简单、可靠和经济等特点的新技术来提供更高的带宽，同时能应用到局域网、城域网和广域网范围的以太网，这就促进了高速以太网的研究和开发。万兆以太网是当前最新的以太网技术，它的传输速率可以达到 10Gbit/s。万兆以太网技术的研究始于 1999 年年底，当时成立了 IEEE 802.3ae 工作组，并于 2002 年 6 月 12 日正式发布 802.3ae 10GE 标准，目前 IEEE 802.3ak 任务组工程师仍在为铜缆万兆以太网（10GBase - CX4）制定标准。

在网络 OSI/RM 中，以太网处在第二层。万兆以太网使用 IEEE 802.3 以太网 MAC 协议、IEEE 802.3 以太网帧格式及 IEEE 802.3 最小和最大帧尺寸。从速度和连接距离上来说，万兆以太网是以太网技术自然演变的产物，除不需要 CSMA/CD 外，万兆以太网与原来的以太网模型完全相同。

在物理层，802.3ae 大体分为两种类型，一种为与传统以太网连接速率为 10Gbit/s 的 LAN PHY，另一种为连接 SDH/SONET（Synchronous Optic Network，同步光纤网络）速率为 9.5864Gbit/s 的 WAN PHY。每种 PHY 分别可使用 10GBase - S（850nm 短波）、10GBase - L（1 310nm 长波）、10GBase - E（1 550nm 长波）3 种规格，最大传输距离分别为 300m、10km、40km，其中 LAN PHY 还包括一种可以使用密集波分复用（Dense Wavelength Division Multiplex and Multip lexer，DWDM）技术的 10GBase - LX4 规格。WAN PHY 与 SONET OC - 192 帧结构融合，可与 OC - 192 电路、SONET/SDH 设备一起运行，保护传统基础投资，使运营商能够在不同地区通过城域网提供端到端以太网。

802.3ae 目前支持 9μm 单模光纤、50μm 多模光纤和 62.5μm 多模光纤，而对电接口的支持规范 10GBase - CX4 目前正在讨论之中，尚未形成标准。在数据链路层，802.3ae 继承了 802.3 以太网的帧格式和最大、最小帧长度，支持多层星型连接、点到点连接及其组合，兼容已有应用，不影响上层应用，进而降低了升级风险。

10GBase - SR 和 10GBase - SW 主要支持短波（850nm）多模光纤，光纤距离为 2 ~ 300m。10GBase - SR 主要支持暗光纤（Dark Fiber），暗光纤是指没有光传播并且不与任何设备连接的光纤；10GBase - SW 主要用于连接 SONET 设备，它应用于远程数据通信。

10GBase - LR 和 10GBase - LW 主要支持长波 1 310nm 单模光纤（MMF），光纤距离为 2 ~ 10km（约 32 808 英尺）。10GBase - LR 主要支持暗光纤，10GBase - LW 主要用于连接 SONET 设备。

10GBase - ER 和 10GBase - EW 主要支持超长波（1550nm）单模光纤，光纤距离为 2 ~ 40km（约 131 233 英尺）。10GBase - ER 主要支持暗光纤，10GBase - EW 主要用于连接

SONET 设备。

10GBase – LX4 采用波分复用技术，在单对光缆上以 4 倍光波长发送信号，系统运行在 1 310nm 的多模或单模暗光纤方式下。该系统的设计目标是针对 2～300m 的多模光纤工作模式或 2～10km 的单模光纤工作模式。万兆以太网技术与千兆以太网技术类似，仍然保留了以太网帧结构，通过不同的编码方式或波分复用技术提供 10Gbit/s 传输速率。所以就其本质而言，10Gbit/s 以太网仍是以太网的一种类型。万兆以太网的特性如下：

（1）全双工通信。万兆以太网不再支持半双工数据传输，所有数据传输都以全双工方式进行，这不仅极大地扩展了网络的覆盖区域（交换网络的传输距离只受光纤所能到达距离的限制），而且使标准得以大大简化。

（2）对物理层进行了重新定义。为了使万兆以太网能以更优的性能为企业骨干网服务，更重要的是从根本上对广域网及其他长距离网络应用提供最佳支持，尤其是还要与现存的大量 SONET 网络兼容，该标准对物理层进行了重新定义。新标准的物理层分为两部分，分别为 LAN 物理层和 WAN 物理层。LAN 物理层提供了现在正广泛应用的以太网接口，传输速率为 10Gbit/s；WAN 物理层则提供了与 OC – 192c 和 SDH VC – 4 – 64c 兼容的接口，传输速率为 9.58Gbit/s。与 SONET 不同的是，运行在 SONET 上的万兆以太网依然以异步方式工作。WAN 接口子层（WAN Interface Sublayer，WIS）将万兆以太网流量映射到 SONET 的 STS – 192c 帧中，通过调整数据包之间的间距，使 OC – 192c 以略低的数据传输速率与万兆以太网匹配。

（3）万兆以太网有 5 种物理接口。千兆以太网的物理层每发送 8bit 数据要用 10bit 组成编码数据段，网络带宽利用率只有 80%；万兆以太网每发送 64bit 数据只用 66bit 组成编码数据段，网络带宽利用率达 97%。虽然这是牺牲了纠错位和恢复位而换取的，但万兆以太网采用了更先进的纠错和恢复技术，可确保数据传输的可靠性。新标准的物理层可进一步细分为 5 种具体的接口，分别为 1 550nm LAN 接口、1 310nm 宽频波分复用 LAN 接口、850nm LAN 接口、1550nm WAN 接口和 1 310nm WAN 接口，每种接口都有其对应的最适宜的传输介质。850nm LAN 接口适于 50/125μm 多模光纤，最大传输距离为 65m。50/125μm 多模光纤现在已用得不多，但由于这种光纤制造容易、价格低，因此用来连接服务器比较划算。1 310nm 宽频波分复用 LAN 接口适于 62.5/125μm 多模光纤，传输距离为 300m。62.5/125μm 多模光纤又称为 FDDI 光纤，是目前企业使用得最广泛的多模光纤，从 20 世纪 80 年代末 90 年代初开始在网络界流行。1 550nm WAN 接口和 1 310nm WAN 接口适合在单模光纤上进行长距离的城域网和广域网数据传输，1 310nm WAN 接口支持的传输距离为 10km，1 550nm WAN 接口支持的传输距离为 40km。

3.3　以太网的类型

3.3.1　共享式以太网

共享式以太网的典型代表是使用 10Base – 2/10Base – 5 的总线型网络和以集线器为核心的星型网络。在使用集线器的以太网中，集线器将很多以太网设备集中到一台中心设备上，这些设备都连接到集线器中的同一物理总线结构中。从本质上来说，以集线器为核心的以太网同原先的总线型以太网无根本区别。

在交换式以太网出现以前，以太网系统均为共享式以太网系统。共享式以太网系统受到 CSMA/CD 制约，整个系统只有网卡（站）、集线器或中继器、介质 3 个组成部分，碰撞域中的带宽如图 3-32 所示。整个系统的带宽只是 10Mbit/s，整个系统处在一个碰撞域范围的概率就是（10Mbit/s）/n，n 为站点数。也可以说，在 10Mbit/s 共享式以太网系统中，在一个碰撞域中，每个站点得到的带宽只能是（10Mbit/s）/n。一个碰撞域中站点越多，则每个站点得到的带宽越少，即每秒往介质上最多能发送的数据量越小，当然以上讨论的每个站点获得的带宽均是平均数。在系统的一个碰撞域中，每个连接的站点在争用媒体。若 $n=20$，则每个站点获得的带宽为 500kbit/s。以太网受到 CSMA/CD 的制约后，所有的站点均在争用媒体而共同分割带宽，称为共享式以太网。

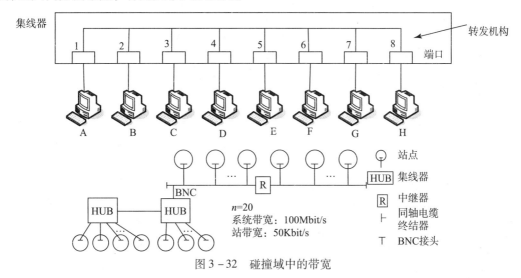

图 3-32   碰撞域中的带宽

由于所有的节点都接在同一冲突域中，不管一个帧从哪里来或到哪里去，所有的节点都能接收到这个帧。随着节点的增加，大量的冲突将导致网络性能急剧下降，而且集线器同时只能传输一个数据帧，这意味着集线器的所有端口都要共享同一带宽。共享式以太网系统上通常存在的主要问题如下。

1. 网络总带宽容量固定

传统的以太网是一个共享式的以太局域网，网络上的所有节点共享同一传输介质，在一个节点使用传输介质的过程中，另一个节点必须等待。因此，共享式以太网的固定带宽容量被网络上的所有节点共享，随机占用。网络中的节点越多，每个节点平均可以使用的带宽越窄，网络的响应速度也越慢。例如，对于一个使用 100Base-TX 技术的 100Mbit/s 以太网来说，如果连接 10 个节点，则在每个节点发送数据，竞争共享介质的过程中，冲突和碰撞是不可避免的。冲突和碰撞会造成发送节点随机延迟和重复，进而浪费网络带宽。随着网络中节点数的增加，冲突和碰撞的概率必然加大，相应的带宽浪费也会增大。

2. 网络安全性较差

在一个碰撞域的系统中，每个站点运行的数据流都会被广播到系统的所有站点上去，即本网络的其他站点都能感觉到该数据流的存在。因此，其对于对数据有一定安全性要求的环境来说是不合适的。

3. 覆盖的地址范围有限

按照 CSMA/CD 的有关规定，以太网覆盖的地址范围随网络速度的增加而减少，一旦网络速率固定下来，网络覆盖的地址范围也就固定下来。因此，只要两个节点处于同一个以太网中，它们之间最大距离就不能超过这一固定值，不管它们之间的连接跨越一个集线器还是多个集线器，如果超过这一固定值，网络通信就会出现问题。

4. 不能支持多种速率

网络应用是多种多样的，有的应用信息传输量小，低速网络就可以满足要求，而有的应用信息传输量大，要求快速的网络响应。不同速率的混合型网络不但存在其客观要求，而且也可以提高其性能价格比。但是，由于以太网共享传输介质，因此网络中的设备必须保持相同的传输速率，否则一个设备发送的信息另一个设备不可能收到，单一的共享式以太网不可能提供多种速率的设备支持。

3.3.2　交换式以太网

10Mbit/s 以太网自 10Base–T 技术和产品出现后，由于其星型结构的特点，以集线器为中心连接各个站点的物理结构为在以太网系统中同一时刻实现多个数据通道建立了必要的基础。20 世纪 80 年代后期，即 10Base–T 出现后不久，就出现了以太网交换型集线器。到了 20 世纪 90 年代，随着快速以太网技术和产品的发展，快速以太网的交换技术和产品更是发展迅速，被广泛应用。如今，交换式千兆以太网被广泛地接受和使用。

1. 冲突域

交换式以太网系统中的交换型集线器也称为以太网交换机，以其为核心连接站点或者网段。用集线器级联（Uplink）或者堆叠（Stack）连接起来的以太网构成了一个更大的冲突域，最大总吞吐量并没有提高。3 个独立的以太网如图 3–33 所示，有 3 个独立的冲突域，每个冲突域包含 n 台计算机，每台计算机分得的带宽为（100Mbit/s）/n。图 3–34 所示为一个扩展以太网中的冲突域，每台计算机分得的带宽为（100Mbit/s）/$3n$。

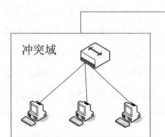
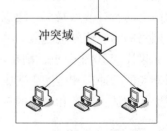

图 3–33　3 个独立的以太网

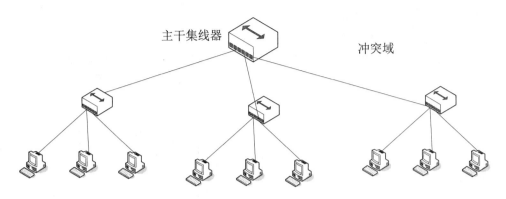

主干集线器

冲突域

图 3 - 34　一个扩展以太网中的冲突域

既然交换式以太网不受 CSMA/CD 的约束，在交换机上同时存在多个端口间的通道，那么系统带宽就不再只有 10Mbit/s（10Base - T 环境）或 100Mbit/s（100Base - TX 环境），而是与交换机所具有的端口数有关。可以认为，若每个端口为 10Mbit/s，则整个系统带宽可达（10Mbit/s）× n，其中 n 为端口数。若 $n = 10$，则系统带宽可达 100Mbit/s。因此，拓宽整个系统带宽是交换式以太网系统最显著的特点。

在系统中包括多个工作群组的情况下，可以每个群组单独构成一个网段，然后用一台交换机连接多个网段。如图 3 - 35 所示，系统包括 A、B、C、D 4 个网段，每个独立的网段虽然由交换机连接，但不会像共享式集线器那样，网段上的信息流广播到所有端口，以致大大影响其他网段上群组的动作。而交换机可以隔离各个独立网段的运行，不使信息流在各个端口上广播。但另一方面，当 2 个独立群组需要有业务往来时，交换机也能在 2 个独立群组所在网段端口间建立一条临时的数据通道，一旦业务往来结束，该通道随即断开。因此，交换机具有既能隔离网段又能连接网段的功能，既保证了系统拓宽带宽，又实现了系统的正常运作。

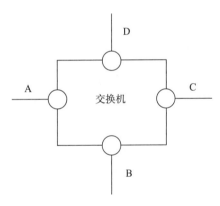

图 3 - 35　交换机既隔离又连接各个独立网段

综上所述，交换式以太网系统与共享式以太网系统相比有以下优点：

（1）每个端口上可以连接站点，也可以连接一个网段。无论站点还是网段均独占该端口的带宽（10Mbit/s 或 100Mbit/s）。

（2）系统的最大带宽可以达到端口带宽的 n 倍，其中 n 为端口数。n 越大，系统的带宽越大。

（3）交换机连接了多个网段，网段上的运行都是独立的、被隔离的，但如果需要，独立网段之间也可以通过其端口建立暂时的数据通道。

（4）被交换机隔离的独立网段上数据流信息不会随意广播到其他端口上去，因此具有一定的数据安全性。

局域网交换机拥有许多端口，每个端口有自己的专用带宽，并且可以连接不同的网段。交换机各个端口之间的通信是同时的、并行的，这就大大提高了信息吞吐量。为了进一步提高性能，每个端口还可以只连接一个设备。

为了实现交换机之间的互连或与高档服务器的连接，局域网交换机一般拥有一个或几个高速端口，如 100MB 以太网端口、FDDI 端口或 155MB ATM 端口，从而保证整个网络的传输性能。

2. 交换机的工作过程

通过集线器共享局域网的用户不仅共享带宽，而且竞争带宽，有时可能由于个别用户需要更多的带宽而导致其他用户的可用带宽相对减少，甚至被迫等待，因此耽误了通信和信息处理。利用交换机的网络微分段技术，可以将一个大型的共享式局域网中的用户分成许多独立的网段，减少竞争带宽的用户数量，增加每个用户的可用带宽，从而缓解共享式网络的拥挤状况。由于交换机可以将信息迅速而直接地送到目的地，能大大提高速度和带宽，保护用户以前在介质方面的投资，并提供良好的可扩展性，因此交换机不但是网桥的理想替代物，还是集线器的理想替代物。

与网桥和集线器相比，交换机从以下几方面改进了性能：

（1）通过支持并行通信，提高了交换机的信息吞吐量。

（2）将传统的一个大局域网上的用户分成若干工作组，每个端口连接一台设备或连接一个工作组，有效地解决了拥挤现象。人们将这种方法称为网络微分段技术。

（3）虚拟局域网技术的出现给交换机的使用和管理带来了更大的灵活性（4.2 节将专门介绍虚拟局域网）。

（4）端口密度可以与集线器媲美，一般的网络系统都有一个或几个服务器，而绝大部分都是普通的客户机。客户机都需要访问服务器，这样就导致服务器的通信和事务处理能力成为整个网络性能好坏的关键。

交换机主要从提高连接服务器的端口速率及相应的帧缓冲区的大小来提高整个网络的性能，从而满足用户的要求；一些高档的交换机还采用全双工技术进一步提高端口的带宽。以前的网络设备基本上都采用半双工的工作方式，即当一台主机发送数据包时不能接收数据包，当接收数据包时不能发送数据包。由于采用全双工技术，即主机在发送数据包的同时还可以接收数据包，普通的 10MB 端口就可以变成 20MB 端口，普通的 100MB 端口就可以变成 200MB 端口，从而进一步提高了信息吞吐量。

人们通常所说的交换机一般指二层交换机，二层交换机工作于数据链路层，在数据链路层传输的基本单位为帧，每一帧包括一定数量的数据和一些必要的控制信息，控制信息主要包括源 MAC 地址、目的 MAC 地址、高层协议标识和差错校验信息。二层交换机可以识别数据帧中的 MAC 地址信息，根据 MAC 地址进行转发。数据链路层通过接收物理层提供的比特流服务，在相邻节点之间建立链路，对传输中可能出现的差错进行检错和纠错，向网络层提供无差错的透明服务。

交换机在收到一个数据帧时，根据数据帧中的源 MAC 地址建立该地址同交换机端口的映射，并将其写入 MAC 地址表中。如果有数据发给这个 MAC 地址，其所对应的计算机则可以通过该端口进行转发并将数据帧中的目的 MAC 地址同已建立的 MAC 地址表进行比较，以决定由哪个端口进行转发。如果数据帧中的目的 MAC 地址不在 MAC 地址表中，则向所有端口转发以查找目标计算机，在接收到目标计算机的信息后，将目标计算机的 MAC 地址与端口的对应关系写入 MAC 地址表，下次若有数据帧发往目标计算机，则不需要再进行广播；对于网络中传送的广播帧和组播帧，交换机将向所有端口转发。

3.3.3　交换机的端口技术

随着网络技术的不断发展，需要网络互连处理的事务越来越多。为了适应网络需求，以太网技术也完成了一代又一代的技术更新。为了兼容不同的网络标准，端口技术变得尤为重要，它是解决网络互连互通的重要技术之一。端口技术主要包含端口自协商、网线智能识别、流量控制、链路聚合及端口镜像等技术，它们很好地解决了各种以太网标准在互连互通中存在的问题。

1. 端口速率

（1）标准以太网。标准以太网是最早的一种交换式以太网，实现了真正的端口带宽独享，其端口速率固定为 10Mbit/s，包括电端口和光端口两种端口。

（2）快速以太网。快速以太网是标准以太网的升级，为了兼容标准以太网技术，它实现了端口速率的自适应，其支持的端口速率有 10Mbit/s、100Mbit/s 和自适应 3 种方式，也包括电端口和光端口两种端口。

（3）千兆以太网。千兆以太网为了兼容标准以太网技术和快速以太网技术，也实现了端口速率的自适应，其支持的端口速率有 10Mbit/s、100Mbit/s、1 000Mbit/s 和自适应方式，也包括电端口和光端口两种端口。

（4）端口速率自协商。从几种以太网标准可以知道它们都支持多种端口速率，那么在实际使用中，它们究竟使用何种速率与对端进行通信呢？大多数厂商的以太网交换机都支持端口速率的手工配置和自适应。在默认情况下，所有端口都处于自适应工作模式，通过相互交换自协商报文进行速率匹配，其匹配结果见表 3 - 7。

表 3 - 7　端口速率匹配结果

以太网	标准以太网 （auto）/（Mbit · s^{-1}）	快速以太网 （auto）/（Mbit · s^{-1}）	千兆以太网 （auto）/（Mbit · s^{-1}）
标准以太网（auto）	10	10	10
快速以太网（auto）	10	100	100
千兆以太网（auto）	10	100	1 000

当链路两端中的一端为自协商，另一端为固定速率时，建议修改两端的端口速率，以保持端口速率一致。

2. 端口的工作模式

以太网技术发展的历史原因，导致半双工和全双工两种端口工作模式的出现。为了网络设备的兼容，目前新的交换机端口既支持全双工工作模式，也支持半双工工作模式，可以通过手工配置或自协商来决定端口究竟工作在何种模式之下。

如果链路端口工作在自协商模式之下，那么和端口速率与自协商一样，它们也是通过交换自协商报文来协商端口工作模式的。实际上，端口模式和端口速率的自协商报文是同一个协商报文。在协商报文中分别用 5 位二进制位来指示端口速率和端口模式，即分别指示 10Base–T 半双工、10Base–T 全双工、100Base–T 半双工、100Base–T 全双工和 100Base–T4。千兆以太网的自协商依靠其他机制完成。

如果链路对端设备不支持自协商功能，则自协商设备默认的假设是链路工作在半双工模式下，所以强制 10Mbit/s 全双工工作模式的设备和自协商的设备协商的结果是：自协商设备工作在 10Mbit/s 半双工工作模式，而对端工作在 10Mbit/s 全双工工作模式。这样虽然可以通信，但会产生大量的冲突，降低网络效率，所以在网络建设中应尽量避免。

另外，所有自协商功能目前都只在双绞线介质上工作，对于光纤介质，目前还没有自协商机制，所以公干端口的速率和工作模式及流量控制都只能手工配置。

3. 端口类型

不同的网络设备根据不同的需求具有不同的网络接口，目前以太网接口有 MDI 和 MDI–X（MII）两种类型。常见的以太网交换机所提供的端口都属于 MDI–X，而路由器和 PC 提供的均属于 MDI。上述两种接口具有不同的引脚分布情况，见表 3–8。

表 3–8　MDI 和 MDI–X（100Base–TX）引脚对照表

引脚	信号	
	MDI	MDI–X
1	BI_ DA +（发）	BI_ DB +（收）
2	BI_ DA –（发）	BI_ DB –（收）
3	BI_ DB +（收）	BI_ DA +（发）
4	Not used	Not used
5	Not used	Not used
6	BI_ DB –（收）	BI_ DA –（发）
7	Not used	Not used
8	Not used	Not used

当 MDI 和 MDI–X 连接时，需要采用直通网线（Normal Cable）；而同一类型的接口（如 MDI 和 MDI）连接时，需要采用交叉网线（Cross Cable）。这给网络设备的连接带来了很多麻烦。例如，两台交换机的普通端口或者两台主机相连都需要采用交叉网线，而交换机与主机相连则需要直通网线。大部分以太网交换机为了简化用户操作，通过新一代的物理层芯片和变压器技术实现了 MDI 和 MDI–X 智能识别和转换功能。无论使用直通网线还是交叉网线，都可以与同接口类型或不同接口类型的以太网设备互通，有效减少了用户的工作量。

4. 链路聚合

以太网技术经历了从 10Mbit/s 标准以太网到 100Mbit/s 快速以太网，再到现在的 1 000Mbit/s 以太网的过程，提供的网络带宽越来越宽，但是仍不能满足某些特定场合的需求，特别是集群服务的发展对此提出了更高的要求。到目前为止，主机以太网网卡基本都只有 100Mbit/s 带宽，而集群服务器面向的是成百上千的访问用户，如果仍然采用 100Mbit/s 网络接口提供连接，必然成为用户访问服务器的瓶颈。由此产生了多网络接口卡的连接方式，即一台服务器同时能通过多个网络接口提供数据传输，这提高了用户的访问速率。这就涉及用户究竟占用哪一个网络接口的问题。同时，为了更好地利用网络接口，人们也希望在没有其他网络用户时，唯一用户可以占用尽可能大的网络带宽，这些就是链路聚合技术解决的问题。同样，在大型局域网中，为了有效转发和交换所有网络接入层的用户数据流量，核心层设备之间或者核心层和汇聚层设备之间都需要增加链路带宽，这也是链路聚合技术广泛应用之处。

链路聚合指将多个物理端口捆绑在一起，成为一个逻辑端口，以实现出/入流量在各成员端口中的负荷分担，交换机根据用户配置的端口负荷分担策略决定报文从哪一个成员端口发送到对端的交换机。当交换机检测到其中一个成员端口的链路发生故障时，就停止在此端口上发送报文，并根据负荷分担策略在剩余链路中重新计算报文发送的端口，故障端口恢复后重新计算报文发送端口。链路聚合在增加链路带宽、实现链路传输弹性和冗余等方面非常重要。

如果聚合的每个链路都遵循不同的物理路径，则聚合链路也提供冗余和容错。通过聚合调制解调器链路或者数字线路，链路聚合可改善对公共网络的访问。链路聚合也可用于企业网络，以便在吉比特以太网交换机之间构建多吉比特的主干链路。

在解决上述问题的同时，链路聚合还有其他优点，如采用聚合远远比采用更高带宽的网络接口卡来得容易，成本更加低廉，其具体优点如下：

（1）增加网络带宽。链路聚合可以将多个链路捆绑成为一个逻辑链路，捆绑后的链路带宽是每个独立链路的带宽总和。

（2）提高网络连接的可靠性。链路聚合中的多个链路互为备份，当有一条链路断开时，流量会自动在剩余链路间重新分配。

链路聚合的实现方式主要有以下两种：

（1）静态聚合。手工聚合和静态链路汇聚控制协议（Link Aggregation Control Protocol，LACP）聚合都是人为配置的聚合组，不允许系统自动添加或删除手工或静态聚合端口。手工或静态聚合组必须包含至少一个端口，当聚合组只有一个端口时，只能通过删除聚合组的方式将该端口从聚合组中删除。手工聚合端口的 LACP 为关闭状态，禁止用户使用手工聚合端口的 LACP。静态聚合端口的 LACP 为使能状态，当一个静态聚合组被删除时，其成员端口将形成一个或多个动态 LACP 聚合，并保持 LACP 使能。禁止用户关闭静态聚合端口的 LACP。

（2）动态聚合。

LACP 是一种实现链路动态汇聚的协议。LACP 通过链路聚合控制协议数据单元（Link Aggregation Control Protocol Data Unit，LACPDU）与对端交互信息，激活某端口的 LACP 后，该端口将通过发送 LACPDU 向对端通告自己的系统优先级、系统 MAC 地址、端口优先级和端口号；对端接收到这些信息后，将这些信息与自己的属性比较，选择能够聚合的端口，从而双方可以对端口加入或退出某个动态聚合组达成一致。

链路聚合往往用在两个重要节点或繁忙节点之间，既增加了互连带宽，又提供了连接的可靠性。

5. 端口镜像

端口镜像的功能简单地说就是将被监控的数据流量转发到监控端口，以便对被监控的数据流量进行故障定位、流量分析、流量备份等。监控端口一般直接与监控主机等相连。进出网络的所有数据包供安装了监控软件的管理服务器抓取数据，如网吧需使用此功能把数据发往公安部门审查；而企业出于对信息安全和保护公司机密的需要，也迫切需要网络中有一个端口能提供实时监控功能。在企业中应用端口镜像（Port Mirroring）功能，可以很好地对企业内部的网络数据进行监控管理，在网络出现故障时可以很好地定位故障。

端口镜像的功能是通过在交换机或路由器上将一个或多个源端口的数据流量转发到某个指定端口来实现对网络的监听，指定端口称为镜像端口或目的端口。在对源端口正常吞吐流量没有严重影响的情况下，镜像端口可以对网络的流量进行监控分析。

端口镜像根据不同的分类标准，可进行不同的分类。

（1）根据镜像作用的端口模式来划分，端口镜像分为以下 3 种类型：

①入口镜像：只对从该端口进入的流量进行镜像。

②出口镜像：只对该端口发出的流量进行镜像。

③双向镜像：支持对该端口收到和发出的双向流量进行镜像。

（2）根据镜像功能划分，端口镜像分为以下 2 种类型：

①流镜像：如果端口上配置开启用了访问控制列表（Access Control List，ACL），则认为是流镜像。流镜像只采集经过 ACL 过滤后的数据包，否则认为是纯端口镜像。对于 ACL 流量采集方式，支持在端口的方向（出向、入向和双向 3 种）上绑定标准访问列表和扩展访问列表。

②纯端口镜像：对端口进出的流量进行镜像。

（3）根据镜像工作的范围划分，端口镜像分为以下 2 种类型：

①本地镜像：源端口和目的端口在同一个路由器上。

②远端镜像：源端口和目的端口分布在不同的路由器上，镜像流量经过某种封装，实现跨路由器传输。

6. 端口–MAC 地址绑定

在有些场合，如网络教室或办公室，大部分网络终端的 IP 地址是内部私有的，由网络管理员来分配，主要是为了防止有人无意把自己的 IP 地址修改为一个正在使用中的 IP 地址而产生冲突。这种冲突往往会产生很糟糕的结果，轻者使另一台终端无法接入网络，重者使网络的代理网关或共享打印机的 IP 地址被修改，这样整个网络就会瘫痪，共享打印机也不能使用，这是网络管理员不能忍受的。最好的解决办法就是绑定交换机的端口和终端的 MAC 地址或 IP 地址，绑定的一个好处是，网络管理员静态地指定每个交换机的端口所对应的终端，终端的 MAC 地址或 IP 地址在交换机里存储下来，用户改变了 MAC 地址或 IP 地址后，其连接就会被拒绝；绑定的另一个好处是，当一个非授权的终端接入交换机时，同样会被拒绝。

7. 堆叠技术

堆叠技术是在以太网交换机上扩展端口使用较多的另一类技术，是一种非标准化技术。

各个厂商之间不支持混合堆叠，堆叠模式由各厂商制定，不支持拓扑结构。目前流行的堆叠模式主要包括菊花链式堆叠和星型堆叠。

1）菊花链式堆叠

菊花链式堆叠是一种基于级联结构的堆叠技术，对交换机硬件没有特殊的要求，通过相对高速的端口串接和软件的支持，最终实现一个多交换机的层叠结构，通过环路，可以在一定程度上实现冗余。但是，就交换效率来说，它同级联模式处于同一层次。菊花链式堆叠通常有使用一个高速端口和使用两个高速端口的模式。在使用一个高速端口（GE）的模式下，在同一个端口收发分别上行和下行，最终形成一个环形结构，任何两台成员交换机之间的数据交换都需绕环一周，经过所有交换机的交换端口，效率较低，尤其是在堆叠层数较多时，堆叠端口会成为严重的系统瓶颈。使用两个高速端口实施菊花链式堆叠，由于占用更多的高速端口，因此可以选择实现环形的冗余。菊花链式堆叠模式与级联模式相比，不存在拓扑管理，一般不能进行分布式布置，适用于高密度端口需求的单节点机构，可以使用在网络的边缘。

由于菊花链式堆叠需要排除环路所带来的广播风暴，在正常情况下的任何时刻，环路中的某一数据从交换机到达主交换机只能通过一个高速端口进行，即一个高速端口不能分担本交换机的上行数据压力，需要通过所有上游交换机来进行交换。菊花链式堆叠是一类简化的堆叠技术，主要是一种提供集中管理的扩展端口技术，对于多交换机之间的转发效率并没有提升，单端口方式下其效率远低于级联模式，需要硬件提供更多的高速端口，同时软件实现冗余。菊花链式堆叠的层数一般不应超过 4 层，要求所有的堆叠组成员摆放的位置足够近，一般在同一个机架之上。

2）星型堆叠

星型堆叠是一种高级堆叠技术，对交换机而言，需要提供一个独立的或者集成的高速交换中心（堆叠中心），所有的堆叠主机通过专用的高速堆叠端口（也可以是通用的高速端口）上行到统一的堆叠中心。堆叠中心一般是一个基于专用 ASIC（Application Specific Integrated Circuit）的硬件交换单元，根据其交换容量，带宽一般为 10～32GB，其 ASIC 交换容量限制了堆叠的层数。

星型堆叠技术使所有的堆叠组成员交换机到达堆叠中心 Matrix 芯片的级数缩小到一级，任何两个端节点之间数据的转发需要且只需要经过 3 次交换，转发效率与一级级联模式的边缘节点通信堆叠相同。因此，与菊花链式结构相比，它可以显著地提高堆叠成员之间数据的转发速率；同时，提供统一的管理模式，一组交换机在网络管理中可以作为单一的节点出现。星型堆叠模式适用于要求高效率、高密度端口的单节点 LAN，星型堆叠模式克服了菊花链式堆叠模式多层次转发时的高时延影响，但需要提供高带宽 Matrix 芯片，成本较高。另外，Matrix 芯片接口一般不具有通用性，无论是堆叠中心还是成员交换机的堆叠端口都不能用来连接其他网络设备。使用高可靠、高性能的 Matrix 芯片是星型堆叠的关键。一般的堆叠电缆带宽都为 2～2.5GB（双向），比通用 GE 略高，高出的部分通常只用于成员管理，所以有效数据带宽基本与 GE 类似。由于涉及专用总线技术，电缆长度一般不能超过 2m，因此在星型堆叠模式下，所有的交换机需要局限在一个机架之内。

可见，传统的堆叠技术是一种集中管理的端口扩展技术，不能提供拓扑管理，没有国际标准，且兼容性较差。但是，需要大量端口的单节点 LAN 时，星型堆叠可以提供比较优秀的转发性能和方便的管理特性。级联是组建网络的基础，可以灵活地利用各种拓扑、冗余技术，层次太多时需要进行精心设计。对于级联层次很少的网络，级联方式可以提供最优性能。

对于不同的环境，选用不同的端口扩展模式的效果是不一致的。在当前情况下，普通的级联模式还是解决层次化网络的主要应用手段。星型堆叠模式是提供单节点端口扩展的简单管理模式，而通过集群管理实现的分布式堆叠将是下一代堆叠的主要方式。

堆叠是用专用的端口把交换机连接起来，当作一组交换机使用，堆叠的接口有很高的带宽，一般在 1Gbit/s 以上；而级联通常是用普通网线把几个交换机连接起来，使用普通的网口或 Uplink 口，带宽通常为 10Mbit/s 或 100Mbit/s，这样下级的所有工作站就只能共享较窄的出口，从而获得较低的性能。堆叠实际上把每台交换机的母板总线连接在一起，不同交换机任意两端口之间的延时是相等的，即一台交换机的延时；而级联会产生比较长的延时，级联是上下级的关系，级联的层次不宜太多，而且每一层的性能都不同，最后一层的性能最差。

交换机堆叠是指使用厂家提供的一条专用连接线，从一台交换机的 UP 堆叠端口直接连接到另一台交换机的 DOWN 堆叠端口，以实现单台交换机端口数扩充的过程。一般交换机能够堆叠 4~9 台。为了使交换机满足大型网络对端口的数量要求，一般在大型网络中都采用交换机的堆叠方式来解决。要注意的是，只有可堆叠交换机才具有这种端口，即交换机拥有 UP 和 DOWN 堆叠端口。当多个交换机连接在一起时，可以作为一个单元设备来进行管理。一般情况下，当多个交换机堆叠时，其中存在一个可管理交换机，可以对其他"独立交换机"进行管理。可堆叠交换机可以非常方便地实现对网络的扩充，是新建网络时最为理想的选择。

堆叠中的所有交换机可视为一个整体的交换机来进行管理，即堆叠中所有的交换机从拓扑结构上可视为一个交换机。堆叠在一起的交换机可以当作一台交换机来统一管理。交换机堆叠技术采用了专门的管理模块和堆栈连接电缆，这样做的好处是，一方面增加了用户端口，能够在交换机之间建立一条较宽的宽带链路，这样每个实际使用的用户带宽就有可能更宽（只有在并不是所有端口都在使用的情况下）；另一方面，多个交换机能够作为一个大的交换机，便于统一管理。

8. 三层交换技术

早期的局域网使用集线器将计算机连接在一起。因为集线器连接的设备全部共享同一个"冲突域"，所以在竞争共享介质的过程中浪费了网络的共享带宽。为了解决冲突域问题，提高整体性能，网桥被用来隔开网段中的流量。网桥根据帧地址过滤和转发帧建立了分离的冲突域，但是，网桥也存在"广播风暴"等问题。同时，桥接网络上的所有计算机共享同一个"广播域"。

为了解决广播域问题，人们引入了路由器，为互联网络之间的信息提供路由。路由器建立分离的广播域，因为它们可以根据分组报头的地址决定是否转发分组。桥接可以改善网络整体的性能，但是路由器需要较多的时间处理每个分组，因为它们必须使用软件来处理分组报头，这个处理过程可能花费长达 $200\mu s$ 的时间。分组延迟对不同的分组可能差异很大，这取决于路由器的处理能力及经过路由器的流量。

人们结合硬件交换技术在网桥的基础上设计出二层交换机，它实现了网桥的功能，提高了网桥的性能。人们自然会考虑将硬件交换技术与路由器技术相结合，研究三层交换机。传统的交换机工作在数据链路层，根据帧的物理地址实现了第二层帧的转发；三层交换机工作在网络层，根据网络层地址实现了第三层分组的转发。三层交换机本质上是用硬件实现的一种高速路由器。

　　然而，三层交换机设计的目标主要是快速转发分组，它提供的功能比路由器少。这种简单性为三层交换机提供了非常快的速度，适合对路由器要求不高的应用。

　　三层交换机在诸多网络设备中的作用以"中流砥柱"来形容并不为过。在校园网和城域教育网中，从骨干网、城域网骨干、汇聚层都有三层交换机的用武之地，尤其是核心骨干网一定要使用三层交换机，否则整个网络中成千上万台计算机都在一个子网中，不仅毫无安全性可言，也会因为无法分割广播域而无法隔离广播风暴。

　　如果采用传统路由器，虽然可以隔离广播风暴，但是性能又得不到保障。三层交换机的性能非常强，既有三层路由的功能，又有二层交换的网络速度。二层交换基于 MAC 寻址，三层交换则是转发基于第三层地址的业务流。除了必要的路由决定过程外，大部分数据转发过程由二层交换处理，提高了数据包转发的效率。三层交换机通过使用硬件交换机构实现了 IP 的路由功能，其优化的路由软件使路由过程效率提高，解决了传统路由器软件路由的速度问题。因此可以说，三层交换机具有"路由器的功能和交换机的性能"。

　　同一网络上的计算机如果超过一定数量，就很有可能因为网络上大量的广播而导致网络传输效率低下。为了避免在大型交换机上引起广播风暴，可将其进一步划分为多个虚拟局域网。但是这样做将导致一个问题，VLAN 之间的通信必须通过路由器来实现，但是传统路由器也难以胜任 VLAN 之间的通信任务，因为相对于局域网的网络流量来说，传统路由器的路由能力太弱。

　　另外，千兆级路由器的价格也是让人非常难以接受的。如果使用三层交换技术上的千兆端口或百兆端口连接不同的子网或 VLAN，就可在保证性能的前提下经济地解决子网划分后子网之间必须依赖路由进行通信的问题，因此三层交换机是连接子网的理想设备。

　　具体来说，三层交换机通常提供以下功能：

　　（1）分组转发。一旦源节点到目的节点之间的路径确定下来，三层交换机就将分组转发给目的主机。

　　（2）路由处理。三层交换机通过内部路由选择协议［如路由信息协议（Routing Information Protocol，RIP）或开放最短路径优先（Open Shortest Path First，OSPF）协议］创建和维护路由表。

　　（3）安全服务。出于安全考虑，三层交换机一般提供防火墙和分组过滤等服务功能。

　　（4）特殊服务。三层交换机提供的特殊服务包括封装、拆分帧、分组，以及流量优化。三层交换机设计的重点是如何提高接收、处理和转发分组的速度，减小传输延迟，其功能是由硬件实现的，使用专用集成电路 ASIC 芯片，而不是路由处理软件。这也意味着每台交换机执行的协议是硬件固化的，因此只能采用特定的网络层协议。从某种意义上说，三层交换机比路由器简单，因为它们提供的功能少，所以提高了交换机的速度，但这意味着三层交换机不如路由器灵活和容易控制及安全。

　　三层交换机可以根据其处理数据的不同分为纯硬件和纯软件两大类。纯硬件的三层交换技术相对来说技术复杂、成本低，但是速度快、性能好、带负载能力强。其原理是，采用 ASIC 芯片，采用硬件的方式进行路由表的查找和刷新。当数据被端口接口芯片接收进来以后，首先在二层交换芯片中查找相应的目的 MAC 地址，如果查到，就进行二层转发，否则将数据送至三层引擎。在三层引擎中，ASIC 芯片查找相应的路由表信息，与数据的目的 IP 地址比对，然后发送 ARP 数据包到目的主机，得到该主机的 MAC 地址，将 MAC 地址发到二层芯片，由二层芯片转发该数据包。基于软件的三层交换机技术较简单，但速度较慢，不适合作为主干。其原理是，采用中央处理器（Central Processing Unit，CPU），以软件的方式查找路由表。当数据被接口芯片接收进来以后，首先在二层交换芯片中查找相应的目的 MAC 地址，如果查到，就进行二层转发，否则将数据送至 CPU。CPU 查找相应的路由表信息，与数据的目的 IP 地址比对，然后发送 ARP 数据包到目的主机，得到该主机的 MAC 地址，将 MAC 地址发到二层芯片，由二层芯片转发该数据包。

对那些更需要高分组转发速度，而不是对网络管理和安全有很高要求的应用场合，如内部网络主干部分，使用三层交换机是最佳选择。但是，当应用于 Internet 接入，需要对性能和安全性进行更好的控制时，路由器仍然是最好的选择。

图 3-36 所示为标准路由器作为主干节点的网络结构。假设这个网络有 800 台主机和多个服务器，通过路由器和 Internet 连接。通常适应这种结构的路由器的关键指标——每秒处理的分组数为 200~300 kp/s，然而，这样一个网络在流量高峰阶段每秒处理的分组数一般要达到 500~600kp/s（p/s 是 packets/second 的缩写，为每秒钟处理的分组数）。

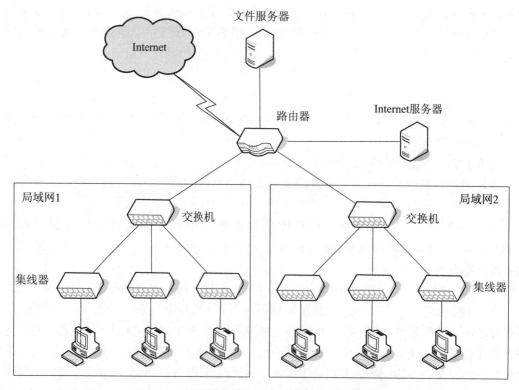

图 3-36　标准路由器作为主干节点的网络结构

在这种结构中，路由器不仅是连接的中心点，而且是网络的瓶颈。为了解决这个问题，理想的方法是在主干节点部分增加一个三层交换机，这种配置能提高网络的整体性能，因为三层交换机在服务器、工作站和交换机之间的分组交换速率平均可以达到1Mp/s。在一般情况下，一个网络系统内部的分组交换量应该占80%，这样主要的分组交换任务由三层交换机完成，与外部的通信量的20%左右由路由器完成，这样合理的分工可以提高系统的整体效率。图3-37所示为增加一个三层交换机的主干节点的网络结构。

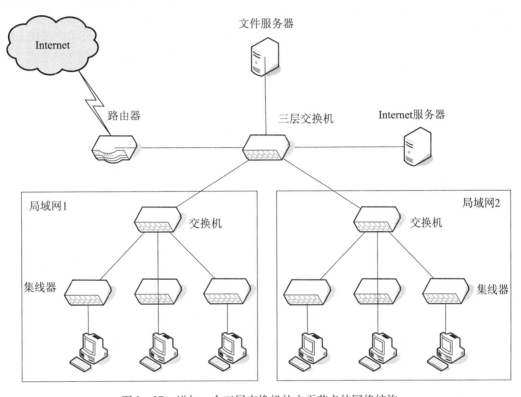

图3-37　增加一个三层交换机的主干节点的网络结构

3.4　局域网的拓扑结构

网络拓扑结构是指网络中各个站点相互连接的形式。网络拓扑结构主要有星型拓扑结构、环型拓扑结构、总线型拓扑结构和树型拓扑结构。网络的拓扑结构反映出网络中各实体的结构关系，是建设计算机网络的第一步，是实现各种网络协议的基础，它对网络的性能和系统的可靠性及通信费用都有重大影响。

采用不同的拓扑结构会造成网络的性能差异，什么是最好的拓扑取决于设备的类型和用户的需求。一个组织需要按照工作目的选择网络类型，如有些公司的用户的主要工作为进行简单的文字处理，那么网络信息流量就相对比较小；有些用户需要进行网上视频会议或处理大型数据库（如 Oracle 数据库），由于数据量非常大，因此信息流量很大。同时，网络拓扑结构应该根据组织的需求和所拥有的硬件及技术人员的不同而变化，一种在某种环境中表现很好的拓扑结构照搬到另一环境中不一定运行得好。要设计一个优良的计算机网络，必须保证多用户间的数据传输没有延迟或延迟很小，并且考虑网络的增长潜力、网络的管理方式等。目前常见的网络拓扑结构主要有以下四大类。

3.4.1 星型拓扑结构

星型拓扑结构是目前最流行的一种网络拓扑结构，它是以中央节点为中心，把若干外围节点连接起来的辐射式互连结构，各节点通过点对点的方式与中央节点连接，如图 3-38 所示。中央节点执行集中式通信控制策略，因此其相当复杂，负担也重。这种结构适用于局域网，近年来局域网大都采用这种连接方式。这种连接方式以双绞线或同轴电缆为连接线，在中央放一台中心计算机，每个臂的端点放置一台计算机，所有的数据包及报文通过中心计算机来通信，除了中心计算机外每台计算机仅有一条连接。这种结构需要大量同轴电缆，目前在局域网中应用较普遍。企业网络大多采用这一方式进行连接。

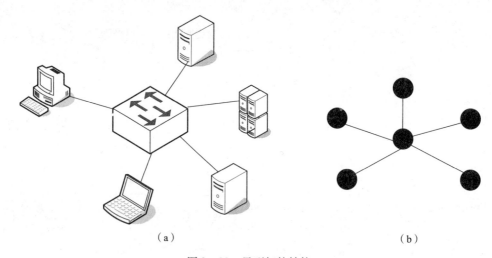

（a）   （b）

图 3-38　星型拓扑结构
（a）星型局域网的计算机连接；（b）星型局域网的拓扑结构

各站点通过点到点的链路与中心站点相连，其特点是很容易在网络中增加新的站点，数据的安全性和优先级容易控制，易实现网络监控，但中心节点的故障会引起整个网络瘫痪。

这种网络拓扑结构有以下优点：

（1）网络可扩充性强，便于站点移动。节点扩展时只需要从集线器或交换机等集中设备中拉出一条线即可，而要移动一个节点只需要把相应节点设备移到新节点位置即可，不需要像环型网络那样"牵其一而动全局"。

（2）结构简单，组网容易。利用中央节点可方便地提高网络连接和重新配置效率。网络所采用的传输媒体一般为通用的双绞线，这种传输媒体相对来说比较便宜。星型拓扑结构主要应用于 IEEE 802.2 和 IEEE 802.3 标准的以太局域网中。

（3）便于维护。单个连接点的故障只影响一个设备，不会影响全网，容易检测和隔离故障，便于网络维护。

其缺点主要是可靠性较差，网络属于集中控制，中央节点负载过重，如果其发生故障，整个网络就会瘫痪。所以，星型拓扑结构对中央节点的可靠性和冗余度要求很高。

其实星型拓扑结构的特点远不止这些，但因为后面还要具体介绍各类网络接入设备，而网络特点主要受这些设备的特点制约，所以星型拓扑结构其他方面的特点在后面讲到相应网络设备时再进行补充。

3.4.2　环型拓扑结构

环型拓扑结构主要应用于令牌网中，在这种网络结构中，各设备是直接通过电缆串接的，最后形成一个封闭的环型结构。整个网络发送的数据就是在这个环中传递的，但数据只能以一个方向（顺时针或逆时针）沿环运行，这类网络通常称为"令牌环网"。环型网络容易安装和监控，但容量有限，网络建成后难以增加新的站点。环型拓扑结构如图 3 – 39 所示。

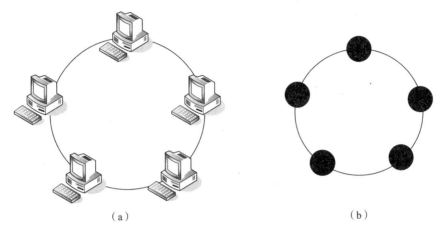

（ a ）　　　　　　　　　　　　　　　　（ b ）

图 3 – 39　环型拓扑结构
（a）环型局域网的计算机连接；（b）环型局域网的拓扑结构

环型拓扑结构的网络不是所有计算机连接成物理上的环型。一般情况下，环的两端是通过一个阻抗匹配器来实现环的封闭的，因为在实际组网过程中因地理位置的限制无法做到环的两端物理连接。

这种网络拓扑结构的优点如下：

（1）网络结构简单，组网成本低。由图 3 – 39 可见，组成该网络的除了各工作站点外就是传输介质——同轴电缆，以及一些连接器材，没有昂贵的节点集中设备（如集线器和交换机）。也正因为如此，这种网络所能实现的功能最为简单，仅能作为一般的文件服务模式使用。

（2）实时性较强。一次通信信息在网络中传输的最大时延是固定的，网上每个节点只与其他两个节点由物理链路直接互连。因此，该网络传输控制机制较为简单，实时性较强。

从其网络结构可以看到，整个网络的各节点间是直接串联的，这样任何一个节点出现故障都会造成整个网络的中断和瘫痪，维护起来非常不便。另外，因为同轴电缆采用的是插针式接触方式，所以非常容易接触不良，导致网络中断。还有，该网络的扩展性能和可靠性较差，如果要新添加或移动节点，就必须中断整个网络，在环的两端做好连接器才能进行连接。环中任何一个节点出现故障都可能终止全网的运行，为了改善可靠性差的问题，有的网络采用具有自愈功能的双环结构，一旦一个节点停止工作，可自动切换到另一环路上进行工作。此时，网络需对全网拓扑和访问控制机制进行调整，因此较为复杂。媒体访问协议采用令牌传递方式，在负载很小时，信道利用率较低。

3.4.3 总线型拓扑结构

总线型拓扑结构是一种比较简单的网络拓扑结构，这种网络拓扑结构中所有设备都直接与总线相连，其所采用的介质一般也是同轴电缆（包括粗缆和细缆），不过现在也有采用光缆作为总线型传输介质的。在总线两端连接的器件称为终结器（末端阻抗匹配器或终止器），主要与总线进行阻抗匹配，最大限度地吸收传送端部的能量，避免因信号反射回总线而产生不必要的干扰，总线型拓扑结构如图 3 - 40 所示。

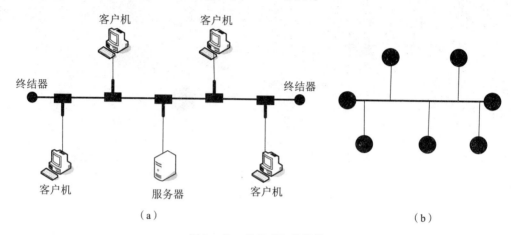

图 3 - 40　总线型拓扑结构
（a）总线局域网的计算机连接；（b）总线局域网的拓扑结构

该网络中所有的站点共享一条数据通道，即通过一根传输线路将网络中的所有节点连接起来。各节点直接与总线连接，信息沿总线介质逐个节点广播传送，在同一时刻只允许一对节点占用总线通信。

总线型拓扑结构的优点如下：

（1）结构简单，容易实现。总线型网络安装简单方便，需要铺设的电缆最短，且成本较低，某个站点的故障一般不会影响整个网络。

（2）用户节点入网灵活。需要扩展用户时只需要添加一个接线器，但所能连接的用户数量有限。

（3）便于维护。某个节点出现故障不会影响整个网络的正常通信，但是如果总线断开，则整个网络或者相应主干网段就断了。

这种网络拓扑结构的缺点是所有用户需共享一条公共的传输介质，在同一时刻只能有一个用户发送数据。这种网络因为各节点是共用总线带宽的，所以传输速率会随着接入网络的用户的增多而下降。另外，总线介质出现故障会导致网络瘫痪，所以，总线型网络安全性低，监控比较困难，增加新站点也没有星型网络容易。

3.4.4 树型拓扑结构

树型拓扑结构从总线型拓扑结构演变而来，形状像一棵倒置的树，顶端是树根，树根以下带分支，每个分支还可再带子分支，如图 3 - 41 所示。树型拓扑结构是总线型拓扑结构的扩展，是在总线型网络上加上分支形成的，其传输介质可有多条分支，但不形成闭合回路。

树型网络是一种分层网络，其结构适合分级管理，具有一定的容错能力，一般一个分支节点的故障不影响另一分支节点的工作，任何一个节点送出的信息都可以传遍整个传输介质，它也是广播式网络。一般树型网络上的链路相对具有一定的专用性，无须对原网作任何改动就可以扩充工作站。它是一种层次结构，节点按层次连接，信息交换主要在上、下节点之间进行，相邻节点或同层节点之间一般不进行数据交换。树型拓扑结构布局灵活，但是故障检测较为复杂，PC 环不会影响全局。

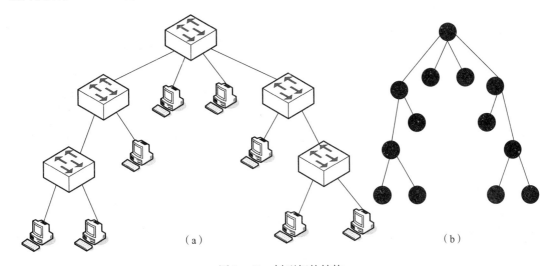

图 3-41　树型拓扑结构

（a）树型局域网的计算机连接；（b）树型局域网的拓扑结构

树型拓扑结构的优点如下：

（1）易于扩展。可以延伸出很多分支和子分支，因此，在网络中加入新的分支或新的节点较容易。

（2）易于隔离故障。如果某一线路或某一分支节点出现故障，其主要影响局部区域，因此能比较容易地将故障部位与整个系统隔离开。

树型拓扑结构的缺点与星型拓扑结构相似，其对根节点的依赖性太大，根节点出现故障会导致整个网络不能正常工作，其对根节点的可靠性要求较高。

每一种拓扑结构都有其两面性，但从实践角度看，局域网中多采用星型和树型拓扑结构。

3.5　有线与无线传输介质

传输介质是网络中连接收、发双方的物理通路，也是通信中实际传送信息的载体。在现有的计算机网络中，用于数据传输的物理介质有很多种，每一种介质的带宽、时延、抗干扰能力和费用及安装维护难度等特性各不相同。传输介质包括有线传输介质和无线传输介质，有线传输介质包括双绞线、同轴电缆和光纤等，无线传输介质包括卫星、微波和红外线（Infrared）等。

微课 3-1

3.5.1 双绞线

双绞线是综合布线工程中最常用的传输介质，由两根具有绝缘保护层的铜导线组成。把两根绝缘的铜导线按一定密度互相绞在一起，每一根导线在传输中辐射出来的电波会被另一根线上发出的电波抵消，有效降低信号干扰的程度。根据有无屏蔽层，双绞线可分为屏蔽双绞线和非屏蔽双绞线两类。非屏蔽双绞线的阻抗值为100Ω，其传输性能适用于大多数应用环境，应用十分广泛，是建筑内结构化布线系统的主要传输介质；屏蔽双绞线的阻抗值为150Ω，有一个金属外套，对电磁干扰（Electromagnetic Interference，EMI）具有较强的抵抗能力。

1. 非屏蔽双绞线

非屏蔽双绞线由8根不同颜色的线分成4对绞合在一起，成对扭绞的作用是尽可能减少电磁辐射与外部电磁干扰的影响，如图3-42所示。采用这种绞合起来的结构是为了减少对邻近线对的电磁干扰。

微课3-2

非屏蔽双绞线既可用于模拟信号传输，也可用于数字信号传输，其通信距离一般为几千米到十几千米。导线越粗，通信距离越远，价格也越高。由于非屏蔽双绞线的性价比相对其他传输介质高，因此其使用十分广泛。随着局域网上数据传输速率的不断提高，美国电子工业协会的远程通信工业协会（Electronic Industries Alliance/Telecommunication Industries Association，EIA/TIA）定义了1类线到7类线，其中常见的有3类线、5类线、超5类线以及6类线，其中3类线、5类线、超5类线线径较细，6类线线径较粗，具体型号如下：

图3-42 非屏蔽双绞线

（1）1类线（CAT1）。该类线缆最高频率带宽是750kHz，用于报警系统，或只适用于语音传输（1类线标准主要用于20世纪80年代初之前的电话线缆），不用于数据传输。

（2）2类线（CAT2）。该类线缆最高频率带宽是1MHz，用于语音传输和最高传输速率为4Mbit/s的数据传输，常见于使用4Mbit/s规范令牌传递协议的旧的令牌网。

（3）3类线（CAT3）。3类线指在ANSI和EIA/TIA 568标准中指定的线缆，该类线缆的传输频率为16MHz，最高传输速率为10Mbit/s，主要应用于语音、10Mbit/s以太网（10BaseT）和4Mbit/s令牌网，最大网段长度为100m，采用RJ形式的连接器，已淡出市场。

（4）4类线（CAT4）。该类线缆的传输频率为20MHz，用于语音传输和最高传输速率为16Mbit/s（指的是16Mbit/s令牌网）的数据传输，主要用于基于令牌网的局域网和10Base-T/100Base-T，最大网段长度为100m，采用RJ形式的连接器，未被广泛采用。

（5）5类线（CAT5）。该类线缆增加了绕线密度，外套一种高质量的绝缘材料，最高频率带宽为100MHz，最高传输速率为100Mbit/s，用于语音传输和最高传输速率为100Mbit/s的数据传输，主要用于100Base-T和1000Base-T网络，最大网段长度为100m，采用RJ形式的连接器。这是最常用的以太网电缆。在双绞线电缆内，不同线对具有不同的绞距长度。通常，4 对双绞线绞距周期在 38.1mm 长度以内，按逆时针方向扭绞，一对线对的扭绞长度在 12.7mm 以内。

（6）超 5 类线（CAT5e）。超 5 类线衰减小，串扰少，并且具有更高的衰减串扰比（Attenuation – to – Crosstalk Ratio，ACR）和信噪比（Signal – to – Noise Ratio，SNR）、更小的时延误差，性能得到很大提高。超 5 类线主要用于千兆以太网（1 000Mbit/s）。

（7）6 类线（CAT6）。该类线缆的传输频率为 1 ~ 250MHz，6 类线系统在 200MHz 时综合衰减串扰比（PS – ACR）应该有较大的余量，它提供 2 倍于超 5 类线的带宽。6 类线的传输性能远远高于超 5 类线，最适用于传输速率高于 1Gbit/s 的应用。6 类线与超 5 类线的一个重要区别在于：6 类线改善了串扰及回波损耗方面的性能，对于新一代全双工的高速网络应用而言，优良的回波损耗性能是极重要的。6 类标准中取消了基本链路模型，布线标准采用星型拓扑结构，要求的布线距离为：永久链路的长度不能超过 90m，信道长度不能超过 100m。

（8）超 6 类线或 6A（CAT6A）。此类产品传输带宽介于 6 类线和 7 类线之间，传输频率为 500MHz，传输速率为 10Gbit/s，标准外径为 6mm。与 7 类线一样，国家还没有出台正式的超 6 类线检测标准，只是行业中有此类产品。

（9）7 类线（CAT7）。7 类线的传输频率为 600MHz，传输速率为 10Gbit/s，单芯标准外径为 8mm，多芯线标准外径为 6mm。类型数字越大，版本越新，技术越先进，带宽越大，价格越高。这些不同类型的双绞线标注方法是这样规定的：如果是标准类型则按 CATx 方式标注，如常用的 5 类线和 6 类线，在线的外皮上标注为 CAT5、CAT6。如果是改进版，就按 xe 方式标注，如超 5 类线就标注为 5e（字母是小写，而不是大写）。无论是哪一种线，其衰减都随频率的升高而增大。在设计布线时，要考虑到衰减后的信号还应当有足够大的振幅，以便在有噪声干扰的条件下其能够在接收端正确地被检测出来。双绞线能够传送数据的速率还与数字信号的编码方法有很大的关系。

制作网线时要用到 RJ – 45 连接头，即俗称"水晶头"的连接头。在将网线插入水晶头之前，要对每条线进行排序。根据 EIA/TIA 线序标准，RJ – 45 接口的制作有两种线序标准——EIA/TIA 568B 线序标准和 EIA/TIA 568A 线序标准，如图 3 – 43 所示。

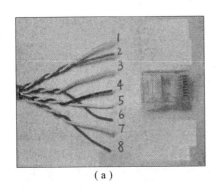
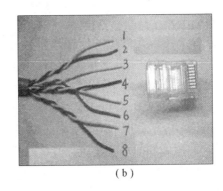

（a）　　　　　　　　　　　　　　　　（b）

图 3 – 43　EIA/TIA 线序标准

（a）EIA/TIA 568B 线序标准；（b）EIA/TIA 568A 线序标准

EIA/TIA 568B 线序标准定义依次为橙白、橙、绿白、蓝、蓝白、绿、棕白、棕，其标号见表 3 – 9。

表3-9　EIA/TIA 568B 的线序标号

橙白	橙	绿白	蓝	蓝白	绿	棕白	棕
1	2	3	4	5	6	7	8

　　EIA/TIA 568A 线序标准定义依次为绿白、绿、橙白、蓝、蓝白、橙、棕白、棕，其标号见表3-10。

表3-10　EIA/TIA 568A 的线序标号

绿白	绿	橙白	蓝	蓝白	橙	棕白	棕
1	2	3	4	5	6	7	8

　　根据 EIA/TIA 568A 和 EIA/TIA 568B 线序标准，RJ-45 连接头各触点在网络连接中，对传输信号来说 1、2 用于发送，3、6 用于接收，4、5、7、8 是双向线；对与其连接的双绞线来说，为降低相互干扰，标准要求 1、2 必须是绞缠的一对线，3、6 也必须是绞缠的一对线，4、5 相互绞缠，7、8 相互绞缠。由此可见，实际上两个标准没有本质的区别，只是连接 RJ-45 连接头时 8 根双绞线的线序标准不同，在实际的网络工程施工中多采用 EIA/TIA 568B 线序标准。

2. 屏蔽双绞线

　　屏蔽双绞线的双绞线与外层绝缘封套之间有一个金属屏蔽层，如图3-44 所示。在物理结构上，屏蔽双绞线比非屏蔽双绞线多了全屏蔽层和线对屏蔽层，通过屏蔽的方式，减少了衰减和噪声，从而提供了更加洁净的电子信号和更长的线缆长度。但是屏蔽双绞线更加昂贵，质量更大且不易安装。

　　屏蔽层可减少辐射，防止信息被窃听，也可阻止外部电磁干扰，使屏蔽双绞线比同类的非屏蔽双绞线具有更高的传输速率。屏

图3-44　屏蔽双绞线

蔽双绞线是一种广泛用于数据传输的铜质双绞线。屏蔽双绞线分为 STP（Shielded Twisted-Pair）和 FTP（Foil Twisted-Pair），STP 是指每条线都有各自屏蔽层的屏蔽双绞线，FTP 则是采用整体屏蔽的屏蔽双绞线。需要注意的是，屏蔽只在整个线缆装有屏蔽装置，并且在两端正确接地的情况下才起作用。所以，要求整个系统全部为屏蔽器件（包括线缆、插座、跳线和配线架等），同时需要建筑物有良好的地线系统。但在实际施工时，很难实现全部完美接地。在正常良好接地的情况下，屏蔽系统抵制外界耦合噪声的能力是非屏蔽系统的 100～1 000 倍，即使在屏蔽层没有接地或接地不良的情况下，屏蔽布线系统的抵御能力仍然可为非屏蔽布线系统的 10 倍以上。

　　屏蔽双绞线的外层由铝箔包裹，以减小辐射，但并不能完全消除辐射。屏蔽双绞线价格相对较高，安装时要比非屏蔽双绞线困难，必须配有支持屏蔽功能的特殊连结和施工工艺。安装屏蔽双绞线时，屏蔽双绞线的屏蔽层必须接地，但在有大量电磁干扰的区域，屏蔽双绞

线提供了一个安装便利、节约资金的解决方法。

3.5.2 同轴电缆

同轴电缆也是局域网中常见的传输介质之一，其名称来源与其结构有关。同轴电缆由最内层的实心铜导体、塑料绝缘层、屏蔽金属网和外层保护套所组成，其结构如图 3 – 45 所示。用来传递信息的一对导体是按照一层圆筒式的外导体套在内导体（一根细芯）外面，两个导体间用绝缘材料互相隔离的结构制选的。外层导体和中心轴芯线的圆心在同一个轴心上，所以称为同轴电缆。同轴电缆之所以设计成这样，是为了防止外部电磁波干扰信号的传递，这种结构使其具有带宽的较宽和较强的抗干扰特性，并且可在共享通信线路上支持更多的站点。

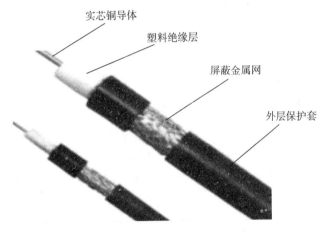

图 3 – 45 同轴电缆的结构

微课 3 – 3

按特性阻抗数值的不同，同轴电缆又分为两种，一种是 50Ω 的基带同轴电缆，另一种是 75Ω 的宽带同轴电缆。基带同轴电缆只支持一个信道，传输带宽为 1 ~ 20Mbit/s。它可以 10Mbit/s 的速率把基带数字信号传至 1 ~ 1.2km。所谓"基带数字信号传输"，是指按数字信号位流形式进行的传输，无须任何调制，是局域网中广泛使用的一种信号传输技术。宽带同轴电缆支持的带宽为 300 ~ 350MHz，可用于宽带数据信号的传输，传输距离可达 100km。所谓"宽带数据信号传输"，是指可利用多路复用技术在宽带介质上进行多路数据信号的传输。它既能传输数字信号，也能传输话音、视频等模拟信号，是综合服务宽带网的一种理想介质。

同轴电缆主要应用于设备的支架连线、闭路电视（Closed Circuit Television，CCTV）、共用天线系统（Master Antenna Television，MATV）及彩色或单色射频监视器的转送。这些应用不需要选择有特别严格电气公差的精密视频同轴电缆。视频同轴电缆的特性阻抗是 75Ω，这个值不是随意选的。物理学证明了视频信号最优化的衰减特性发生在 77Ω，在低功率应用中，材料及设计决定了电缆的最优阻抗为 75Ω。

在使用同轴电缆组网时，细同轴电缆和粗同轴电缆的连接方法是不同的。细同轴电缆要通过 T 形头和 BNC 头将细同轴电缆与网卡连接起来，同时需要在网线的两端连接终结器，细同轴电缆连接如图 3 – 46 所示。终结器的作用是吸收电缆上的电信号，防止信号发生反弹。粗同轴电缆在连接时需要通过收发器将网线和计算机连接起来，电缆两端也要连接终结器。无论粗同轴电缆还是细同轴电缆均为总线型拓扑结构，即一根电缆上连接多部机器，这种拓扑结构适用于机器密集的环境，但是当一触点发生故障时，故障会串联影响到整根电缆上的所有机器，故障的诊断和修复都很困难，因此，同轴电缆将逐步被非屏蔽双绞线或光缆取代。

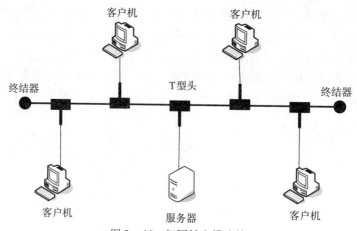

图 3-46 细同轴电缆连接

同轴电缆也存在一定的问题，如果电缆某一段发生比较大的挤压或者扭曲变形，那么中心电线和网状导电层之间的距离就不是固定的，这会造成其内部的无线电波被反射回信号发送源。这种效应降低了可接收的信号功率。为了解决这个问题，中心电线和网状导电层之间被加入一层塑料绝缘体，这也形成了同轴电缆比较僵直而不容易弯曲的特性。

3.5.3 光纤

1. 光纤的结构

光纤通信就是利用光导纤维传递光脉冲来进行通信。光脉冲出现表示 1，不出现表示 0。由于可见光的频率非常高，约为 10^8 MHz 的量级，因此，一个光纤通信系统的传输带宽远远大于其他各种传输介质的带宽，光纤是目前最有发展前途的有线传输介质。

光纤呈圆柱形，由纤芯、包层、一次涂覆层和套层组成，如图 3-47 所示。纤芯是光纤最中心的部分，由一条或多条非常细的玻璃或塑料纤维线构成，每根纤维线都有自己的封套。玻璃或塑料封套涂层的折射率比纤芯低，从而使光波保持在芯内。环绕一束或多束封套纤维的外套由若干塑料或其他材料层构成，以防止外部的潮湿气体侵入，并可防止磨损或挤压等伤害。

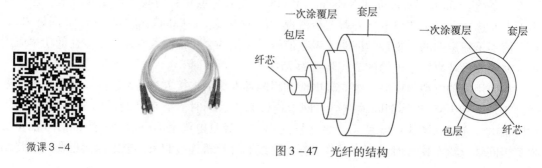

微课 3-4

图 3-47 光纤的结构

2. 光波传输

在数据传输中，重大的突破之一就是实用光纤通信系统的成功开发。含有光纤的传输系统一般由 3 个部分组成：光源、光纤传输介质和检测器。其中，光源是发光二极管或激光二极管，它们在通电时都可发出光脉冲；光纤传输介质不仅可用来传输模拟信号和数字信号，而且可以满足视频传输的需求；检测器是光电二极管，遇光时将产生电脉冲。它的基本工作原理是：发送端用电信号对光源进行光强控制，从而将电信号转换为光信号，然后通过光纤传输介质传输到接收端，接收端用光检波检测器把光信号还原成电信号。

实际上，如果不是利用一个有趣的物理原理，含有光纤的传输系统会由于光纤的漏光而变得没有实际价值。当光线从一种介质穿过另一种介质时，如从玻璃到空气，光线会发生折射。当光线在玻璃上的入射角为 α_1 时，则在空气中的折射角为 β_1。折射的角度取决于两种介质的折射率。当光线在玻璃上的入射角大于某一临界值时，光线将完全反射回玻璃中，而不会漏入空气。这样，光线被完全限制在光纤中，几乎无损耗地进行传播。

3. 光纤的分类

根据传输点模数的不同，光纤可分为单模光纤和多模光纤。所谓"模"是指以一定角速度进入光纤的一束光。单模光纤采用固体激光器作光源，多模光纤则采用发光二极管作光源。多模光纤允许多束光在光纤中同时传播，从而形成模分散（因为每一个"模"光进入光纤的角度不同，所以它们到达另一端点的时间也不同，这种特征称为模分散）。模分散技术限制了多模光纤的带宽和距离，因此，多模光纤的芯线粗，传输速率低，距离短，整体的传输性能差，但其成本比较低，一般用于建筑物内或地理位置相邻的环境下。单模光纤只能允许一束光传播，所以单模光纤没有模分散特性，因此单模光纤的纤芯相应较细，传输频带宽，容量大，传输距离长，但因其需要激光源，成本较高。

1）多模光纤

多模光纤是一种常见的光纤类型，其纤芯直径（以下简称"芯径"）为 $50 \sim 100 \mu m$，可以在给定的工作波长上传输多种模式。相对于双绞线，多模光纤能够支持较长的传输距离，在 10Mbit/s 和 100Mbit/s 的以太网中，多模光纤最长可支持 2 000m 的传输距离。常见多模光纤的芯径为 $50 \mu m$、$62.5 \mu m$ 和 $100 \mu m$。由于多模光纤中传输模式多达数百个，各个模式的传播常数和群速率不同，因此光纤的带宽窄，色散（复色光分解为单色光的现象，光的色散需要有能折射光的介质，介质折射率随光波频率或真空中的波长而变）大，损耗也大，只适用于中短距离和小容量的光纤通信系统。下面主要介绍两种类型的多模光纤，即阶跃型光纤和渐变型光纤。

（1）阶跃型光纤的纤芯折射率高于包层折射率，使输入的光能在纤芯包层交界面上不断产生反射而前进，如图 3-48 所示。纤芯和包层的折射率均匀分布，而它们之间有一个折射率差，纤芯折射率大于包层折射率，纤芯和包层边界有一个台阶，所以称其为阶跃型光纤。在多模阶跃型光纤中，满足全反

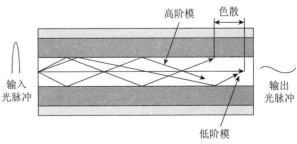

图 3-48 阶跃型光纤

射条件，单入射角不同的光线，传输路径是不同的，最终使不同的光线所携带的能量到达终端的时间不同，从而产生脉冲展宽，脉冲展宽使脉冲时间加长，最终导致信号失真，这就限制了光纤的传输容量。阶跃型光纤比较适合短距离传输应用。

（2）渐变型光纤的纤芯折射率是不均匀的，按一定规律连续变化，如图3-49所示。折射率在光纤轴心处最大，随着纤芯半径r的增大而逐渐减小。在渐变型光纤中，光线传输的轨迹近似正弦波，这样能减少模间色散，提高光纤带宽，增加传输距离，但成本较高。

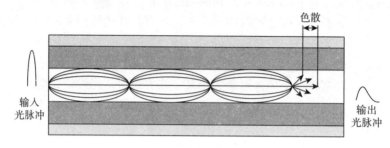

图3-49 渐变型光纤

2）单模光纤

单模光纤是只有一股（大多数应用中为两股）玻璃纤维的光纤，纤径为$8.3 \sim 10\mu m$，只有一种传输模式。由于芯径相对较小，单模光纤只能传输波长为1 310nm或1 550nm的光信号。单模光纤的带宽比多模光纤宽，但是对光源的谱宽和稳定性有较高要求，即谱宽要窄，稳定性要好。

单模光纤主要用在多频数据传输应用中，如波分多路复用系统中经过复用的光信号仅用一根单模光纤就能实现数据传输。单模光纤的传输速率比多模光纤要高，而且传输距离也比多模光纤大50倍以上，因此，其价格也高于多模光纤。与多模光纤相比，单模光纤的芯径要小得多，小芯径和单模传输的特点使得在单模光纤中传输的光信号不会因为光脉冲重叠而失真。在所有光纤种类中，单模光纤的信号衰减率最低，传输速率最大。单模光纤的芯径较小，纤芯和包层的折射率变化比多模光纤小。如图3-50所示，光线在单模光纤中沿直线传播，不发生折射，因此几乎不会发生色散。

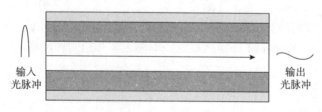

图3-50 单模光纤

4. 光缆

一根光缆可以包括一至数百根光纤，再加上强芯和填充物，最后加上包带层和外护套，必要时，可包括远供电源线，完全可以满足施工对强度的要求，其结构如图3-51所示。光缆通信传输距离远、传输速率高、抗雷电和电磁干扰能力强、不易被截取和窃听、保密性好、体积小、重量轻，但由于计算机只能接收电信号，因此光缆连接计算机时需要使用光电收发器进行光电转换。

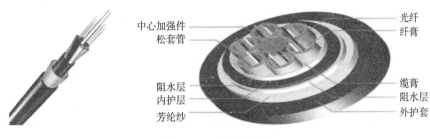

图 3 - 51　光缆的结构

对于光电转换，在发送端使用发光二极管或注入型激光二极管为光源；在接收端使用光电二极管 PIN 检波器将光信号转换成电信号。光载波采用振幅键控（Amplitude Shift Keying，ASK）调制方法，即亮度调制。光缆传输速率可以达到 Gbit/s 量级。

3.5.4　无线传输介质

无线传输介质不需要架设或铺埋电缆或光纤，而是通过空气传输。当经过一些高山、岛屿或偏远地区时，用有线传输介质铺设通信线路非常困难，尤其在信息时代，很多人需要利用笔记本电脑、袖珍计算机随时随地与社会或单位保持联系，获取信息。对于这些移动用户，有线传输介质无法满足他们的要求，而无线传输介质可以解决上述问题。目前常用的无线传输介质有微波、卫星、无线电波及红外线等。

1. 微波

微波是指频率为 300MHz ～ 300GHz 的电磁波，是一种定向传播的电波。微波沿着直线传播，可以集中于一点，通过卫星电视接收器把所有的能量集中于一小束，便可获得极高的信噪比，但是发射天线和接收天线必须精确地对准。除此以外，这种方向性使成排的多个发射设备可以和成排的多个接收设备通信而不会发生串扰。

微波天线通常设置在离地面较高的位置，以便加大收、发两个天线之间的距离，同时能够排除天线之间障碍的干扰。为实现微波远程传输，需要建立一系列微波中继站——转发器，以构成微波接力信道。转发器之间的距离大致与天线塔高度的平方成正比。

微波广泛用于远程通信，按所提供的传输信道可分为模拟微波和数字微波两种类型。目前，模拟微波通信主要采用频分多路复用技术和频移键控调制方式，其传输容量可达 30 ～ 6 000 个电话信道。数字微波通信目前大多采用时分多路复用技术和频移键控调制方式，和数字电话一样，数字微波每个话路的数据传输速率为 64kbit/s。在传输质量上，微波通信相对无线电波通信要稳定。

微波通信通常用的工作频率为 2GHz、4GHz、8GHz、12GHz，所用的频率越高，潜在的带宽就越宽，因此潜在的数据传输速率也就越高。表 3 - 11 给出了一些典型数字微波系统的带宽和数据传输速率。

表3-11　典型数字微波系统的带宽和数据传输速率

工作频率	带宽/MHz	数据传输速率/(Mbit · s^{-1})
2	7	12
6	30	90
11	40	90
18	220	270

2. 卫星

卫星实际上是一个微波中继站，卫星用来连接两个或多个基于地面的微波发射/接收设备。卫星接收某一频段（上行链路）的发射信号，然后放大并用另一频段（下行链路）转发该信号。

为了有效地工作，通常要求卫星处在相对于地面静止的位置上，否则，它就无法保持在任何时刻都处在它的各个地面站的视域范围之内。为此，要求卫星的旋转周期必须等于地球的自转周期，以保持相对静止的状态。卫星满足上述要求的匹配高度是35 784km。如果使用相同或十分接近频段的两个卫星，将会相互产生干扰。为了避免出现干扰问题，一般要求在4~6GHz频段上有4°（从地球上测量出的角位移）的间隔，在12~14GHz频段上有3°的间隔，这使得能在地球静止轨道上设置的通信卫星的数量十分有限。

卫星通信（图3-52）利用地球同步卫星作为中继站来转发微波信号，其可以克服地面微波通信距离的限制。一个同步卫星可以覆盖地球1/3以上的表面，在地球周围均匀地配置3颗同步通信卫星，通信范围就覆盖了几乎全部地球表面，这样地球上的各个地面站之间都可互相通信。由于卫星信道频带宽，也可采用频分多路复用技术，分为若干子信道，有些用于由地面站向卫星发送（称为上行信道），有些用于由卫星向地面转发（称为下行信道）。卫星通信的优点是容量大，距离远；缺点是传播延迟时间长，从发送站通过卫星转发到接收站的传播延迟时间为270ms，但这个传播延迟时间与两个站点间的距离无关。这相对于地面电缆传播延迟时间约6μs/km来说，特别是对于近距离的站点，要相差

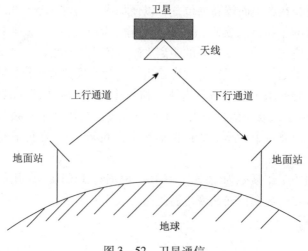

图3-52　卫星通信

几个数量级。

　　卫星最重要的应用领域包括电视转播、远程电话传输、企业应用网络等。由于卫星的广播特性，其特别适合用于广播服务网。卫星技术在电视转播方面的最新应用是直播卫星，它可把卫星视频信号直接发射到家庭用户的设备中。

3. 无线电波

　　无线电波是指在自由空间（包括空气和真空）中传播的射频频段的电磁波。大气中的电离层是具有离子和自由电子的导电层。无线电波通信就是利用地面发射的无线电波通过电离层的反射，或电离层与地面的多次反射而到达接收端的一种远距离通信方式。由于大气层中的电离层距地面数十千米至数百千米以上，因此其可分为各种不同的层次，并随季节、昼夜及太阳活动情况而发生变化。除此之外，无线电波还受到来自水、自然物体和电子设备的各种电磁波等的干扰。因此，无线电波通信与其他通信方式相比，在质量上存在不稳定性。

　　无线电波是一种能量的传播形式，电场和磁场在空间中是相互垂直的，并都垂直于传播方向，在真空中的传播速度等于光速（300 000km/s）。无线电波的传播方式有以下两种：

　　（1）直线传播（图 3－53），即沿地面向四周传播。在 VLF、LF、MF 波段，无线电波沿着地面传播，在较低频率上可在 1 000km 以外检测到它，在较高频率上距离要近一些。

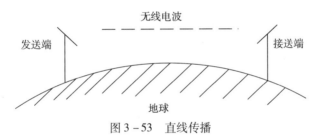

图 3－53　直线传播

　　（2）反射传播（图 3－54）。在 HF 和 VHF 波段，地表电磁波被地球吸收，但是，到达电离层（距地球 100～500km 的带电粒子层）的电磁波被其反射回地球。在某些天气情况下，信号可能被多次反射。

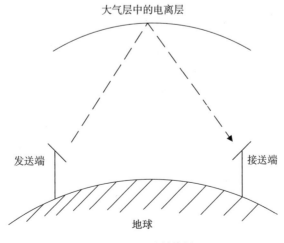

图 3－54　反射传播

无线电波被广泛应用于室内和室外通信，因为无线电波容易产生，传播距离很远，并很容易穿过建筑物，而且它可以全方向传播，所以无线电波的发射和接收装置不必要求精确对准。无线电波通信使用的频率一般为 10～16kHz，它的传播特性与频率有关。在低频段，无线电波能轻易地绕过一般障碍物，但其能量随着传播距离的增大而急剧减少；在高频段，无线电波趋于直线传播并易受障碍物的阻挡。无线电波通信存在着显而易见的缺陷，如不能满足高速网络通信要求、使用的频率难以控制。如果有其他频率与无线电通信的频率在相似范围之内，信号就会受干扰。同时，无线电波易受自然环境的影响，如遇山峰会减弱或干扰信号的传输。

4. 红外线

红外线是波长介于微波与可见光之间的电磁波，波长为 760nm～400μm，是比红光长的非可见光。目前广泛使用的家电遥控器大多采用红外线传输技术。红外线局域网采用波长小于 1μm 的红外线作为传输介质，有较强的方向性，但受太阳光的干扰大，对非透明物体的透过性极差，这导致传输距离受限。红外线的优、缺点如下。

优点：

（1）作为一种无线局域网的传输方式，红外线传输的最大优点是不受无线电波的干扰。

（2）抗干扰性强，几乎不会受到电气、雷电和人为干扰。此外，红外线通信机体积小，质量轻，结构简单，价格低廉，但是它必须在直视距离内通信，且传播受天气的影响。在不能架设有线线路，而使用无线电又怕暴露自己的情况下，使用红外线通信是比较好的。

（3）不易被人发现和截获，保密性强。如果在室内发射红外线，室外就收不到，这可避免各个房间的红外线相互干扰，并可有效地进行数据的安全性和保密控制。

缺点：传输距离有限，受太阳光的干扰大，一般仅限于室内通信，而且不能穿透坚实的物体（如砖墙等）。

除了上述无线传输介质外，还有无导向的红外线、激光等通信介质，前者广泛应用于短距离通信，如电视、录像机、空调等家用电器使用的遥控器；后者可用于建筑物之间的局域网连接，因为它具有高带宽和定向性好的优势，但是，它易于受天气、热气流或热辐射等影响，工作质量存在不稳定性。

最后需要说明的是，传输介质与信道是有区别的，前者是指传输数据信号的物理实体，而后者是指为传送某种信号所提供的带宽，更强调介质的逻辑功能。也就是说，一个信道可能由多个传输介质级联构成，一个传输介质也可能同时提供多个信道，多路复用技术正是利用了这个特性。

3.6　局域网硬件设备

3.6.1　网卡

网卡是工作在数据链路层的网络组件，是局域网中连接计算机和传输介质的接口，不仅能实现与局域网传输介质之间的物理连接和电信号匹配，还涉及帧的发送与接收、帧的封装与拆封、介质访问控制、数据的编码与解码及数据缓存等功能。

1. 网卡的概念

计算机与外界局域网的连接是通过在主机箱内插入一块网络接口卡（或者在笔记本电脑中插入一块 PCMCIA 卡）实现的。网络接口卡又称通信适配器，简称网卡。网卡是连接计算机与网络的硬件设备，其安装在主板的扩展槽中，通过传输介质与其他设备连接，便于与其他设备进行数据交换，如图 3 – 55 所示。

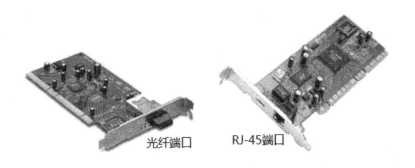

光纤端口　　　RJ-45端口

图 3 – 55　网卡

网卡上装有处理器和存储器［包括随机存取存储器（Random Access Memory，RAM）和只读存储器（Read – Only Memory，ROM）］。网卡和局域网之间的通信是通过电缆或双绞线以串行传输方式进行的，而网卡和计算机之间的通信则是通过计算机主板上的 I/O 总线以并行传输方式进行的。因此，网卡的一个重要功能就是进行串行/并行转换。由于网络上的数据率和计算机总线上的数据率并不相同，因此，在网卡中必须装有对数据进行缓存的存储芯片。

在安装网卡时必须将管理网卡的设备驱动程序安装在计算机的操作系统中。这个驱动程序会告诉网卡应当从存储器的什么位置将局域网传送过来的数据块存储下来。网卡还要能够实现以太网协议。网卡并不是独立的自治单元，因为网卡本身不带电源，必须使用所插入的计算机的电源，并受该计算机的控制。因此，可以将网卡看成一个半自治的单元；当网卡收到一个有差错的帧时，它就将这个帧丢弃而不必通知它所插入的计算机；当网卡收到一个正确的帧时，它就中断来通知该计算机并交付给协议栈中的网络层；当计算机要发送一个 IP数据包时，它就由协议栈向下交给网卡组装成帧后发送到局域网中。

网卡在网络数据传输过程中发挥着重要的作用，其将本地需要传送到网络上的数据封装成帧，通过网络线缆发送到网络上。网卡可以接收网络中其他设备传送过来的帧，并将帧重新还原成数据，发送到网卡所在的计算机中。同时，网卡具有地址识别功能，每块网卡都有一个编号用来识别它，这个编号称为 MAC 地址，即网卡的物理地址。MAC 地址由 48bit 组成，通常用 12 位十六进制数来表示，每两个十六进制数之间用冒号 "："或横线 "–" 隔开，如 "B8 – AE – ED – A9 – CB – 06" 或 "B8：AE：ED：A9：CB：06"。每块网卡的MAC 地址在全球范围内是唯一的，网卡接收数据时，读出数据包中的目标 MAC 地址并和自身的 MAC 地址核对，如果目标 MAC 地址和自身的 MAC 地址匹配，则确定接收该数据包。

2. 网卡的种类

根据网卡所支持的网络层标准与主机接口的不同，网卡可以分为不同的类型。下面介绍几种常见的网卡：

（1）按照独立性，网卡可划分为集成网卡和独立网卡。集成网卡直接焊接在计算机主板上，是主板不可缺少的一部分。集成网卡成本低，并且拥有较高的实用性，能满足日常大部分应用的需求。独立网卡在使用时对 CPU 的占有率稍微小一些，而且在宽带连接时分配方式也更加合理，可以满足更全面的使用功能，尤其是可以满足办公领域的不同网速需求。独立网卡可以插在主板的扩展插槽里，可以随意拆卸，具有灵活性。

（2）按照带宽，网卡可划分为 10Mbit/s 网卡、100Mbit/s 网卡、10Mbit/s/100Mbit/s 自适应网卡和 1 000Mbit/s 网卡。10Mbit/s 网卡早已被淘汰，目前的主流产品是（10Mbit/s）/（100Mbit/s）自适应网卡，其能够自动侦测网络并选择合适的带宽来适应网络环境。1 000Mbit/s 网卡的带宽可以达到 1Gbit/s，能够带给用户高速网络体验。

（3）按照总线接口类型，网卡可划分为 PCI 网卡和 PCMCIA 网卡。

PCI 网卡即 PCI 插槽的网卡，如图 3-56 所示。PCI 网卡可以安装高增益天线加强信号，所以能获得良好的信号，稳定性好。PCI 网卡一般不会坏，寿命长。

PCMCIA 网卡是笔记本电脑专用网卡，如图 3-57 所示。因为受笔记本电脑空间的限制，所以 PCMCIA 网卡体积较小，比 PCI 网卡接口小。PCMCIA 网卡分为两类，一类是 16bit PCMCIA，另一类是 32bit CardBus。CardBus 是一种新的高性能 PC 卡总线接口标准，它具有功耗低、兼容性好等优势。

图 3-56 PCI 网卡

图 3-57 PCMCIA 网卡

（4）按照使用的传输介质，网卡可划分为有线网卡和无线网卡。有线网卡是内置于计算机中的网卡，需要使用双绞线或光纤接入局域网中。

无线网卡不需要使用传输介质，通过无线设备上的传输信号即可接入局域网，无线网卡支持即插即用功能，如图 3-58 所示。无线网卡的优点是使用灵活、携带方便和节省资源，而且它只占用一个 USB 接口。但是，USB 无线网卡信号偏差，因为内置的天线增益值低，无法调节开线角度，这样很难获得最佳的信号。无线网卡是终端无线网络的设备，是在无线局域网的无线覆盖下通过无线连接网络进行上网使用的无线终端设

图 3-58 无线网卡

备。具体来说，无线网卡就是使计算机可以无线上网的一个装置，但是有了无线网卡后还需要一个可以连接的无线网络。如果在家里或者所在地有无线路由器或者无线 AP 的覆盖，就可以通过无线网卡以无线的方式连接无线网络，达到上网目的。

无线网卡的工作原理是微波射频技术，笔记本电脑目前有 WiFi、GPRS、CDMA 等几种无线数据传输模式，后两者由中国移动和中国电信（中国联通将 CDMA 售于中国电信）实现，前者中国电信或中国网通有所参与，但参与度不高。无线上网遵循 802.1q 标准，通过无线传输，由无线接入点发出信号，用无线网卡接收和发送数据。

网卡在计算机网络中占有十分重要的地位，网卡性能的好坏将影响网络运行的好坏，在选择网卡时需要注意以下几个方面：

（1）对网卡传输速率的要求，同时还要注意网卡的传输稳定性和散热性。

（2）对网卡的工作模式的要求。通常情况下，网卡有全双工和半双工两种工作模式，一般网卡应同时具备半双工和全双工通信的能力，以便适应网络的变化或升级。

（3）注意网卡的编号，确保是正规厂家生产的网卡。

（4）注意计算机或网络设备的总线类型，网卡应与计算机或网络设备的扩展槽匹配。

3.6.2　集线器

集线器又称为集中器，其把来自不同计算机及网络设备的电缆集中配置于一体，是多个网络电缆的中间转接设备，并作为中心节点广泛应用于星型拓扑结构的网络系统中，如图 3－59 所示。集线器有利于故障的检测和网络可靠性的提高，能自动指示有故障的工作站，并切除其与网络的通信，以免影响整个网络的正常运行。应当注意，利用极限系统构建起来的网络是共享带宽式的，其带宽由其端口平均分配，如总带宽为 100Mbit/s 的集线器，连接 4 台工作站同时上网时，每台工作站的平均带宽仅为 $100/4 = 25$（Mbit/s）。

微课 3－5　　　　　微课 3－6　　　　　　　　　图 3－59　集线器

集线器按照不同的分类方法可以分为以下类型：

（1）按照集线器所支持的带宽不同，用于小型局域网的集线器可分为 10Mbit/s、100Mbit/s 和 10/100Mbit/s 自适应集线器 3 种。在规模较大的网络中，还使用 1 000Mbit/s 和 100/1 000Mbit/s 自适应集线器。集线器的分类与网卡的分类基本相同，因为集线器与网卡之间的数据交换是相互对应的。自适应集线器也称为双速集线器，如 10/100Mbit/s 自适应集线器内置了 10Mbit/s 和 100Mbit/s 两条内部总线，既可以工作在 10Mbit/s 速率下，也可以工作在 100Mbit/s 速率下。

（2）按照集线器配置的形式不同，集线器可以分为独立型集线器、模块化集线器和可堆叠式集线器。

①独立型集线器是带有许多端口的单个盒子式的产品，在小型局域网中应用广泛，具有

价格低、容易查找故障、网络管理方便等优势。独立型集线器之间可以用一段 10Base - 5 同轴电缆把它们连接在一起，或者在每个集线器上的独立端口之间用双绞线把它们连接起来。

②模块化集线器配有机架和多个卡槽，每个卡槽中可安装一块通信卡，每块通信卡的功能相当于一个独立型集线器，每块通信卡通过安装在机架上的通信底板互连并进行相互通信。现在常使用的模块化集线器一般具有 4 ~ 14 个卡槽，在较大的网络中便于实施对用户的集中管理，所以在大型网络中得到广泛应用。

③可堆叠式集线器利用高速总线将单个独立型集线器"堆叠"成短距离连接的设备，其功能相当于一个模块化集线器。在一般情况下，当有多个集线器堆叠时，其中有一个可管理集线器，利用可管理集线器对此可堆叠式集线器中的其他独立型集线器进行管理。可堆叠式集线器可以非常方便地实现网络的扩充。

（3）根据对集线器的管理方式不同，集线器可分为智能型集线器和非智能型集线器两类。

①智能型集线器改进了普通集线器的缺点，增加了网络交换功能，具有网络管理和自动检测网络端口速率的能力（类似于交换机）。目前，智能型集线器已向交换功能发展，缩短了集线器与交换机之间的距离。

②非智能型集线器只起到简单的信号放大和再生作用，无法对网络性能进行优化。早期使用的共享式集线器一般为非智能型的。非智能型集线器不能用于对等网络，而且其所组成的网络中必须有一台服务器。

除此之外，集线器还有多种分类方式。例如，根据外形尺寸的不同，集线器可以分为机架式集线器和桌面式集线器；根据集线器端口数量的不同，集线器可分为 8 口集线器、16口集线器等。

随着技术的发展，在局域网（尤其是一些大中型局域网）中，集线器已逐渐被交换机取代。目前，集线器主要应用于一些中小型网络和大中型网络的边缘部分。在为一些中小型局域网选择集线器时应注意以下几点：

（1）应用于网络中的集线器在数据传输速率上应能达到要求，端口数量应保证足够连接网络中的所有节点。

（2）能够方便地扩充网络规模，即当一个集线器提供的端口不够时，能够通过另一些方式扩展集线器端口的密度，经常采用的方法主要有级联和堆叠两种方式。

（3）集线器是否提供网管功能。早期的集线器属于一种低端产品，并且不能进行网络管理。近年来，随着技术的发展，部分集线器在技术上也增加了交换机的功能，可通过增加网管模块实现对集线器的简单管理（SNMP），以方便使用。需要指出的是，尽管同是对 SNMP 提供支持，不同厂商生产的模块是不能混用的，而且同一厂商生产的不同产品的模块也不能应用于同一台设备。目前，提供 SNMP 功能的集线器售价较高。

（4）以外形尺寸为参考。在网络系统比较复杂时，如在购买集线器前已经购置了机架，为了便于对多个集线器进行集中管理，在选购集线器时必须考虑其外形尺寸，否则无法将其安装在机架上。

（5）根据现有的资金适当考虑集线器的品牌和价格。

3.6.3 交换机

交换机又称为交换式集线器，如图 3 - 60 所示，是工作于数据链路层、基于 MAC 地址识别、能完成封装转发数据包功能的网络设备。它对信息进行重新生成，并经过内部处理后转发至指定端口，具备自动寻址和交换功能。通常交换机的端口数量较多，另外，与集线器有所不同的是，交换机上的所有端口均有独享的信道带宽，以保证每个端口上的数据快速有效地传输，可以同时互不影响地传送这些数据包，并防止传输冲突，提高了网络的实际吞吐量。

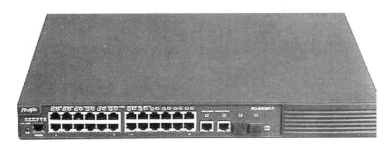

图 3 - 60　交换机

局域网交换机是交换式局域网的核心设备，能够有效地增加网络带宽。交换机的端口类型有半双工和全双工两种。在网络结构和连接线路不变的情况下，采用全双工方式可以增加网络节点的数据吞吐量。

1. 交换机的结构及交换方式

自从交换式以太网技术及其相关产品发展以来，交换机的结构随着应用的需求和技术的发展也在不断发展和改进。总的来说，交换机有 4 种结构，分别是软件执行交换结构、矩阵交换结构、总线交换结构和共享存储交换结构。

1）软件执行交换结构

这种结构存在于早期的一些交换机产品中，其实际上是借助 CPU 与 RAM 的硬件环境，以特定的软件实现交换机端口之间帧的交换。交换机接收到数据帧后，先将其由串行代码转化为并行代码，暂时存储在交换机的快速缓存 RAM 中，交换机的 CPU 开始根据数据帧中的目的 MAC 地址查询交换表。确定了目的端口后，交换机在源端口与目的端口之间建立虚连接，然后将以并行代码的形式存储在 RAM 中的数据帧转化为串行代码，发送到目的端口。上述的步骤都是由软件控制完成的。软件执行交换结构如图 3 - 61 所示。

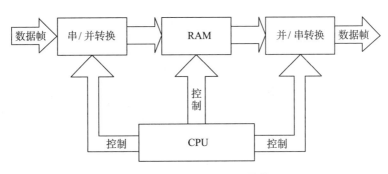

图 3 - 61　软件执行交换结构

由于交换机中的所有功能均由软件实现，因此其是一种比较灵活的结构。该结构也存在着交换机堆叠困难、无法处理信息的广播，以及随着功能的增加性能下降等缺点。特别当交换机的端口数越来越多时，若仅靠一个 CPU 执行软件来处理端口间的通信，则多组端口通道同时工作时，此种结构的交换机无法承受过大的负荷，最终导致网络堵塞或瘫痪，因此，采用该结构的交换机逐渐被淘汰。

2）矩阵交换结构

在矩阵交换结构中，交换机确定了目的端口后，根据源端口与目的端口打开交换矩阵中相应的开关，在两个端口之间建立连接，通过建立的传输通道来完成数据帧的传输。矩阵交换结构如图 3 - 62 所示。

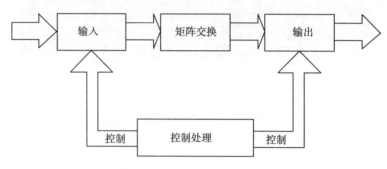

图 3 - 62　矩阵交换结构

帧自输入端输入后，根据帧的目的地址，在交换机的端口——地址表中找到输出端口号码，根据这个输出端口号码就能在交换矩阵中找到一条路径，达到所希望的输出端口。当输入和输出端口数相等，两两之间组成通道时，输出端口上不会产生帧传输拥塞现象；但当输入端口与输出端口数不等时，特别当输出端口数小于输入端口数时，在输出端口处会产生帧的拥塞，为了避免拥塞导致帧的丢失，必须在输入和输出部分增加帧的缓冲区，在缓冲区中进行帧的排队。如果局域网的帧具有优先权机制，那么在输入或输出部分中还必须保证高优先权的帧先处理。

矩阵交换的逻辑机理如图 3 - 63 所示。

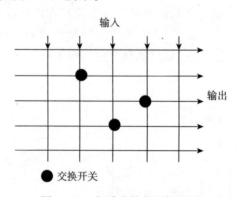

●交换开关

图 3 - 63　矩阵交换的逻辑机理

矩阵交换的优点是利用硬件交换、结构紧凑、交换速度快、延迟时间短。这种结构的交换机不宜通过简单堆叠和集成来扩展端口数和带宽，因为交换机端口数的扩展会导致整个内部结构变动较大，不仅矩阵交换要重新设计和配置，而且输入和输出部分的缓冲和排队功能的要求也越来越高。矩阵交换由于其多通道独立工作，因此对每个通道的工作情况的监控随着端口数目的增加而变得难于实现，不利于交换机性能监控和运行管理。

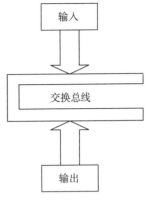

从矩阵交换工作的特点可以明显看到，这种结构要在交换矩阵中实现帧的广播传送是有困难的。即使矩阵交换结构具有以上缺点，但由于其具有交换速度快、硬件延迟时间短等优点，目前很多厂家在交换机中仍采用这种结构。

3）总线交换结构

当前有许多厂家的交换机产品采用总线交换结构，如图 3 - 64 所示。总线交换结构的交换机拥有一条带宽很高的背部总线，交换机的所有端口都挂接在这条背部总线上，总线按时隙分为多条逻辑通道，各个端口都可以往该总线上发送数据帧，这些数据帧都按时隙在总线上传输，并从

图 3 - 64　总线交换结构

各自的目的端口中输出数据帧。总线交换结构对总线的带宽有较高的要求，设交换机的端口数为 M，每个端口的带宽为 N，则总线的带宽应为 $M \times N$。

总线交换结构的扩展性和管理性好，易实现帧的广播和多个输入对一个输出的帧传送。总线交换结构具有以下优点：

（1）便于堆叠扩展。与软件执行交换结构和矩阵交换结构相比，总线交换结构的交换机的叠堆和集成（以扩展端口数和带宽）比较容易实现。

（2）容易监控和管理。由于所有输入和输出的信息流量均集中在总线上，不像矩阵交换结构那样分散在各个端口间的通道上，因此对交换机的性能监控和运行管理就比较容易。

（3）容易实现帧的广播。从一个输入端口上输入的帧在总线交换结构上很容易到达所有输出端口。

（4）容易实现多个输入对一个输出帧的传送。交换机应用中常见的是客户/服务器访问模式，其要求多个客户站访问一个服务器。在总线交换结构的交换机中，实现这种多对一帧的传送显然是效率很高的。

总线交换结构的主要缺点是总线的带宽要求很高，它的带宽至少是所有端口带宽的总和，因此高带宽的总线所构成的交换机较昂贵，但是可以获得较好的性能。

4）共享存储交换结构

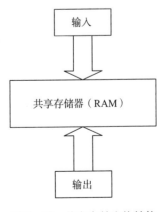

共享存储交换结构用共享存储 RAM 代替总线交换结构中的总线，数据帧通过共享存储器实现从源端口直接传送到目的端口，它是总线交换结构的改进。图 3 - 65 所示为共享存储交换结构。共享存储交换结构的特点是使用大量的高速 RAM 输入数据，由于数据通过存储器直接从输入端传输到输出端，因此交换机的结构比较简单，交换机可以不需要背板，比较容易实现。它的缺点是当交换机的端口数量不断增加，存储容量不断扩大时，数据交换的时延也越来越大，同时其成本比较高。

各个厂家交换机产品的实现技术可能有差异，但对

图 3 - 65　共享存储交换结构

于帧的处理方式一般有以下几种：

（1）直通方式：直通方式的以太网交换机可以理解为各端口间具纵横交叉线路的矩阵电话交换机。它在输入端口检测到一个数据包时，检查该数据包的包头，获取数据包的目的地址，启动内部的动态查找表转换成相应的输出端口，在输入与输出交叉处接通，把数据包直通到相应的端口，实现交换的功能。由于不需要存储，直通方式的延迟时间非常短，交换非常快，这是它的优点。它的缺点是，因为数据包内容并没有被以太网交换机保存，所以无法检查所传送的数据包是否有误，不能提供错误检测能力；由于没有缓存，不能将具有不同速率的输入/输出端口直接接通，而且容易丢包。

（2）存储转发方式：该方式是计算机网络领域中应用较为广泛的一种。它先把输入端口的数据包存储起来，如果进行 CRC 检查，则在对错误包处理后，才取出数据包的目的地址，通过查表将数据包送到输出端口进行转发。正因如此，存储转发方式在数据处理时延迟时间长，这是它的不足，但是它可以对进入交换机的数据包进行错误检测，有效地改善网络性能。尤其重要的是它可以支持不同速率端口间的转换，保持高速端口与低速端口间的协同工作。

（3）改进式的直接交换方式：这是介于前两者之间的一种解决方案。它检查数据包的长度是否够 64 字节，如果小于 64 字节，说明其为假包，则丢弃该包；如果大于 64 字节，则发送该包。这种方式也不提供数据校验。它的数据处理速度比存储转发方式快，但比直通方式慢。

（4）信元交换：ATM 技术代表了网络和通信技术未来的发展方向，属于高速的交换技术。ATM 采用固定长度为 53 字节的数据分组（信元）进行交换。由于信元长度比较短，而且是固定的，因此便于实现快速转发。ATM 采用专用的非差别连接，并行运行，通过一台交换机可以同时建立多个节点，但并不会影响每个节点之间的通信能力。ATM 还允许在源节点和目标节点之间建立多个虚连接，以保障足够的带宽和容错能力。ATM 采用了统计时分电路进行复用，因此能大大提高通道的利用率，其带宽可以达到 25Mbit/s、155Mbit/s、622Mbit/s，甚至数 Gbit/s 的传输能力。

2. 交换机的工作原理

对于交换机的工作原理，要理解"共享"（Share）和"交换"（Switch）这两个概念。集线器是采用共享方式进行数据传输的，而交换机则是采用"交换"方式进行数据传输的。可以把"共享"和"交换"视为公路，"共享"方式就是来回车辆共用一个车道的单车道公路，而"交换"方式则是来回车辆各用一个车道的双车道公路。

从日常生活中就可以感觉到这两种方式的不同之处，明显可以感受到双车道的交换方式的优越性。因为双车道上来回的车辆可以在不同的车道上单独行驶，一般来说，如果不出现意外，是不可能出现大范围塞车现象的（当然也可能在车辆太多、车速太慢的情况下出现这种现象）；单车道每次只允许一个方向的车辆经过，这样就很容易出现塞车现象。

交换机进行数据交换的原理就是在这样的背景下产生的，它解决了集线器那种共享单车道容易出现"塞车"的问题。在交换机技术上把这种"独享"道宽（网络上称之为"带宽"）的情况称为"交换"，这种网络环境称为交换式网络，交换式网络必须用交换机来实现。交换式网络可以处于全双工状态，即可以同时接收和发送数据，数据流是双向的。而集线器的"共享"方式的网络就称为共享式网络,共享式网络采用集线器作为网络连接设备。显然,共享网络的效率非常低,在任何时刻只能有一个方向的数据流,即处于半双工状态,也称为单工方式。

另外,由于单车道共享方式中来回车辆共用一个车道,即每次只能过一个方向的车,在车辆多的情况下,速度会下降,效率也就随之降低。共享式网络的通信也与共享车道的情况类似,它的效率在数据流量大时肯定也会降低,因为同一时刻只能进行单一的数据传输任务;还可能造成数据碰撞,就像在单车道上经常出现撞车一样,因为车流量大,就很难保证每辆车的驾驶员都遵守交通规则,容易出现数据碰撞和争抢车道的现象。交换式网络中就很少出现这种情况,因为各自都有自己的信道,基本上不太可能发生争抢信道的现象。但也有例外,数据流量增大,但网络速度和带宽没有得到保证时,会在同一信道上出现数据碰撞,就像在双车道或多车道上也可能发生撞车一样。解决这一问题的方法有两种,一种方法是增加车道,另一种方法是提高车速。很显然,增加车道是最基本的方法,但它不是问题的最终解决办法,因为车道数量有限,如果所有车辆的速度上不去,效率还是会降低,仍有可能发生撞车现象。第二种方法是一种比较好的方法,提速有助于车辆正常有序地快速流动,这就是高速公路出现撞车的现象比普通公路少许多的原因。计算机网络也一样,虽然交换机能提供全双工方式进行数据传输,但是如果网络带宽不够宽、速度不够快,每传输一个数据包都要花费大量时间,则信道再多也无济于事,网络传输的效率还是无法提高,况且网络上的信道也是非常有限的。

虽然以太网和 IEEE 802.3 有很多相似之处,但是两种规范之间仍然存在着一定的区别。以太网所提供的服务主要对应于 OSI/RM 的第一层和第二层,即物理层和数据链路层;而 IEEE 802.3 则主要对物理层和数据链路层的通道访问部分进行了规定。此外,IEEE 802.3 没有定义任何数据链路控制协议,但是指定了多种不同的物理层,而以太网只提供了一种物理协议。一般来说,可以将以太网和 IEEE 802.3 等同。

3. 交换机的分类

交换机的分类标准多种多样,按照功能可将其分为以下 3 类:

(1)园区网主干交换机(企业级交换机):大型交换机,具有高速率、高吞吐量等特点,适合作为企业和学校等单位的中心交换设备。

(2)园区网支干交换机:具有不同速率的端口,上连端口和园区网主干交换机相连,构成整个园区的主干线路,端口一般连接光纤,传输速率可达 1 000Mbit/s;普通端口速率较低,一般为 100Mbit/s,用于连接普通的工作组交换机。

(3)工作组交换机:一般是面向用户使用的,用于连接用户使用的工作站和支干交换机(当然也可以是主干交换机),端口速率一般较低,为 100Mbit/s 或 10Mbit/s。

交换机作为现代网络中普遍采用的设备,在选购时应注意的事项主要集中在以下方面:

(1)应根据网络的需求情况确定交换机端口支持的数据传输速率,保证网络的可用性,不让交换机成为网络发展的瓶颈。目前,随着应用范围的扩大,10Mbit/s 交换机已经淡出了市场;1 000Mbit/s 交换机比较昂贵,一般应用于大型网络的骨干网中,为用户提供高速的主干带宽;100Mbit/s 交换机在中小型网络中应用比较多。因此,用户应根据个人在实际应用中的需求进行选择。

（2）应根据需要连接的设备数量和网络连线选择设备的端口数和类型。端口数也是交换机的一个重要技术指标，因为端口数限制了可以连接的设备数。因此，应该根据网络中该交换机需要连接设备的数量进行选购。交换机中常见的设备端口数为 8 口、16 口、24 口、48 口（通常都是 8 的倍数）。大型交换机上的端口相对较多，对于端口较少的交换机，可以采用多个设备堆叠的方式扩充端口数。

（3）应了解交换机的背板带宽。背板带宽也称为背板吞吐量，是交换机接口处理器与接口卡和数据总线间所能吞吐的最大数据量。交换机的背板带宽越大，处理数据能力就越强。

（4）应注意对网络扩展的考虑。因为随着网络应用的不断发展，用户对网络的要求也不断提高，不断有新的设备加入网络中。因此，用户在选购交换机时就应充分考虑到产品的扩展性，以给将来升级留下余地，节省投资。

总之，为所组建的网络选购交换机时，需要综合考虑多方面的因素。除了上述因素之外，有时还要考虑交换机的管理功能、价格以及是否支持 3 层交换等。

在使用交换机或者集线器的过程中，经常采用堆叠和级联两种方式将多台交换机或者集线器连接在一起，其主要目的是增加端口密度，但实现的方法有所不同。其主要差别在于：级联可以通过一根双绞线在任何网络设备厂家的交换机之间、集线器之间、交换机与集线器之间完成；而堆叠只有在自己厂家的设备之间完成，且此设备必须具有堆叠功能才可以实现，需要专用的堆叠模块和堆叠线缆（这些设备可能需要单独购买）。交换机的级联在理论上是没有个数限制的（集线器级联有个数限制，且 10Mbit/s 和 100Mbit/s 的要求不同），而堆叠对于各个厂家的设备而言会标明最大堆叠个数。

级联相对容易，但堆叠这种技术虽然成本比较高，但有独特的技术优势。首先，多台交换机堆叠在一起，从逻辑上来说它们属于同一个设备。如果需要对这几台交换机进行设置，则只要连接到其中的任何一台设备上，就可以看到堆叠中的其他交换机。而级联的设备在逻辑上是独立的，如果要管理这些设备，就必须依次连接到每台设备。其次，多个设备级联会产生瓶颈。例如，两个百兆交换机通过一根双绞线级联，则它们的级联带宽是百兆。这样，不同交换机之间的计算机要通信，都只能通过这百兆带宽。两个交换机通过堆叠连接在一起，堆叠线缆能够提供高于 1Gbit/s 的背板带宽，但堆叠方式能支持的连接距离非常有限，一般的堆叠线缆最长也只有几米。堆叠和级联两种方式各有优点和不足，在实际方案中经常同时出现，可灵活运用。

3.6.4 路由器

网络层的设备可提供比数据链路层的设备更丰富、更灵活的网络互连功能，尤其在应用于对互连技术、容错及网络管理要求较高的环境中时。当然，此类设备较为复杂，价格较高。

路由器是一种多端口设备，如图 3 - 66 所示。它可以连接传输速率不同、运行协议不同、环境各异的局域网和广域网。路由器依赖于协议，在使用某种协议转发数据前，

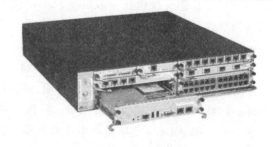

图 3 - 66　路由器

它们必须被设计或配置得能够识别该协议。

1. 路由器的功能

路由器在网络层对分组信息进行存储转发，实现多个网络互连，其有以下几个基本功能：

（1）协议转换。路由器可对网络层及以下各层的协议进行转换（如 IP 与 IPX 之间的转换），实现不同网络间的数据通信。

（2）路由选择。当分组从互联网到达路由器时，路由器能根据分组的目的地按某种路由策略选择出最佳路由，将分组转发出去，并能随网络拓扑结构的变化自动调整路由。

（3）地址映射。路由器可实现网络地址与子网物理地址之间的映射（如 IP 地址与以太网地址之间的映射）。

（4）过滤与隔离。路由器不仅可以根据局域网的地址和协议类型，而且可以根据网络号、主机的网络地址、掩码、数据类型来监控、拦截和过滤信息。这种隔离不仅可以避免广播风暴，提高整个网络的性能，还有利于提高网络安全性。

（5）流量控制。路由器具有很强的流量控制能力，可以采用优化的路由算法均衡网络负载，从而有效地控制拥塞。

（6）分段和组装。当多个网络通过路由器互连时，各网络传输的最大传输单元（Maximun Transmission Unit，MTU）可能不同，这就需要路由器对分组进行分段和组装。如果路由器没有分段和组装功能，整个网络就只能按照所允许的某个最短分组进行传输，这将严重影响网络的性能。

（7）网络管理。路由器连接多种网络，网间传递信息都要通过路由器，在这里对网络中的信息流、设备进行监控和管理是比较方便的。因此，高档路由器都有网络管理功能，以提高网络的运行效率、可靠性和可维护性。

2. 路由器的类型

路由器的种类很多，按照在网络中所处的位置不同，其可以分为主干路由器、企业路由器和接入路由器，这几种路由器设计时侧重点有所不同。

（1）主干路由器的关键因素是可靠性和速度，其可靠性一般以热插拔、双数据电源和双数据通道为标准。速度上的瓶颈在于路由表的查询和有待转发的数据量耗时过大，尤其在分组过小时情况还会进一步恶化。主干 IP 网络近 40% 的分组长度仅为 40 字节，因此主干路由器每秒都进行大量的路由查询。除了路由查询之外，输入调度和输出调度的选择也会影响路由器的性能，因此设计高速的仲裁器对调度的公平性是非常重要的。

（2）企业路由器的主要目标是为众多端点提供廉价的连接端口。此外，为了在局域网内提供服务质量（Quality of Service，QoS），并使 QoS 最终能在端到端的路径上实现，企业路由器必须考虑支持多优先级。目前，企业网大多采用以太网技术，该技术也正朝着支持不同业务类型的方向发展，企业路由器的设计和配置应适应这种要求。另外，多点传送和广播功能也是衡量企业路由器的重要指标。

（3）接入路由器与用户的不同应用相关联，位于网络外围。

3. 路由器的硬件组成

路由器实际上就是一种特殊用途的计算机。目前市场上路由器的种类很多，尽管不同类型的路由器在处理能力和所支持的接口数上有所不用，但它们的核心部件相同，都有 CPU、ROM、RAM、I/O 等硬件。

（1）CPU。CPU 负责执行路由器操作系统的指令，并执行通过控制台和 Telnet 协议连接输入的用户命令。CPU 处理能力的强弱直接影响路由器处理能力的强弱。

微课 3-7

（2）RAM。RAM 存储正在运行的配置或活动配置文件，进行报文缓存等；当大量数据流向同一端口时，RAM 可以提供数据排队所需的空间；在设备运行期间，RAM 还能提供保存路由器配置文件所需的存储空间。路由器断电后，RAM 中存储的内容消失。

（3）ROM。ROM 存放路由器启动时使用的映像。ROM 中的引导程序执行加电检测，并负责加载网络操作系统（Internet Operating System，IOS）软件，让路由器进入正常工作状态。

（4）内存（Memory）。内存是一种可擦写、可编程的 ROM。它负责保存 IOS 的映像和路由器的微码，只要容量允许，用户可以在内存中存储多个 IOS 映像。通过普通文件传输协议（Trivial File Transfer Protocol，TFTP）可以将 IOS 映像加载到另一个路由器上。

（5）非失忆性 RAM（Non-Volatile Random Access Memory，NVRAM）。路由器断电后，NVRAM 仍能保持其内容。路由器中没有软盘和硬盘，因此将配置文件保存在 NVRAM 中。

（6）闪存（Flash Memory）。闪存是一种可擦写的 ROM，用于存放路由器的 IOS 映像。

（7）路由器接口。路由器具有非常强大的网络连接和路由功能，它可以与各种各样的不同网络进行物理连接，这就决定了路由器的接口技术非常复杂，越是高档的路由器其接口种类越多。路由器既可以对不同类型的局域网络进行连接，也可以对不同类型的广域网络进行连接，所以路由器的接口类型一般可以分为局域网接口和广域网接口两种，如图 3-67 所示。另外，因为路由器本身不带有输入和终端显示设备，但它需要进行必要的配置后才能正常使用，所以一般路由器都带有一个控制台端口（Console），这个端口用来与计算机或终端设备进行连接。

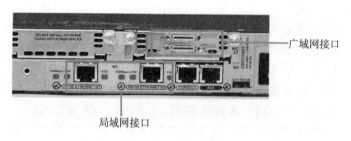

图 3-67　路由器接口

①局域网接口：该接口用于路由器与局域网的连接。因为局域网类型众多，所以局域网接口类型也是多种多样的。不同的网络有不同的接口类型，常见的以太网接口主要有 AUI、BNC 和 RJ-45 接口，还有 FD-DI、ATM 和光纤接口等。

②广域网接口：广域网规模大，网络环境复杂，这就决定了路由器用于连接广域网的端口类型也很多。常见的广域网接口有以下几种：

a. 同步串口（Serial）：主要用于连接 DDN、帧中继（Frame Relay）、X.25、PSTN 等网络。

b. 异步串口（Async）：主要用于 Modem 或 Modem 池的连接，使远程计算机通过公用电话网拨号的方式接入互联网。

c. ISDN BRI 接口：用于 ISDN 线路通过路由器实现与 Internet 或其他远程网络的连接，可实现 128kbit/s 的通信速率。ISDN BRI 端口采用 RJ－45 标准，与 ISDN NT1 的连接使用 RJ－45－to－RJ－45 直通线。

4. 路由器的启动过程

微课 3－8

路由器的启动过程分为 6 个阶段，如图 3－68 所示。

（1）执行 Post；

（2）加载 Bootstrap 程序；

（3）查找 IOS 软件；

（4）加载 IOS 软件；

（5）查找启动配置文件；

（6）加载启动配置文件，或进入设置模式。

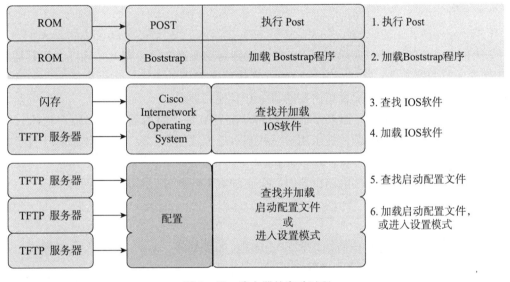

图 3－68　路由器的启动过程

（1）执行 Post。加电自检（Post）几乎是每台计算机启动时必经的一个过程。Post 过程用于检测路由器硬件。当路由器加电时，ROM 芯片上的软件便会执行 Post。在这种自检过程中，路由器会通过 ROM 执行诊断，主要针对包括 CPU、RAM 和 NVRAM 在内的几种硬件组件。Post 完成后，路由器将加载 Bootstrap 程序。

（2）加载 Bootstrap 程序。Post 完成后，Bootstrap 程序将从 ROM 中复制到 RAM 中。进入 RAM 后，CPU 会执行 Bootstrap 程序中的指令。Bootstrap 程序的主要任务是查找 IOS 软件并将其加载到 RAM 中。

（3）查找并加载 IOS 软件。IOS 软件通常存储在闪存中，但也可能存储在其他位置，如 TFTP 服务器上。如果不能找到完整的 IOS 映像，则会将精简版的 IOS 软件从 ROM 中复制到 RAM 中。这种版本的 IOS 软件一般用于帮助诊断问题，也可用于将完整版的 IOS 软件加载到 RAM。

注意：TFTP 服务器通常作为 IOS 软件的备份服务器，但也可充当存储和加载 IOS 软件的中心点。

（4）查找并加载启动配置文件。

①查找启动配置文件。IOS 软件加载后，Bootstrap 程序会搜索 NVRAM 中的启动配置文件（也称 startup – config）。此文件含有先前保存的配置命令及参数，其中包括接口地址、路由信息、口令、网络管理员保存的其他配置。

如果启动配置文件位于 NVRAM 中，则 IOS 软件会将其复制到 RAM 中，作为运行配置文件（running – config）。

注意：如果 NVRAM 中不存在启动配置文件，则路由器可能会搜索 TFTP 服务器。如果路由器检测到有活动链路连接到已配置的路由器，则会通过活动链路发送广播，以搜索启动配置文件。这种情况会导致路由器暂停工作，但是最终会看到如下控制台消息：

```
<router pauses here while it broadcasts for a configuration file across an active link>
%Error opening tftp://255.255.255.255/network-confg
%Error opening tftp://255.255.255.255/network-confg(Timed out)
%Error opening tftp://255.255.255.255/cisconet.cfg(Timed out)
```

②执行启动配置文件。如果在 NVRAM 中找到启动配置文件，则 IOS 软件会将其加载到 RAM 作为运行配置文件，并以一次一行的方式执行文件中的命令。运行配置文件包含接口地址，并可启动路由过程及配置路由器的口令和其他特性。

进入设置模式（可选），如果不能找到启动配置文件，路由器会提示用户进入设置模式。设置模式包含一系列问题，提示用户一些基本的配置信息。设置模式不适用于复杂的路由器配置，网络管理员一般不会使用该模式。

当启动不含启动配置文件的路由器时，会在加载 IOS 软件后看到以下问题：

```
Would you like to enter the initial configuration dialog? [yes/no]:no
```

当提示进入设置模式时，请始终回答"no"。如果回答"yes"并进入设置模式，可随时按"Ctrl + C"组合键终止设置过程。

不使用设置模式时，IOS 软件会创建默认运行配置文件。默认运行配置文件是基本配置文件，其中包括路由器接口、管理接口及特定的默认信息。默认运行配置文件不包含任何接口地址、路由信息、口令或其他特定配置信息。

（5）命令行界面。根据平台和 IOS 软件的不同，路由器可能会在显示提示符前询问以下问题：

```
Would you like to terminate autoinstall? [yes]:<Enter>
Press the Enter key to accept the default answer.
Router>
```

注：如果找到启动配置文件，则运行配置文件还可能包含主机名，提示符处会显示路由器的主机名。一旦显示提示符，路由器便开始以当前的运行配置文件运行 IOS 软件，而网络管理员也可开始使用此路由器上的 IOS 命令。

（6）检验路由器启动过程。show version 命令有助于检验和排查某些路由器基本硬件组件和软件组件故障。show version 命令会显示路由器当前所运行的 IOS 软件的版本信息、Bootstrap 程序的版本信息及硬件配置信息（包括系统存储器的大小），如图 3 – 69 所示。

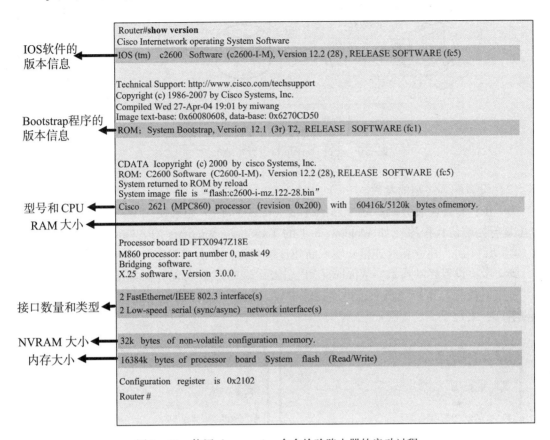

图 3 – 69　使用 show version 命令检验路由器的启动过程

5. 路由器的带外管理

一般情况下，配置路由器的基本思路如下：

第 1 步：在配置路由器之前，需要将组网需求具体化、详细化，包括组网目的、路由器在网络互连中的角色、子网的划分、广域网类型和传输介质的选择、网络安全策略和网络可靠性需求等。

第 2 步：根据以上要素绘制一个清晰完整的组网图。

第 3 步：配置路由器的广域网接口。首先，根据选择的广域网传输介质配置接口的物理工作参数；然后，根据选择的广域网类型配置接口封装的链路层协议及相应的工作参数。

第 4 步：根据子网的划分，配置路由器各接口的 IP 地址或 IPX 网络号。

第 5 步：配置路由。如果需要启动动态路由协议，还需配置相关动态路由协议的工作参数。

第 6 步：如果有特殊的安全性需求，则需进行路由器的安全性配置。

第 7 步：如果有特殊的可靠性需求，则需进行路由器的可靠性配置。

（1）连接路由器到配置终端。

通过 Console 口进行本地配置，如图 3 – 70 所示，只需将配置口电缆的 RJ – 45 一端与路由器的配置口相连，将 DB25 或 DB9 一端与 PC 的串口相连。

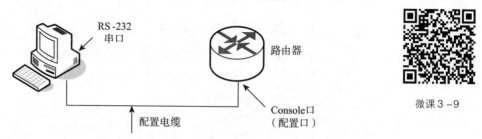

图–70　通过 Console 口进行本地配置

（2）设置配置终端的参数。

第 1 步：打开配置终端，建立新的连接（图 3 – 71）。如果使用 PC 进行配置，需要在 PC 上运行终端仿真程序（如 Windows 3.1 的 Terminal、Windows XP/Windows 2000/Windows NT 的超级终端），建立新的连接。输入新建连接名称，单击"确定"按钮。

第 2 步：设置终端参数。Windows XP 超级终端的参数设置方法如下：选择连接端口，在"连接时使用"下拉列表中选择连接的串口（注意，选择的串口应该与配置电缆实际连接的串口一致）。

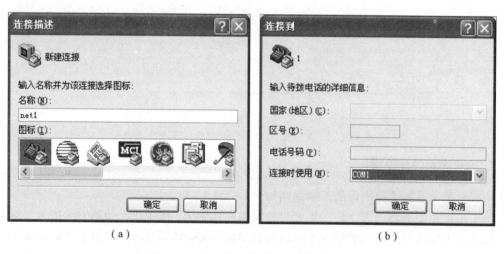

（a）　　　　　　　　　　　　　　（b）

图 3 – 71　打开配置终端，建立新的连接
（a）建立新的连接；（b）设置终端参数

第 3 步：设置串口参数。如图 3 – 72 所示，在串口的属性对话框中设置每秒位数为 9 600，数据位为 8，奇偶校验为"无"，停止位为 1，数据流控制为"无"，单击"确定"按钮，返回超级终端窗口。

第 4 步：配置超级终端属性。在超级终端中选择"属性"/"设置"命令，弹出图 3 – 73 所示的"属性"对话框。选择终端仿真类型为"VT100"或"自动检测"，单击"确定"按钮，返回超级终端窗口。

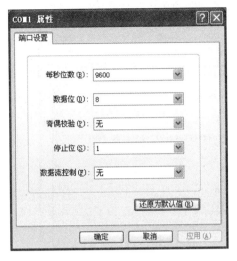

图 3 - 72　设置串口参数

图 3 - 73　配置超级终端属性

（3）路由器上电前检查。

①路由器上电之前应进行如下检查：电源线和地线连接是否正确；供电电压与路由器的要求是否一致；配置电缆连接是否正确；配置用 PC 或终端是否已经打开，并设置完毕。上电之前，要确认设备供电电源开关的位置，以便在发生事故时能够及时切断供电电源。

②路由器上电：打开路由器供电电源开关（将路由器供电电源开关置于"ON"位置）。

③路由器上电后要进行如下检查：路由器前面板上的指示灯显示是否正常。上电后自检过程中的指示灯点亮顺序是：首先 SLOT1 - 3 点亮，然后若 SLOT2、SLOT3 点亮表示内存检测通过，若 SLOT1、SLOT2 点亮表示内存检测不通过。

④配置终端显示是否正常：对于本地配置，上电后可在配置终端上直接看到启动界面。启动（自检）结束后将提示用户按 Enter 键，当出现命令行提示符"Router >"时即可进行配置。

（4）启动过程。路由器上电开机后，将首先运行 Boot ROM 程序，终端屏幕上显示的路由器登录界面如图 3 - 74 所示。

对于不同版本的 Boot ROM 程序，终端屏幕上显示的界面可能会略有差别：

cisco 2811 (MPC860) processor (revision 0x200) with 60416K/5120K bytes of memory(内存的大小)

Processor board ID JAD05190MTZ(4292891495)

M860 processor:part number 0,mask 49

2 FastEthernet/IEEE 802.3 interface(s)(两个以太网接口)

2 Low - speed serial(sync/async)network interface(s)(两个低速串行接口)

239K bytes of non - volatile configuration memory.(NVRAM 的大小)

62720K bytes of ATA CompactFlash(Read/Write)(Flash 卡的大小)

Cisco IOS Software,2800 Software (C2800NM - ADVIPSERVICESK9 - M),Version 12.4(15)T1,RELEASE SOFTWARE(fc2)

Technical Support:http://www.cisco.com/techsupport

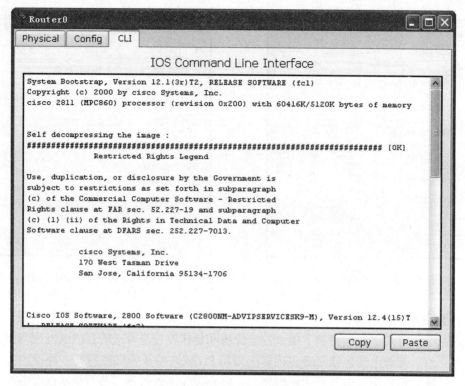

图 3-74 路由器登录界面

Copyright(c)1987-2007 by Cisco Systems,Inc.

Compiled Wed 18-Jul-07 06:21 by pt_rel_team

——System Configuration Dialog——

Continue with configuration dialog? [yes/no]:(提示是否进入配置对话模式,以 no 结束该模式)

如果超级终端无法连接到路由器,则按照以下顺序进行检查:

①检查计算机和路由器之间的连接是否松动,并确保路由器已经开机。

②确保计算机选择了正确的 COM 口及默认登录参数。

③如果还是无法排除故障,而路由器并不是出厂设置,则可能是路由器的登录速率不是9 600bit/s,应逐一进行检查。

④将计算机的另一个 COM 口和路由器的 Console 口连接,确保连接正常,输入默认参数进行登录。

3.7 实践练习

3.7.1 制作直通双绞线与交叉双绞线

微课 3-10

1. 工作任务

局域网中连接计算机或网络设备最常用的线缆是非屏蔽双绞线,但双绞线不能直接连接在计算机或网络设备上，必须通过 RJ-45 水晶头才能插入计算机的网卡或其他设备上，因此，需要将水晶头压制在双绞线的两端。压制水晶头有两种标准，请分别用不同的标准把水晶头压制在双绞线的两端以适应不同的应用场合，并确保制作好的线缆可用。

2. 工作载体

制作双绞线时除了原材料双绞线以外，还需要 RJ-45 水晶头及相应的制作工具，即压线钳和测试仪等，如图 3-75 所示。

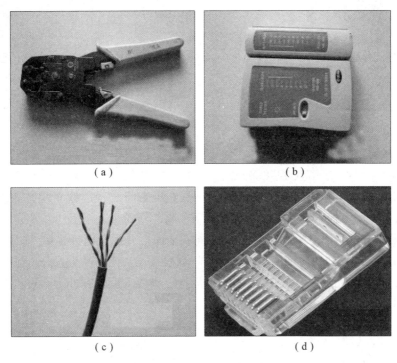

（a）　　　　　　　　　　　　　　（b）

（c）　　　　　　　　　　　　　　（d）

图 3-75　制作双绞线的工具
（a）压线钳；（b）测试仪；（c）双绞线；（d）水晶头

使用上述实验设备将水晶头压制在双绞线两端，制作直通双绞线和交叉双绞线，并使用测试仪对其进行测试，确保其接线正确并可使用。

3. 任务实施

（1）制作直通双绞线。直通双绞线的制作步骤如下：

①剪线：利用压线钳的剪线刀口剪取适当长度的双绞线。

②剥线：用双绞线网线钳（也可以用其他剪线工具）把 5 类双绞线的一端剪齐（最好先剪一段符合布线长度要求的网线），然后把剪齐的一端插入

微课 3-11

网线钳用于剥线的缺口中，注意网线不能弯，剪断胶皮如图 3-76 所示。稍微握紧压线钳慢慢旋转一圈（无须担心会损坏网线里面芯线的皮，因为剥线的两刀片之间留有一定距离，该距离通常就是里面 4 对芯线的直径），让刀口划开双绞线的保护胶皮，然后将压线钳向外抽，剥去胶皮，露出线缆中的 4 对芯线，如图 3-77 所示。也可使用专门的剥线工具剥下保

护胶皮。需要注意的是，剥线长度通常应恰好为水晶头长度，这样可以有效避免剥线过长或过短造成麻烦。剥线过长则不美观，且因网线不能被水晶头卡住，容易松动；剥线过短，因有外皮存在，不能完全插到水晶头底部，造成水晶头插针不能与网线芯线完好接触。

图 3 - 76　剪断胶皮

图 3 - 77　剥去胶皮

③理线：把 4 对绞在一起的芯线分开、理顺，并按照橙白、橙、绿白、蓝、蓝白、绿、棕白、棕（EIA/TIA 568B 线序标准）的顺序，从左至右将 8 根芯线平坦整齐地平行排列，如图 3 - 78 所示。用手捏紧芯线，左右多折几下，将芯线拉直、压平，并紧紧靠在一起，然后小心放入压线钳的剪线口中。8 根线芯要在同一平面上并拢，而且尽量直，留下一定的线芯长度，在约 1.5 cm 处剪齐，如图 3 - 79 所示。剥线太长会使水晶头无法压住双绞线胶皮从而导致松动或脱落，而且裸露的芯线也易增加干扰；剥线太短则有可能导致芯线不能完全插入水晶头底部，导致双绞线无法正常传输数据。

图 3 - 78　理线（EIA/TIA 568B 线序标准）

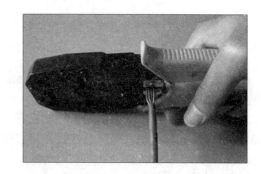

图 3 - 79　剪线

④插线：用拇指和中指捏住水晶头，使水晶头正面朝上，有塑料弹片一侧向下，另一只手缓缓地用力，把 8 条芯线对准水晶头开口平行插入线槽内。注意，一定要使各条芯线保持颜色顺序不变，并顶到线槽的底部，不能弯曲，如图 3 - 80 所示。

⑤压线：确认所有芯线顶到水晶头线槽的顶部并且线序排列无误后，将插入双绞线的水晶头放入压线钳的压线口内，使劲压下压线钳手柄，使水晶头的针脚能穿破芯线的绝缘层并接触良好，如图 3 - 81 所示。用手轻轻拉一下双绞线与水晶头，看是否压紧，最好多压一次。至此，双绞线一端的 RJ - 45 水晶头制作完毕。

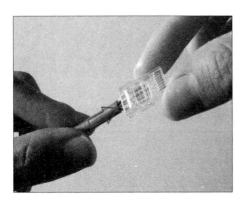

图 3 - 80 插线

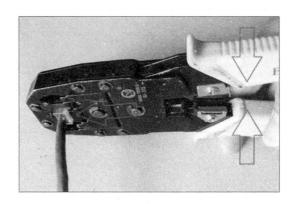

图 3 - 81 压线

4. 任务结果

使用同样的方法制作双绞线另一端的 RJ - 45 水晶头。最后把双绞线的两端分别插到测试仪上，打开测试仪开关，测试指示灯亮，如图 3 - 82 所示。测试仪上两侧的指示灯按照 1、2、3、4、5、6、7、8 的顺序从上到下依次闪烁绿灯，则表明双绞线制作成功。任何一个灯为红灯或黄灯，都证明存在断路或接触不良，此时最好先将两端水晶头再用压线钳重新压一次，再重新测试，如果故障依旧，再检测两端芯线的排列顺序是否一样，如果不一样，随便剪掉一端重新排序再制作水晶头。测试仪在重测后仍显示红灯或黄灯，则表明其中肯定存在对应芯线接触不良现象，只能重做。

交叉双绞线的制作方法和直通双绞线类似，只是在理线时双绞线一端按照橙白、橙、绿白、蓝、蓝白、绿、棕白、棕（EIA/TIA T568B 线序标准）的顺序进行排列，而另一端应按照绿白、绿、橙白、蓝、蓝白、橙、棕白、棕（EIA/TIA T568A 线序标准）的顺序进行排列。

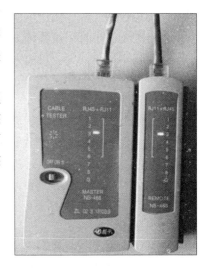

图 3 - 82 测试线缆

3.7.2 组建 100Base - T 以太网

1. 工作任务

能独立组建一个简单的以太网。通过组建以太网，可以熟悉局域网所使用的基本设备和器件、非屏蔽双纹线的制作过程，了解网卡的配置方法，熟悉网卡驱动程序的安装步骤，掌握以太网的连通性测试方法。

2. 工作载体

（1）设备、器件及测量工具的准备和安装。

（2）制作非屏蔽双绞线。

（3）安装以太网网卡。

（4）将计算机接入局域网。

（5）测试网络连通性。

3. 任务实施

（1）设备、器件及测量工具的准备和安装。在动手组建以太网之前，需要准备计算机、网卡、集线器和其他网络器件，具体所需的设备和器件见表 3 – 12。

表 3 – 12　组建 100Base – T 以太网所需的设备和器件

设备和器件	数量
计算机	2 台以上
带有 RJ – 45 端口的 100/1 000Mbit/s 自适应网卡	2 块以上
100Mit/s 交换机	1 台（如组装级联结构的以太网，则需 2 台以上）
RJ – 45 水晶头	4 个以上
5 类以上非屏蔽双绞线	若干米

（2）制作非屏蔽双绞线（具体制作步骤见 3.7.1 节）。

（3）安装网卡。网卡是计算机与网络的接口，中断、直接存储器存取（Direct Memory Access，DMA）通道、I/O 基地址和存储基地址是网卡经常需要配置的参数。根据选用的网卡不同，参数的配置方法也不同。有些网卡可以通过拨动开关进行配置，而有些则需要通过软件进行配置。不管采用哪种方式，在配置参数的过程中应保证网卡使用的资源与计算机中的其他设备不发生冲突。目前大部分网卡都支持即插即用的配置方式，如果计算机使用的操作系统也支持即插即用（如 Windows 系列操作系统），那么系统将对参数进行自动配置，而不需要手工配置。

安装网卡的过程很简单，但是需要注意，在打开计算机的机箱前，一定要切断计算机的电源。在将设置好的网卡插入计算机扩展槽中后，应拧上固定网卡用的螺钉，再重新装好机箱。

（4）将计算机接入网络。利用制作的直通非屏蔽双绞线将计算机与集线器连接起来，就形成了一个简单以太网，如图 3 – 83 所示。

（5）安装和配置网络软件。网络硬件安装完成并通过连通性检测后，就可以安装和配置网络软件了。网络软件通常捆绑在网络操作系统之中，既可以在安装网络操作系统时安装，也可以在安装网络操作系统之后安装。Windows XP、Windows 7、Windows 10、UNIX 和 Linux 都具有很强的网络功

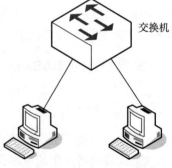

图 3 – 83　简单以太网

能。下面以 Windows 7 操作系统为例，介绍网络软件的安装和配置过程。

①网卡驱动程序的安装和配置是网络软件安装的第一步，它的主要功能是实现网络操作系统上层程序与网卡的接口。网卡驱动程序因网卡和操作系统的不同而异，所以，不同的网卡在不同的操作系统中配有不同的驱动程序。

由于操作系统集成了常用的网卡驱动程序，因此安装这些常见品牌的网卡驱动程序比较简单，不需要额外的软件。如果选用的网卡较为特殊，那么必须安装随同网卡发售的驱动

程序。

Windows 7 是一种支持即插即用的操作系统。如果使用的网卡也支持即插即用，那么 Windows 7 会自动安装该网卡的驱动程序，不需要手工安装和配置。在网卡不支持即插即用的情况下，需要进行驱动程序的手工安装和配置工作。手工安装网卡驱动程序可以通过 Windows 7 桌面上的"开始"／"控制面板"（图 3 - 84）／"硬件和声音"／"添加设备"命令实现。

图 3 - 84　"控制面板"窗口

②TCP/IP 模块的安装和配置。为了实现资源共享，操作系统需要安装一种称为"网络通信协议"的模块。网络通信协议有多种，TCP/IP 就是其中之一。下面介绍 Windows 7 TCP/IP 模块的简单安装和配置过程，以便进一步对以太网进行测试。

Windows 7 TCP/IP 模块的安装过程如下：

启动 Windows 7，通过"开始"菜单打开"控制面板"／"网络和 Internet"／"网络和共享中心"窗口，如图 3 - 85 所示，单击"本地连接"超链接，弹出"本地连接　状态"对话框 [图 3 - 86 (a)]，单击"属性"按钮，弹出"本地连接　属性"对话框 [图 3 - 86 (b)]。

如果"TCP/IP 协议"已经显示在"此连接使用下列项目"列表中，则说明本机的 TCP/IP 模块已经安装；否则就需要通过单击"安装"按钮添加 TCP/IP 模块。

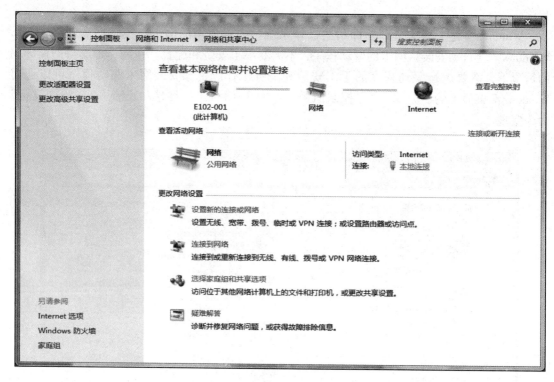

图 3 - 85　"网络和共享中心"窗口

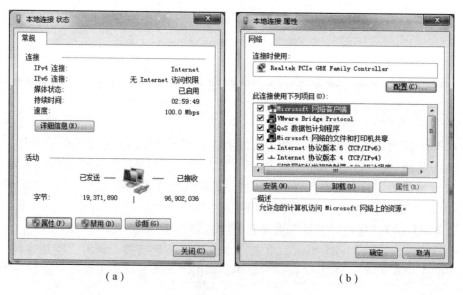

（a）　　　　　　　　　　　　　　　　　（b）

图 3 - 86　本地连接对话框

（a）"本地连接　状态"对话框；（b）"本地连接　属性"对话框

　　TCP/IP 模块安装完成后，选中"此连接使用下列项目"列表中的"TCP/IPv4"或"TCP/IPv6"选项，单击"属性"按钮，在弹出的相应对话框中进行 TCP/IP 配置，如图 3 - 87 所示。

在"Internet 协议版本 4（TCP/IPv4）属性"对话框中选中"使用下面的 IP 地址"单选按钮。在 192.168.3.1～192.168.3.254 之间任选一个 IP 地址填入"IP 地址"文本框（注意，网络中每台计算机的 IP 地址必须不同），同时在"子网掩码"文本框填入"255.255.255.0"，配置 IP 地址和子网掩码，如图 3-88 所示。单击"确定"按钮，返回"本地连接　属性"对话框。

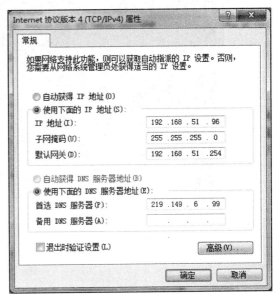

图 3-87　TCP/IPv4 属性对话框　　　　图 3-88　配置 IP 地址和子网掩码

单击"本地连接　属性"对话框中的"确定"按钮，完成 TCP/IP 模块的安装和配置。

3. 任务结果

使用 ping 命令测试网络的连通性，ping 命令是测试网络连通性的常见命令之一。它发送数据包到对方主机，再由对方主机将该数据包返回来测试网络的连通性。ping 命令的测试成功不仅表示网络的硬件连接是有效的，而且也表示操作系统中网络通信模块的运行是正确的。

ping 命令非常容易使用，只要在"ping"之后加上对方主机的 IP 地址即可，如图 3-89 所示。如果测试成功，命令将给出测试包发出到收回所用的时间。在以太网中，这个时间通常小于 10ms。如果网络不通，ping 命令将给出超时提示。这时，需要重新检查网络的硬件和软件，直到 ping 通为止。

网络的硬件和软件安装配置完成后，就可以享用网络带来的便利了。可以将 Windows 7 中的一个文件夹共享，也可以通过网络使用其他伙伴的打印机。网络将计算机连接起来，也将使用计算机的用户连接起来。

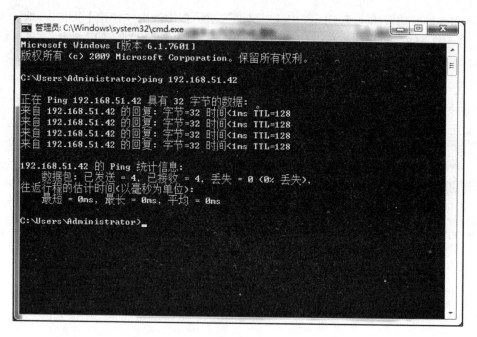

图 3 - 89   用 ping 命令测试网络的连通性

本章习题

一、选择题

1. 双绞线绞合的目的是（　　　）。

A. 增大传输距离　　　B. 增大抗拉强度　　　C. 减少干扰　　　D. 提高传输速度

2. 在以太网中，根据（　　）来区分不同的设备。

A. IP 地址　　　B. LLC 地址　　　C. IPX 地址　　　D. MAC 地址

3. IEEE 802.5 标准定义了（　　）。

A. 以太网　　　B. 令牌总线　　　C. 令牌环网　　　D. 无线局域网

4. 下面关于以太网的描述正确的是（　　）。

A. 所有节点可以同时发送和接收数据

B. 网络中有一个控制中心，用于控制所有节点的发送和接收

C. 两个节点相互通信时，第三个节点不检测总线上的信号

D. 数据是以广播方式发送的

5. 交换机之间用普通端口进行级联、交换机与计算机之间进行连接时，所用的双绞线分别是（　　）。

A. 直通双绞线和直通双绞线　　　　B. 直通双绞线和交叉双绞线

C. 交叉双绞线和直通双绞线　　　　D. 交叉双绞线和交叉双绞线

6. 在以太网中使用非屏蔽双绞线时，线缆的最大长度为（　　）。

A. 80m　　　B. 100m　　　C. 120m　　　D. 200m

7. 以太网交换机中的端口 – MAC 地址映射表（　　）。

A. 由网络管理员建立

B. 由网络用户利用特殊的命令建立

C. 交换机在数据转发过程中通过学习动态建立

D. 由交换机的生产厂商建立

8. 当一台计算机从一个网络移到另一个网络时，以下说法中正确的是（　　　）。

A. 必须修改它的 IP 地址和 MAC 地址

B. 必须修改它的 IP 地址，但不需要修改 MAC 地址

C. 必须修改它的 MAC 地址，但不需要修改 IP 地址

D. IP 地址和 MAC 地址都不用修改

9. 在计算机网络中，所有计算机均连接到一条公共的通信传输线路上，这种连接组成的拓扑结构称为（　　　）。

A. 星型拓扑结构　　B. 环型拓扑结构　　C. 总线型拓扑结构　D. 树型拓扑结构

10. 以太网的核心技术是它的随机争用型媒体访问控制方法，即（　　　）。

A. Token Ring　　　　B. Token Bus　　　　C. CSMA/CD　　　　D. CSMA/CA

二、填空题

1. 局域网通信选用的有线传输媒体通常包括双绞线、_____和_____。

2. 快速以太网的传输速率是_____。

3. 集线器工作在 OSI/RM 的物理层，交换机工作在 OSI/RM 的_____层，路由器工作在 OSI/RM 的_____层。

4. IEEE 802 局域网体系结构中，数据链路层被细化成_____和_____两层。

5. 局域网常见的拓扑结构包括_____、_____、_____和树型拓扑结构。

三、简答题

1. 局域网参考模型包括哪几层？分别有什么作用？

2. 在 10Base－2、10Base－5、10Base－T 中，"10""Base""2""5""T" 各代表什么含义？

3. 常见的网络设备有哪些？其工作原理有什么区别？

4. 局域网常见的拓扑结构有哪些？它们有何优缺点？

5. 简述以太网/IEEE 802.3 CSMA/CD 的发送和接收数据的流程。

四、实践题

1. 在只有两台计算机的情况下，可以利用网卡和非屏蔽双绞线直接将它们连接起来，构成小型局域网。想一想组装这样的小型局域网需要什么样的网卡和非屏蔽双绞线。动手试一试，验证你的想法是否正确。

2. 学校要组建两个机房，每个机房有 40 台计算机和 1 台服务器，请讨论组建方案。

第4章

交换机的配置与应用

虽然现在的交换机都比较智能，不需要进行初始化配置，直接接入网络中就可以正常工作，但这是一种非常不明智的做法。因为如果没有做好相关的初始化配置，对于后续的排错与维护是相当不利的。如不对交换机的名字进行合理规划，以后就很难将交换机的名字与其位置和功能对应起来，从而给维护带来一定的难度，因此，为了能够优化交换机的管理及简化后续的排错，应在交换机初始安装时对相关的参数进行初始化配置。

4.1 交换机的启动与基本配置

4.1.1 交换机的管理方式

交换机与路由器没有鼠标和键盘，需要借助计算机进行配置和管理。设备的管理方式分为带内管理和带外管理。带内管理是指网络的管理控制信息与用户网络的承载业务信息在同一个逻辑信道中传输，简而言之，就是占用业务带宽；而带外管理是指网络的管理控制信息与用户网络的承载业务信息在不同的逻辑信道中传输，交换机提供专门用于管理的带宽。目前很多高端交换机都有带外管理端口，使网络的管理带宽和业务带宽完全分离，互不影响。

1. 通过 Console 口管理交换机（超级终端）

通过 Console 口管理是最常用的带外管理方式，通常用户会在首次配置交换机或无法进行带内管理时使用带外管理方式。使用该方法管理交换机时，必须采用专用的配置线（全反电缆），将交换机的 Console 口与计算机的 COM 口相连。可以采用系统自带的仿真终端，即超级终端来调式交换机，具体步骤如下：

第 1 步：如图 4－1 所示，搭建本地配置环境，使用专用配置线缆将交换机的 Console 口与计算机的串口（COM 口）连接，对设备进行基本测试，并查看交换机的版本是否符合工程要求。

图 4－1　通过 Console 口搭建本地配置环境

第 2 步：在计算机上运行终端仿真程序（超级终端等），选择"开始"／"程序"／"附件"／"通信"／"超级终端"命令，设置终端通信参数：波特率为 9 600bit／s、8 位数据位、1 位停止位、无奇偶校验和无流量控制，并选择终端类型为 VT100，如图 4 – 2 所示。

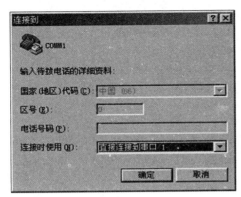
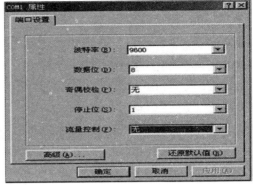

图 4 – 2 终端仿真程序

第 3 步：以太网交换机加电启动，终端上显示以太网交换机自检信息，自检结束后提示用户按 Enter 键，之后将出现命令行提示符（如 "Switch >"），表明交换机已经正常启动，同时也确认了交换机与计算机之间连接正常。

第 4 步：输入命令，配置以太网交换机或查看以太网交换机的运行状态。需要帮助时可以随时输入 "?"。

2. 使用 Telnet 方式管理交换机

交换机启动后，用户可以通过局域网或广域网，使用 Telnet 客户端程序建立与交换机的连接，并登录交换机进行管理。大多数交换机最多支持 16 个 Telnet 用户同时访问。用户在使用 Telnet 命令管理交换机时，首先要保证被管理的交换机的 IP 地址设置正确，并保证交换机与计算机的网络连通性。具体配置参考本章实践练习。

3. 嵌入式 HTTP Web 管理模式

以太网交换机内置一个嵌入式 HTTP Web 代理，网络管理员可以在任何一台网络计算机上使用标准 Web 浏览器访问此 Web 管理界面，并通过此管理模式对交换机进行配置。

4. SNMP 管理模式

以太网交换机还提供了基于 SNMP 的管理模块，所以网络上的任意一台计算机都可使用 SNMP 网络管理软件。

4.1.2 交换机的启动过程

以思科 S2960 为例：

C2960 Boot Loader（C2960 – HBOOT – M）Version 12.2（25r）FX,
RELEASE SOFTWARE（fc4）

微课 4 – 1

Cisco WS – C2960 – 24TT（RC32300）processor（revision C0）
with 21039K bytes of memory.

2960 – 24TT starting...

——Boot 程序版本及硬件平台

Base ethernet MAC Address:0001.6358.10EA   ——交换机 MAC 地址
Xmodem file system is available.
Initializing Flash...   ——以下初始化闪存
flashfs[0]:1 files,0 directories
flashfs[0]:0 orphaned files,0 orphaned directories
flashfs[0]:Total bytes:64016384
flashfs[0]:Bytes used:4414921
flashfs[0]:Bytes available:59601463
flashfs[0]:flashfs fsck took 1 seconds.
...done Initializing Flash.
Boot Sector Filesystem(bs:)installed,fsid:3
Parameter Block Filesystem(pb:)installed,fsid:4
Loading "flash:/c2960-lanBase-mz.122-25.FX.bin"...
                                            ——解压 IOS 文件
###[OK]
                Restricted Rights Legend   ——宣告版本信息
Use,duplication,or disclosure by the Government is
subject to restrictions as set forth in subparagraph
(c)of the Commercial Computer Software-Restricted
Rights clause at FAR sec.52.227-19 and subparagraph
(c)(1)(ii)of the Rights in Technical Data and Computer
Software clause at DFARS sec.252.227-7013.
                cisco Systems,Inc.
                170 West Tasman Drive
                San Jose,California 95134-1706
Cisco IOS Software,C2960 Software(C2960-LANBASE-M),Version 12.2
(25)FX,RELEASE SOFTWARE(fc1)   ——IOS 版本
Copyright(c)1986-2005 by Cisco Systems,Inc.
Compiled Wed 12-Oct-05 22:05 by pt_team
Image text-Base:0x80008098,data-Base:0x814129C4
Cisco WS-C2960-24TT(RC32300)processor(revision C0)with 21039K
bytes of memory.
24 FastEthernet/IEEE 802.3 interface(s)   ——24 个快速以太网接口
2 Gigabit Ethernet/IEEE 802.3 interface(s) ——2 个千兆以太网接口
63488K bytes of flash-simulated non-volatile configuration
memory.
                                            ——NVRAM 的大小
Base ethernet MAC Address   :0001.6358.10EA
Motherboard assembly number   :73-9832-06

```
Power supply part number        :341-0097-02
Motherboard serial number       :FOC103248MJ
Power supply serial number      :DCA102133JA
Model revision number           :B0
Motherboard revision number     :C0
Model number                    :WS-C2960-24TT
System serial number            :FOC1033Z1EY
Top Assembly Part Number        :800-26671-02
Top Assembly Revision Number    :B0
Version ID                      :V02
CLEI Code Number                :COM3K00BRA
Hardware Board Revision Number  :0x01
Switch  Ports       Model           SW Version          SW Image
------  -----       -----           ----------          --------
* 1     26      WS-C2960-24TT       12.2            C2960-LANBASE-M
Cisco IOS Software,C2960 Software(C2960-LANBASE-M),Version 12.2
(25)FX,RELEASE SOFTWARE(fc1)
Copyright(c)1986-2005 by Cisco Systems,Inc.
Compiled Wed 12-Oct-05 22:05 by pt_team
Press RETURN to get started!
```

启动过程提供了非常丰富的信息，可以利用这些信息对交换机的硬件结构和软件加载过程有直观的认识。在产品验货时，有关部件号、序列号、版本号等信息也非常重要。

4.1.3　交换机的默认配置

交换机的默认配置如下：

```
Switch>enable
! 由用户模式进入特权模式;
Switch#show running-config
! 查看交换机的当前配置;
Building configuration...
Current configuration:1009 bytes
! 当前配置文件的大小;
version 12.2
! 版本信息;
no service timestamps log datetime msec
no service timestamps debug datetime msec
no service password-encryption
! 默认密码未加密;
hostname Switch
```

! 交换机默认的系统名称；

interface FastEthernet0/1

! 快速以太网端口信息；

……此处省略 F0/2～23 口

interface FastEthernet0/24

!

interface GigabitEthernet1/1

! 千兆以太网端口信息；

interface GigabitEthernet1/2

!

interface Vlan1

no ip address

shutdown

! VLAN1 默认没有配置 IP 地址，为关闭状态；

line con 0

! 控制台用户默认没有配置密码；

line vty 0 4

login

! VTY 用户默认没有配置密码；

line vty 5 15

login

!

!

End

4.1.4 交换机的基本配置

在默认状态下，交换机就可以正常工作了，但为了方便管理和使用，首先应该对它进行基本配置。

1. 设置系统名和密码

```
Switch#configure terminal
Enter configuration commands,one per line. End with CNTL/Z.
! 进入全局配置模式；
Switch(config)#hostname Student
! 设置系统名为 Student,字母区分大小写；
Student(config)#line con 0
Student(config-line)#password user1
Student(config-line)#login
Student(config-line)#exit
```

！为控制台用户设置密码为 user1；

Student(config)#line vty 0 4

Student(config-line)#password user2

Student(config-line)#login

Student(config-line)#exit

！为 VTY 用户设置密码为 user2；

Student(config)#service password-encryption

！将控制台和 VTY 密码进行加密；

Student(config)#enable password Teacher

！设置特权密码为 Teacher,其状态为明文；

或者使用以下命令设置特权密码为密文：

Student(config)#enable secret Teacher

2. 为交换机设置 IP 地址

默认状态下交换机的所有接口都属于 VLAN1，VLAN1 默认为管理 VLAN，VLAN1 的 IP 地址将用于对此交换机进行管理，如 Telnet、HTTP、SNMP 等。如果需要实现跨网管理交换机，还需要为其配置默认网关、域名、域名服务器等。

Student(config)#interface vlan 1

Student(config-if)#ip address 192.168.1.1 255.255.255.0

Student(config-if)#no shutdown

3. 查看与校验

以上配置信息可以使用 show running-config 命令进行查看与校验。

4. 设置端口属性

Student(config)#interface f0/1

！进入 F0/1 端口；

Student(config-if)#speed?

  10 Force 10 Mbps operation

  100 Force 100 Mbps operation

  auto Enable AUTO speed configuration

！设置端口速率,默认状态为 auto；

Student(config-if)#speed 100

！将端口速率设置为 100Mbit/s；

Student(config-if)#duplex?

auto Enable AUTO duplex configuration

full Force full duplex operation

half Force half-duplex operation

！设置端口的双工状态,默认状态为 auto；

Student(config-if)#duplex full
! 设置为全双工状态;
Student(config-if)#description link to PC1
! 针对 F0/1 口进行端口描述。

5. 查看端口的配置信息

通过 show interface f0/1 命令可以查看端口的当前状态、MAC 地址、端口描述信息、端口带宽、延迟、可靠性、协议封装、速率、双工状态等信息，如图4-3所示。

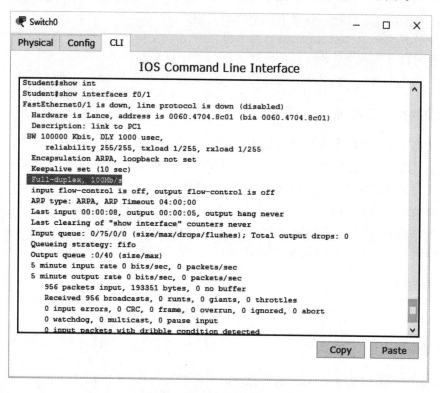

图4-3　查看端口的配置信息

6. 保存

Student#copy running-config startup-config
! 在特权模式下保存;
Destination filename[startup-config]?
! 目的文件名为默认 startup-config;
Building configuration...
[OK]

7. 系统初始化

Student#erase startup-config
Erasing the nvram filesystem will remove all configuration files!

Continue?［confirm］

　　［OK］

　　Erase of nvram:complete

　　% SYS‐7‐NV_BLOCK_INIT:Initialized the geometry of nvram

　　Student#reload

　　! 系统初始化；

　　Proceed with reload?［confirm］

4.2　虚拟局域网技术

4.2.1　虚拟局域网的定义

　　虚拟局域网（VLAN）是一种可以将局域网内的交换设备逻辑地划分成一个个较小网络的技术，即在物理网络上进一步划分出逻辑网络。VLAN 和普通局域网相比，不仅具有与其相同的属性，而且没有物理位置的限制。第二层的单播、多播和广播帧只在相同的 VLAN 内转发、扩散，而不会传播到其他 VLAN。同一 VLAN 的用户，即使位于不同的交换机，也像在同一个局域网内一样可以互相访问；不同 VLAN 的用户，即使连接在同一个交换机上也无法通过数据链路层进行相互访问。

　　标准以太网出现后，同一个交换机下不同的端口已经不再处于同一个冲突域，所以连接在交换机下的主机进行点到点的数据通信时也不再影响其他主机的正常通信。但是，后来发现应用广泛的广播报文仍然不受交换机端口的限制，在整个广播域中任意传播，甚至在某些情况下，单播报文也被转发到整个广播域的所有端口。这样一来，大大地占用了有限的网络带宽资源，导致网络效率低下，传统以太网如图 4‐4 所示。

微课 4‐2

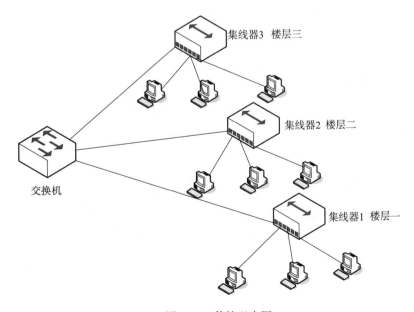

图 4‐4　传统以太网

但是，以太网处于 TCP/IP 协议栈的第二层，第二层上的本地广播报文是不能被路由器转发的。为了减少广播报文的影响，只能使用路由器缩小以太网上广播域的范围，从而降低广播报文在网络中的比例，提高带宽利用率。但这不能解决同一交换机下的用户隔离问题，另外，使用路由器划分广播域，对网络建设成本和网络管理都带来很多不利因素。为此，IEEE 协会专门设计制定了一种 802.1q 的协议标准，这就是 VLAN 技术的根本。它应用软件实现了二层广播域的划分，完美地解决了路由器划分广播域存在的困难。

总体上来说，VLAN 技术划分广播域有着无与伦比的优势。VLAN 从逻辑上把网络资源和网络用户按照一定的原则进行划分，把一个物理网络划分成多个小的逻辑网络。这些小的逻辑网络形成各自的广播域，即 VLAN，如图 4-5 所示。几个部门共同使用一个中心交换机，但是各个部门属于不同的 VLAN，形成各自的广播域，广播报文不能跨越这些广播域进行传送。

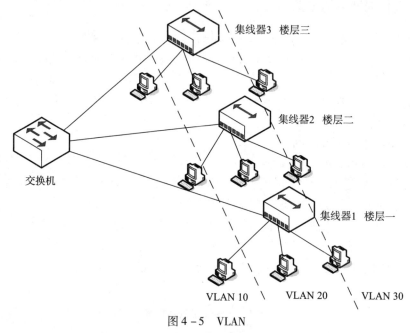

图 4-5　VLAN

4.2.2　虚拟局域网的优点

VLAN 将一组位于不同物理网段上的用户在逻辑上划分在一个局域网内，在功能和操作上与传统局域网基本相同，可以提供一定范围内终端系统的互连。在交换网中划分 VLAN 具有以下优点。

1. 提高网络安全性

由于在交换网络中配置 VLAN 后，数据帧只能在同一个 VLAN 内转发，不能在不同 VLAN 之间转发，因此确保了该 VLAN 的信息不会被其他 VLAN 的用户通过数据链路层窃取，从而实现了信息的保密。

2. 隔离广播数据

根据交换机的转发原理，如果数据帧找不到转发端口，交换机会将该帧转发到除了发送端口之外的所有端口，即数据帧的泛洪。这样就极大地浪费了网络带宽资源，如果配置了 VLAN，交换机则只会将此数据帧广播到属于该 VLAN 的其他端口，而不是交换机的所有端口，这样就将数据帧限制在一个 VLAN 范围内，从而提高了网络效率。

3. 网络管理简单

对于交换式以太网，如果对某些用户重新进行网段分配，需要对网络系统的物理结构进行重新调整，甚至需要增加设备，增大了网络管理的工作量。交换式以太网中使用 VLAN 技术，当一个用户从一个位置移动到另一个位置时，它的网络属性不需要重新配置，而是动态完成，这种动态网络管理给网络管理者和使用者都带来了极大的好处。一个用户无论到哪里，都能不进行任何修改地接入网络，这种前景是非常美好的。当然，并不是所有的 VLAN 定义方法都能做到这一点。

4. 方便实现虚拟工作组

使用 VLAN 的最终目标就是建立虚拟工作组模型，如图 4 - 6 所示。例如，在校园网中，同一个部门的工作站就好像在同一个局域网上一样，很容易互相访问、交流信息；同时，所有的广播包也都被限制在该 VLAN 上，而不影响其他 VLAN 的用户。一个用户如果从一个办公地点换到另外一个办公地点，而仍然在原部门，该用户的配置无须改变；同时，如果一个用户虽然办公地点没有变，但更换了部门，网络管理员只需更改该用户的配置即可。虚拟工作组的目标就是建立一个动态的组织环境。

（1）用户不受物理设备的限制，VLAN 用户可以处于网络中的任何地方。

（2）VLAN 对用户的应用不产生影响，VLAN 的应用解决了许多大型二层交换网络产生的问题。

（3）限制广播报文，提高带宽的利用率。

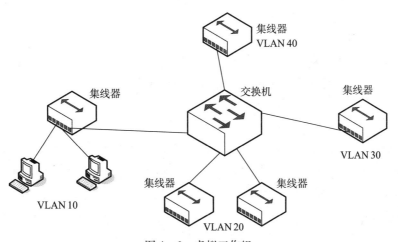

图 4 - 6 虚拟工作组

VLAN 技术可以有效地解决广播风暴带来的性能下降等问题。一个 VLAN 形成一个小的广播域，同一个 VLAN 成员都在其所属 VLAN 确定的广播域内，当一个数据包没有路由时，交换机只会将此数据包发送到所有属于该 VLAN 的其他端口，而不是所有交换机的端口。这样，数据包就被限制到了一个 VLAN 内，在一定程度上可以节省带宽资源，如图 4 -

7 所示。

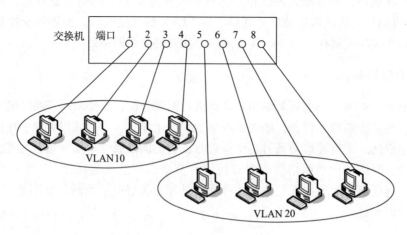

图 4 – 7　VLAN 限制广播报文

4.2.3　虚拟局域网的类型

1. 默认 VLAN

交换机初始启动时，所有端口属于同一个默认 VLAN，即 VLAN1，连接在交换机上的所有设备都可以直接通信。VLAN1 具有 VLAN 的所有功能，但不能重新命名或删除，因为交换机的数据链路层控制流量将始终在 VLAN1 中传送。为了确保安全，可将交换机默认 LVAN 改为其他 VLAN，同时需要对交换机的所有端口进行配置。

2. 管理 VLAN

管理 VLAN 是用于访问交换机管理功能的 VLAN。通过管理 VLAN 分配 IP 地址、子网掩码和默认网关，交换机通过 Telnet、SSH、Web 或 SNMP 等方式进行带内管理。交换机默认的管理 VLAN 就是 VLAN1，而 VLAN1 同时又是默认 VLAN，这样是不安全的，因为 VLAN1 中所有的用户都能管理交换机。所以，需要为交换机创建一个专门的管理 VLAN，为其分配 IP 地址等相关信息，只将网络管理员加入此管理 VLAN 即可。

3. 数据 VLAN

数据 VLAN 只用于传送用户数据。实际上，VLAN 既可以传送用户数据，也可以传送语音或管理交换机的流量。从网络管理和安全角度出发，一般会要求将语音流量、管理流量与用户数据流量分开，由不同的 VLAN 传送。

4. 语音 VLAN

交换机端口可以通过语音 VLAN 功能传送来自 IP 电话的 IP 语音流量。由于语音通信要求有足够的带宽来保证质量，语音流量应具有高于其他网络流量类型的传输优先级，因此，交换机需要单独的 VLAN 来专门支持语音传送。语音 VLAN 如图 4 – 8 所示，VLAN99 用于传送语音流量。PC1 连接到 IP 电话，IP 电话连接到交换机 S2，PC1 属于 VLAN10，用于传送学生数据的 VLAN。交换机 S2 的 F0/1 端口配置为启用语音 VLAN 功能的接入端口，它可以指示电话为语音帧添加 VLAN99 标记。

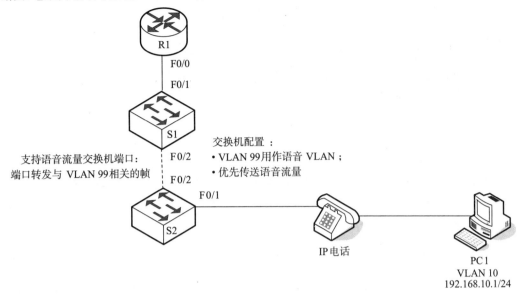

图 4 - 8　语音 VLAN

5. 本征 VLAN

该 VLAN 分配给 802.1q 中继端口。802.1q 中继端口支持来自多个 VLAN 的有标记流量，也支持来自 VLAN 以外的无标记流量，802.1q 中继端口会将无标记流量发送到本征 VLAN。如图 4 - 9 所示，VLAN100 既是本征 VLAN，又是管理 VLAN；VLAN10、VLAN20 是数据 VLAN。如果交换机端口配置了本征 VLAN，则连接到该端口的计算机将产生无标记流

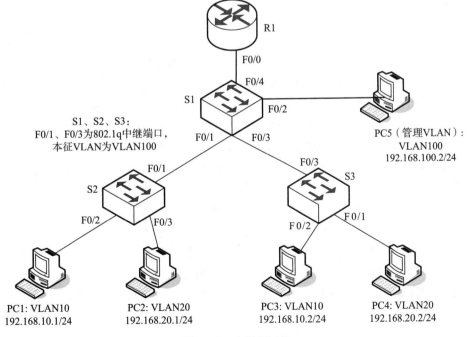

图 4 - 9　本征 VLAN

量。本征 VLAN 在 IEEE 802.1q 规范中说明，其作用是向下兼容传统 VLAN 方案中的无标记流量。本征 VLAN 的目的是充当中继链路两端的公共标识。

4.2.4 虚拟局域网的实现

从实现方式来看，所有 VLAN 都是通过交换机软件实现的；从实现的机制或策略来划分，VLAN 可以分为静态 VLAN 和动态 VLAN。

1. 静态 VLAN

静态 VLAN 就是静态地将以太网交换机上的一些端口划分给一个 VLAN。这些端口一直保持这种配置关系，直到人为改变。尽管静态 VLAN 需要网络管理员通过配置交换机软件来改变其成员的隶属关系，但其有良好的安全性，配置简单且可以直接控制。因此，静态 VLAV 很受网络管理员的欢迎，特别是站点设备位置相对稳定时，静态 VLAN 是最佳选择。

2. 动态 VLAN

动态 VLAN 是指交换机上的 VLAN 端口是动态分配的。通常，动态分配原则以 MAC 地址、IP 地址或网络层协议为基础。VLAN 既可以在单台交换机中实现，也可以跨越多台交换机实现。

4.2.5 虚拟局域网的划分方法

VLAN 从逻辑上对网络进行划分，组网方案灵活，配置管理简单，降低了管理维护的成本。VLAN 的主要目的就是划分广播域。在建设网络时，如何确定这些广播域呢？下面根据物理端口和 MAC 地址逐一介绍 VLAN 的几种划分方法。

1. 基于端口的 VLAN

微课 4 -3

基于端口的 VLAN 是最简单、最常用的划分方法。根据以太网交换机的端口来划分，每个 VLAN 实际上是交换机上某些端口的集合。网络管理员只需要管理和配置交换机上的端口，使之属于不同的 VLAN，而不用考虑这些端口连接什么设备。也就是说，交换机某些端口连接的主机在一个广播域内，而另一些端口连接的主机在另一个广播域内，VLAN 和端口连接的主机无关。基于端口的 VLAN 划分如图 4 - 10 所示。指定交换机 1 ~ 4 端口属于 VLAN10，5 ~ 8 端口属于 VLAN20。此时，主机 A 和主机 C 在同一 VLAN 中，主机 B 和主机 D 在另一个 VLAN 中，如果将主机 A 和主机 B 交换连接端口，则所属 VLAN 情况有所变化，即主机 A 与主机 D 在同一个 VLAN（广播域）中，主机 B 和主机 C 在另一个 VLAN 中。

如果网络中存在多个交换机，如图 4 - 11 所示，还可以指定交换机 1 的端口和交换机 2 的端口属于同一个 VLAN，同样可以实现 VLAN 内部主机的通信，也可以隔离广播报文的泛滥。所以这种 VLAN 划分方法的优点是定义 VLAN 成员非常简单，只要指定交换机的端口即可，但如果 VLAN 用户离开原来的接入端口，连接到新的交换机端口，就必须重新指定新连接的端口所属的 VLAN ID。

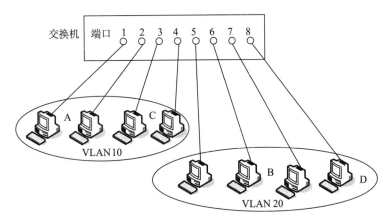

图 4 – 10　基于端口的 VLAN 划分

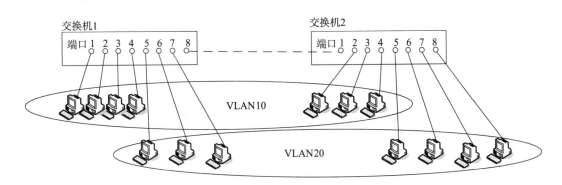

图 4 – 11　跨交换设备 VLAN 的划分

2. 基于 MAC 地址的 VLAN

基于 MAC 地址的 VLAN 划分方法是根据连接在交换机上主机的 MAC 地址来划分广播域的，即某个主机属于哪一个 VLAN 只和它的 MAC 地址有关，与其连接在哪个端口或者其 IP 地址无关。这种 VLAN 划分方法的最大优点是当用户主机的物理位置移动时，VLAN 不用重新配置；缺点是配置 VLAN 时需要对网络中主机的 MAC 地址进行登记，并根据 MAC 地址配置 VLAN，因为有些交换机的端口可能存在很多 VLAN 组成员，这样就无法对广播进行限制，导致交换机的执行效率下降。

3. 基于网络层协议的 VLAN

基于网络层协议的 VLAN 划分方法是根据每个主机使用的网络层协议来划分广播域的。也就是说，主机属于哪一个 VLAN 取决于它所运行的网络协议（如 IP 和 IPX 协议），而与其他因素没有关系。在交换机上完成配置后，会形成一张 VLAN 映射表，这种 VLAN 划分方法在实际中应用得非常少，因为目前绝大多数主机使用 IP 协议，其他协议的主机组件被 IP 主机代替，所以它很难将广播域划分得更小。

4. 基于 IP 地址的 VLAN

基于 IP 地址的 VLAN 划分方法是根据网络主机使用的 IP 地址所在的网络子网来划分广播域的，即 IP 地址属于同一个子网的主机属于同一个广播域，而与主机的其他因素没有任何关系。在交换机上完成配置后，会形成一张 VLAN 映射表。这种 VLAN 划分方法管理配置灵活，网络用户可自由移动位置而无须重新配置主机或交换机，并且可以按照传输协议进行子网划分，从而实现针对具体应用服务组织网络用户。但是，这种方法也有它的不足，因为，为了判断用户的属性，必须检查每一个数据包的网络层地址，这将耗费交换机不少的资源；另外，同一个端口可能存在多个 VLAN 用户，这会使广播报文的效率有所下降。

综合上述 VLAN 划分方法的优、缺点来看，基于端口的 VLAN 划分方法是普遍使用的方法之一，它也是目前所有交换机都支持的一种 VLAN 划分方法。少量交换机支持基于 MAC 地址的 VLAN 划分方法，大部分以太网交换机目前都支持基于端口的 VLAN 划分方法。

4.2.6 虚拟局域网中继

1. 跨交换机相同 VLAN 间通信

在实际应用中，通常需要跨越多台交换机划分 VLAN。VLAN 内的主机彼此间应可以自由通信，当 VLAN 成员分布在多台交换机时，交换机之间的级联口专门用于提供该 VLAN 内主机跨交换机的相互通信。传统模式下，有几个 VLAN 就对应几个级联口，传统方式实现跨交换机相同 VLAN 间通信如图 4 - 12 所示。

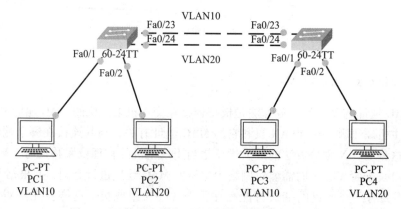

图 4 - 12   传统方式实现跨交换机相同 VLAN 间通信

图 4 - 12 虽然实现了 VLAN 内主机间跨交换机的通信，但每增加一个 VLAN，交换机之间就需要增加一条级联线，这种方式很浪费资源，而且扩展性很差，管理效率很低。为了避免这种低效率的连接方式，人们想办法让交换机间的互连链路汇集到一条链路上，让该链路允许各个 VLAN 的数据流经过。这条用于实现各 VLAN 在交换机间通信的链路称为中继链路或主干链路，如图 4 - 13 所示。引入中继链路以后，交换机接口分为接入模式（Access）和中继模式（Trunk）。接入模式的端口只能属于某一个 VLAN，用于连接终端用户，以提供网络接入服务；中继模式的端口为所有 VLAN 或部分 VLAN 所共有，承载多个 VLAN 在交换机间的通信流量。为了标识各数据帧属于哪个 VLAN，需要将流经中继链路的数据帧转发到对

应的 VLAN 中。

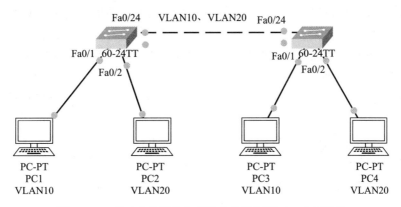

图 4 – 13　通过中继链路实现跨交换机相同 VLAN 间通信

2. VLAN 的帧格式

IEEE 802.1q 协议标准规定了 VLAN 技术，它定义了同一个物理链路上承载多个子网的数据流的方法。其主要内容包括 VLAN 的架构、VLAN 技术提供的服务、VLAN 技术涉及的算法。

为了保证不同厂家生产的设备能够顺利互通，802.1q 标准规定了统一的 VLAN 帧格式及其他重要参数。在此对标准的 VLAN 帧格式进行重点介绍。

802.1q 标准规定在原有的标准以太网帧格式中增加一个特殊的标志域——Tag 域，用于标识数据帧所属的 VLAN ID。

从两种帧格式可知，VLAN 帧相对标准以太网帧在源 MAC 地址后面增加了 4 字节的 Tag 域，它包含 2 字节的标签协议标识（Tag Protocol Identifier，TPID）和 2 字节的标签控制信息（Tag Control Information，TCI）。其中 TPID 是 IEEE 定义的新类型，表示这是一个加了 802.1q 标签的帧。TPID 包含一个固定的 16 进制值 0x8100。TCI 又分为 Priority、标准格式指示位（Canonical Format Indicator，CFI）和 VLAN ID 3 个域。

（1）Priority。该域占用 3bit，用于标识数据帧的优先级。该优先级决定了数据帧的重要紧急程度，优先级越高，就越优先得到交换机的处理，这在 QoS 的应用中非常重要。它一共可以将数据帧分为 8 个等级。

（2）CFI。该域仅占用 1bit。如果该位为 0，表示该数据帧采用规范帧格式；如果该位为 1，则表示该数据帧为非规范帧格式。它主要用在令牌环/源路由 FDDI 介质访问方法中，用于指示是否存在路由信息域（Routing Information Field，RIF），并结合 RIF 指示数据帧中所带地址的比特次序信息。

（3）VLAN ID。该域占用 12bit，它明确指出该数据帧属于哪一个 VLAN。VLAN ID 表示的范围为 0 ~ 4 095。

3. VLAN 数据帧的传输

目前任何主机都不支持 Tag 域的以太网数据帧，即主机只能发送和接收标准的以太网数据帧，而认为 VLAN 数据帧为非法数据帧。所以，支持 VLAN 的交换机在与主机和交换机进行通信时，需要区别对待。当交换机将数据发送给主机时，必须检查该数据帧，并删除 Tag 域；而将数据发送给交换机时，为了让对端交换机能够知道数据帧的 VLNA ID，它应该将从主机接收到的数据帧增加 Tag 域后再发送。其数据帧在传播过程中发生变化。

当交换机接收到某数据帧时，交换机根据数据帧中的 Tag 域或者接收端口的默认 VLAN ID 来判断该数据帧应该转发到哪些端口。如果目标端口连接的是普通主机，则删除 Tag 域（如果数据帧包含 Tag 域）后发送数据帧；如果目的端口连接的是交换机，则添加 Tag 域（如果数据帧不包含 Tag 域）后发送数据帧（为了保证交换机之间的 Trunk 链路上能够接入普通主机，以太网交换机还有特殊的处理功能，发送方检查到数据帧的端口和 Trunk 端口默认的 VLAN ID 相同时，数据帧不会被增加 Tag 域；而到达对端交换机后，交换机发现数据帧没有 Tag 域时，就确认该数据帧为接收端口的默认 VLAN 数据）。

4. VLAN 路由

VLAN 技术将同一 LAN 上的用户在逻辑上分成了多个 VLAN，只有同一 VLAN 的用户才能相互交换数据。但是，建设网络的最终目的是实现网络的互连互通，VLAN 技术是为了隔离广播报文、提高网络带宽的有效利用率而产生的，所以，VLAN 之间的通信成为人们关注的焦点。在使用路由器隔离广播域的同时，实际上也解决了 LAN 之间的通信，但是这与本书讨论的问题有微小的区别：路由器隔离二层广播时，实际上是将大的 LAN 用三层网络设备分割成独立的小的 LAN，连接每一个 LAN 都需要一个实际存在的物理接口。为了解决物理接口需求量过大的问题，在 VLAN 技术的发展中出现了另一种路由器——单臂路由器，它是用于实现 VLAN 间通信的三层网络设备路由器，它只需要一个以太网接口，通过创建子接口承担所有 VLAN 的网关，在不同的 VLAN 间转发数据。

4.2.7　虚拟局域网配置要点

1. 创建 VLAN

在全局配置模式下创建 VLAN［Switch（config）#vlan 编号］：

（1）利用 name 命令对 VLAN 进行命名。

（2）利用 exit 命令退出 VLAN 配置模式。

（3）用同样的方法添加其他 VLAN，添加后使用 show vlan 命令再次查看交换机的 VLAN 信息，确认新的 VLAN 已经添加成功。

2. 向 VLAN 中添加端口

以太网交换机通过把某些端口分配给一个特定的 VLAN 来建立静态虚拟网。将某一端口分配给某一 VLAN 的过程如下：

（1）在全局配置模式下进入交换机的接口［Switch（config）#interface f0/1］，若一次进入多个端口，需使用 range 命令［Switch（config）#interface range f0/1 – 5］。

（2）指定端口类型为 access，即此端口连接 PC；若端口连接其他交换机，即交换机级联口，则将端口类型设置为 trunk［Switch（config – if）#switchport mode access］。

（3）将端口加入指定 VLAN［Switch（config – if）#switchport access vlan 编号］。

3. 查看交换机的 VLAN 配置信息

查看交换机的 VLAN 配置信息可以使用 show vlan 命令，交换机返回的信息将显示当前交换机配置的 VLAN 数量、编号、名字、状态及其所包含的端口情况。

4. 验证 VLAN 的通信情况

为不同 VLAN 的用户配置合适的 IP 地址，使用 ping 命令进行测试，相同 VLAN 的用户可以通信，不同 VLAN 的用户不能通信。

5. 删除 VLAN 或 VLAN 中的端口

（1）在全局配置模式下，使用"no vlan 编号"即可删除相应的 VLAN。当一个 VLAN 被删除后，原来分配给这个 VLAN 的端口将处于非激活状态，它们不会自动分配给其他 VLAN，只有将它们再次分配给另一个 VLAN 后，端口才能被激活。

（2）在端口模式下，使用 no switchport access vlan 命令即可将端口从相应的 VLAN 中删除。

4.3　端口安全技术

4.3.1　以太网 MAC 地址

MAC 地址即介质访问控制或物理地址、硬件地址，用来定义网络设备的位置。在 OSI/RM 中，网络层负责 IP 地址，数据链路层负责 MAC 地址。因此，一个主机会有一个 MAC 地址，而每个网络位置会有一个专属于它的 IP 地址。在一个稳定的网络中，IP 地址和 MAC 地址是成对出现的。如果一台计算机要和网络中的另一台计算机通信，就要配置这两台计算机的 IP 地址。MAC 地址是网卡出厂时设定的，这样配置的 IP 地址就和 MAC 地址形成了一种对应关系。在数据通信时，IP 地址负责表示计算机的网络层地址，网络层设备（如路由器）根据 IP 地址进行操作；MAC 地址负责表示计算机的数据链路层地址，数据链路层设备（如交换机）根据 MAC 地址进行操作。IP 地址和 MAC 地址的这种映射关系由 ARP 协议完成。

以太网帧格式的目的 MAC 地址字段和源 MAC 地址字段都占 6 字节，这 6 字节的地址表示一个 12 位的十六进制数，如 6A5E. 0285. AC60 或 6A－5E－02－85－AC－60，这就是 MAC 地址的表示方式。当设备在局域网中转发数据时，需要知道目的设备的 MAC 地址后才能封装数据帧，因此，MAC 地址在局域网中应是唯一的，只有这样才能保障其唯一标识一个目的地。MAC 地址是由硬件设备生产商固化在接口板卡上的地址，该地址的分配随着产品的销售随机流入各个局域网中，要想确保 MAC 地址在局域网中是唯一的，必须保障它是全球唯一的。因此，为了让 MAC 地址是全球唯一的，IEEE 为各个硬件设备生产商分配了一个唯一的 3 字节代码，即 MAC 地址的前 3 字节，称为厂商唯一标识符（Organizationally Unique Identifier，OUI）；剩下的 3 字节由各个硬件生产商分配给网卡，称为设备标识符。这样，每个网卡的 MAC 地址就实现了全球唯一。

在设备发送 ARP 请求时，它要把数据帧的目的 MAC 地址设置为一个广播 MAC 地址，设备封装这样一个数据帧，是因为它不知道目的设备的 MAC 地址。为了让目的设备作出响应，它必须以一个所有设备都会查看的地址作为目的地址来封装这个数据帧，而广播 MAC 地址就是这样的地址。具体来说，广播 MAC 地址就是最大值，所有位都是进制 "1"，即 FFFF. FFFF. FFFF 或 FF – FF – FF – FF – FF – FF。

与广播 MAC 地址相对的，是可以唯一标识目的地址的全局唯一 MAC 地址，这种 MAC 地址称为单播 MAC 地址。介于单播 MAC 地址和广播 MAC 地址之间还有一种情形，主机希望将数据帧发送给 LAN 中的一部分设备，因此，它的目的 MAC 地址既不能是标识全体设备的广播 MAC 地址，也不能是标识某一台设备的单播 MAC 地址，这时，帧中的目的地址就需要填写一个组播 MAC 地址。MAC 地址区分单播和组播的方式与 IP 地址不同，IP 地址是划分出一段连续的地址范围用作组播，而 MAC 地址是以二进制中的一位来表示该地址是单播地址还是组播地址。MAC 地址由 6 个十六进制 8 位组构成，IEEE 802.3 中规定第 1 个 8 位组的最低有效位用来标识单播和组播，0 为单播，1 为组播。例如，01 – a6 – 03 – ef – 69 – 3c 中第 1 个 8 位组 01 转换为二进制即 00000001，最低有效位为 1，所以该地址为组播地址。

IP 地址就如同一个职位，而 MAC 地址则好像去应聘这个职位的人才。同样的道理，一个节点的 IP 地址对于网卡不进行要求，基本上任何厂家都可以用，即 IP 地址与 MAC 地址并不存在绑定关系。有的计算机流动性较强，正如同人才可以给不同的单位工作一样。职位和人才的对应关系与 IP 地址和 MAC 地址的对应关系类似。例如，如果一个网卡坏了，可以被更换，而无须取得一个新的 IP 地址；如果一个 IP 主机从一个网络移到另一个网络，可以给它一个新的 IP 地址，而无须换一个新的网卡。当然，MAC 地址仅有这个功能是不够的，用人类社会与网络进行类比，可以发现它们的相似之处，有助于更好地理解 MAC 地址的作用。无论是局域网还是广域网中的计算机之间的通信，最终都表现为将数据包从某种形式的链路上的初始节点出发，从一个节点传递到另一个节点，最终传送到目的节点。数据包在这些节点之间的移动都是由 ARP 负责将 IP 地址映射到 MAC 地址上来完成的。人类社会和网络是相似的，在人际关系网络中，甲要传递信息给丁，可以通过乙和丙进行中转，最后由丙转告给丁。在网络中，这个信息就像网络中的一个数据包。数据包在传送过程中会不断询问相邻节点的 MAC 地址，这个过程就像人类社会中的信息传送过程。通过这两个例子，可以进一步理解 MAC 地址的作用。

IP 地址和 MAC 地址的相同点是它们都是唯一的，不同点有以下几个：

（1）对于网络上的某一设备，如一台计算机或一台路由器，其 IP 地址是基于网络拓扑设计的，在同一台设备或计算机上改动 IP 地址是很容易的（但必须唯一）；而 MAC 则是生产厂商烧录好的，一般不能改动。可以根据需要给一台主机指定任意的 IP 地址，如可以给局域网上的某台计算机分配 IP 地址为 192.168.0.112，也可以将它改成 192.168.0.200。而任一网络设备（如网卡、路由器）一旦生产出来以后，其 MAC 地址不可由本地连接内的配置进行修改。如果一个计算机的网卡坏了，在更换网卡之后，该计算机的 MAC 地址就变了。

（2）长度不同。IP 地址为 32 位，MAC 地址为 48 位。

（3）分配依据不同。IP 地址的分配基于网络拓扑，MAC 地址的分配基于制造商。

（4）寻址协议层不同。IP 地址应用于 OSI/RM 第三层，即网络层；MAC 地址应用于 OSI/RM 第二层，即数据链路层。数据链路层协议可以使数据从一个节点传递到相同链路的另一个节点上（通过 MAC 地址），而网络层协议可以使数据从一个网络传递到另一个网络上（ARP 根据目的 IP 地址找到中间节点的 MAC 地址，通过中间节点传送，最终到达目的网络）。

4.3.2 端口 – MAC 地址表的形成

微课 4 – 4

交换机之所以能够直接对目的节点发送数据包，而不是像集线器一样以广播方式对所有节点发送数据包，关键就是交换机可以识别连在网络上的节点的网卡 MAC 地址，并把它们放到一个称为 MAC 地址表的地方。这个 MAC 地址表存放于交换机的缓存中，并记住这些地址。这样一来，当需要向目的地址发送数据时，交换机就可在 MAC 地址表中查找这个 MAC 地址的节点位置，然后直接向这个位置的节点发送。MAC 地址数量是指交换机的 MAC 地址表中最多可以存储的 MAC 地址数量。存储的 MAC 地址数量越多，数据转发的速率和效率就越高。

不同档次的交换机每个端口所能够支持的 MAC 地址数量不同。在交换机的每个端口都需要足够的缓存来记忆这些 MAC 地址，所以 Buffer（缓存）容量的大小决定了相应交换机所能记忆的 MAC 地址数量。通常交换机只要记忆 1 024 个 MAC 地址，一般的交换机都能做到这一点，所以，如果在网络规模不是很大的情况下，对该参数无须太多考虑。当然，越高档的交换机能记住的 MAC 地址越多，在选择时要视所连网络的规模而定。

以太网交换机利用端口 – MAC 地址表进行信息的交换。因此，端口 – MAC 地址表的建立和维护显得相当重要。一旦地址表出现问题，就可能造成信息转发错误。这里有两个问题需要解决，一是交换机如何知道哪台计算机连接到哪个端口；二是当计算机在交换机的端口之间移动时，交换机如何维护地址映射表。显然，通过人工建立交换机的地址映射表是不切实际的，交换机应该自动建立地址映射表。

通常，以太网交换机利用"地址学习"法来动态建立和维护端口 – MAC 地址表。以太网交换机的地址学习是通过读取帧的源地址并记录帧进入交换机的端口进行的。当得到 MAC 地址与端口的对应关系后，交换机将检查地址映射表中是否已经存在该对应关系。如果该对应关系不存在，交换机就将该对应关系添加到地址映射表；如果该对应关系已经存在，交换机将更新该表项。因此，在以太网交换机中，地址是动态学习的。只要这个节点发送信息，交换机就能捕获到它的 MAC 地址与其所在端口的对应关系。

在每次添加或更新地址映射表的表项时，添加或更改的表项均被赋予一个计时器，这使得该端口与 MAC 地址的对应关系能够存储一段时间。如果在计时器溢出（即启动计时器时，每次加"1"，当达到最大值时，再继续加"1"，此时计时器变为"0"）之前没有再次捕获到该端口与 MAC 地址的对应关系，该表项将被交换机删除。通过移走过时的或老的表项，交换机可以维护一个精确且有用的地址映射表。

交换机建立起端口 – MAC 地址表之后，即可对通过的信息进行过滤。以太网交换机在地址学习的同时还检查每个帧，并基于帧中的目的地址作出是否转发或转发到何处的决定。两个以太网和两台计算机通过以太网交换机相互连接，通过一段时间的地址学习，交换机形成了图 4 – 14 所示的端口 – MAC 地址表。

（1）当 PC1、PC5 同时通过交换机传送以太网帧时，交换控制中心根据地址映射表的对应关系找出对应帧目的地址的输出端口，从而可以为 PC1 ~ PC4 建立端口 1 ~ 5 的连接，也

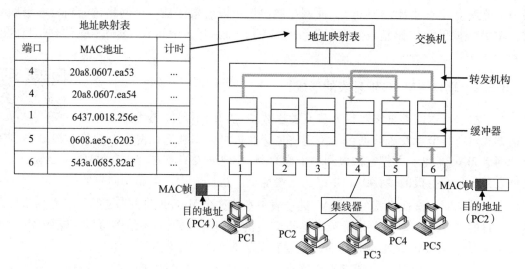

图 4 - 14 交换机端口 – MAC 地址表的形成过程

可以同时为 PC5 ~ PC2 建立端口 6 ~ 4 的连接，即同时建立多个并发连接。

（2）当 PC2 向 PC3 发送数据帧时，交换机发现 PC2 与 PC3 在交换机的同一端口，交换机在接收到该数据帧时，它不将其转发而是丢弃该帧，即交换机可以隔离本地信息，从而避免网络上不必要的数据流动。这是交换机通信过滤的主要优点，也是它与集线器截然不同的地方。集线器需要在所有端口上重复所有的信号，每个与集线器相连的网段都将听到局域网上的所有信息流，而交换机所连的网段只听到发给它们的信息流，减少了局域网上总的通信负载，因此提供了更宽的带宽。

（3）当 PC1 向 PC6 发送数据帧时，发现 PC6 不在地址映射表中，交换机将向除了 PC1 所在端口 1 之外的所有端口转发数据。

（4）当 PC6 向 PC1 发送数据帧时，交换机获得 PC6 与交换机端口的对应关系，并将得到的信息存储到地址映射表中。

4.4 生成树协议

4.4.1 生成树技术简介

对大多数中小型企业而言，计算机网络显然是其不可或缺的重要部分，这也是网络管理员需要在分层网络中设置冗余功能的原因。对网络中的交换机和路由器添加多余的链路会在网络中引入需要动态管理的通信环路，当一条交换机链路断开时，另一条链路要能迅速取代它的位置，同时不形成新的通信环路。

1. 网络中的冗余功能

冗余功能是分层设计的一个重要组成部分。尽管这是确保可用性的关键要素，但在网络中部署冗余功能之前，必须先解决其存在的一些隐患。当网络中的两台设备之间存在多条路径时，如果其间的交换机上禁用了生成树协议（Spanning Tree Protocol，STP），则可能出现第二层环路。如果交换机上启用了 STP（这是默认设置），则不会出现第二层环路。与通过路由器传递的 IP 数据包不同，以太网帧不含生存时间（Time to Live，TTL）。因此，如果交换网络中的帧没有正确终止，它们就会在交换机之间无休止地传输，直到链路断开或环路解除为止。

广播帧会从除源端口之外的所有交换机端口转发出去，这就确保了广播域中的所有设备都能收到该帧。如果可转发该帧的路径不止一条，其可能会导致网络中的无尽循环。当卷入第二层环路的广播帧过多，导致所有可用带宽都被耗尽时，便形成了广播风暴。此时没有带宽可供正常流量使用，网络无法支持数据通信。环路网络中不可避免地会产生广播风暴。随着越来越多的设备向网络中发送广播，卷入环路的流量也越来越大，最终形成广播风暴，导致网络中断。

广播风暴还会造成其他后果。因为广播流量是从交换机的每一个端口转发出去的，所以所有相连设备都不得不处理环路网络中无休止泛洪的所有广播流量。由于网络接口卡上不断收到大量需要处理的流量，导致处理要求过高，可能造成终端设备故障。

第二层冗余功能通过添加设备和线缆来实现备用网络路径，从而提升网络可用性。当有多条网络路径可用于数据传输时，即使一条路径失效，也不会影响网络上设备的连通性。分层网络中的冗余功能如图 4 - 15 所示。PC4 发送数据给 PC6，S2 与 S3 链路从逻辑上断开，则 PC4 发送的数据经过 S2、S1 和 S3 到达 PC6；当 S2 与 S1 或者 S1 与 S3 某条链路出现故障时，系统自动启用 S2 与 S3 的链路，网络不会出现中断的情况。

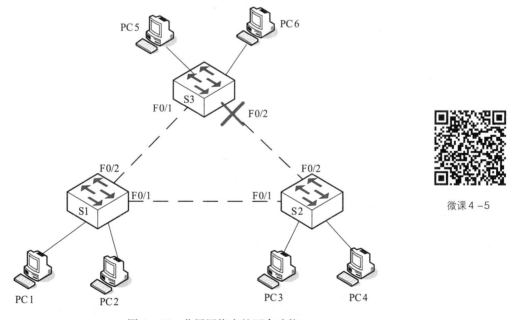

微课 4 - 5

图 4 - 15　分层网络中的冗余功能

STP 用于检测和避免网络环路的形成并提供连接设备之间的链路备份。生成树功能可以保证两个站点之间的连接中只有一条路径生效，主路径失效时，又可以备份路径来继续提供连接。STP 可应用于环路网络，通过一定的算法实现路径冗余，同时将环路网络修剪成无环路的树型网络，从而避免报文在环路网络中的增生和无限循环。

在局域网中为了提供可靠的网络连接，需要网络提供冗余链路。所谓"冗余链路"，其道理和走路一样简单，这条路不通，走另一条路就可以了。冗余就是准备两条以上的通路，如果哪一条路不通了，就从另外一条路走。

交换机之间具有冗余链路本来是一件很好的事情，但是有可能它引起的问题比它能够解决的问题还要多。如果真的准备两条以上的道路，就必然形成一个环路，交换机并不知道如何处理环路，只是周而复始地转发帧，形成一个"死循环"，具有环路的交换机级联如图 4-16 所示。最终这个死循环会使整个网络处于阻塞状态，导致网络瘫痪。

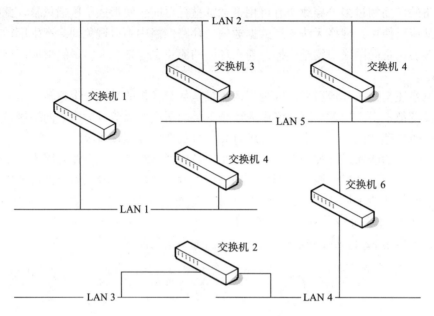

图 4-16　具有环路的交换机级联

第二层的交换机和网桥作为交换设备都具有一个相当重要的功能，它们能够记住在一个接口上所收到的每个数据帧的源设备的硬件地址，即源 MAC 地址，而且它们会把这个硬件地址信息写到转发/过滤表的 MAC 数据库中，这个数据库一般称为 MAC 地址表。当在某个接口收到数据帧时，交换机就查看其目的硬件地址，并在 MAC 地址表中找到其外出接口，这个数据帧只会被转发到指定的目的端口。

整个网络开始启动时，交换机初次加电，此时还没有建立 MAC 地址表。当工作站发送数据帧到网络时，交换机要将数据帧的源 MAC 地址写进 MAC 地址表，然后只能将这个帧扩散到网络中，因为此时交换机并不知道目的设备在什么地方。

为了解决冗余链路引起的问题，IEEE 颁布了 IEEE 802.1d 协议，即 STP。STP 的根本目的是将一个存在物理环路的交换网络变成一个没有环路的逻辑树型网络。IEEE 802.1d 协议通过在交换机上运行一套复杂算法——生成树算法（Spanning Tree Algorithm，STA），使冗余端口置于"阻断状态"，使接入网络的计算机在与其他计算机通信时只有一条链路，将处于"阻断状态"的端口重新打开，从而既保障了网络正常运转，又保证了冗余能力，如图 4-17 所示。

在 STP 中，首先推举一个 BRIDGEID（桥 ID）最低的交换机作为生成树的根节点，交换机之间通过交换 BPDU，得出从根节点到其他所有节点的最佳路径。

IEEE 802.1d 协议虽然解决了链路闭合引起的死循环问题，但是生成树的收敛（指重新

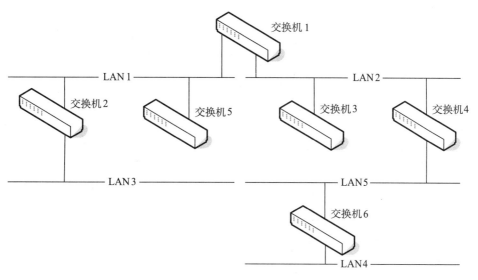

图 4 - 17 逻辑树型网络

设定网络时的交换机端口状态）过程需要 1min 左右的时间。对于以前的网络来说，1min 的阻断是可以接受的，毕竟人们以前对网络的依赖性不强，但是现在情况不同了，人们对网络的依赖性越来越强，1min 的网络故障足以带来巨大的损失，因此 IEEE 802.1d 协议已经不能适应现代网络的需求，于是 IEEE 802.1w 协议问世了，IEEE 802.1w 协议使收敛过程由原来的 1min 缩短到现在的 1 ~ 10s，因此 IEEE 802.1w 又称为快速生成树协议。对于现在的网络来说，这个速度已经足够快。

2. STP 拓扑

冗余功能可防止网络因单个故障点（如网络线缆或交换机故障）而无法运行，以此提升网络拓扑的可用性。向第二层设计引入冗余功能时，环路和重复帧现象也可能随之出现。环路和重复帧对网络有着极为严重的影响，STP 旨在解决这些问题。

STP 会特意阻塞可能导致环路的冗余路径，以确保网络中所有目的地之间只有一条逻辑路径。当一个端口阻止流量进入或离开时，该端口便被视为处于阻塞状态，不过 STP 用来防止环路的 BPDU 帧仍可继续通行。阻塞冗余路径对于防止网络环路非常关键。为了提供冗余功能，这些物理路径实际依然存在，只是被禁用以免产生环路。一旦需要启用此类路径来抵消网络电缆或交换机故障的影响，STP 就会重新计算路径，将必要的端口解除阻塞，使冗余路径进入活动状态。STP 拓扑结构如图 4 - 18 所示。

3. STP 的收敛过程

收敛是生成树过程的一个重要环节。收敛是指网络在一段时间内，确定作为根桥的交换机经过所有不同的端口状态后，将所有交换机端口设置为其最终的生成树端口角色，而所有潜在的环路都被消除。收敛过程需要耗费一定时间，这是因为其使用不同的计时器来协调整个过程。

微课 4 - 6

为了便于更彻底地了解收敛过程，将其划分为以下 3 个步骤。

第 1 步：选举根桥。

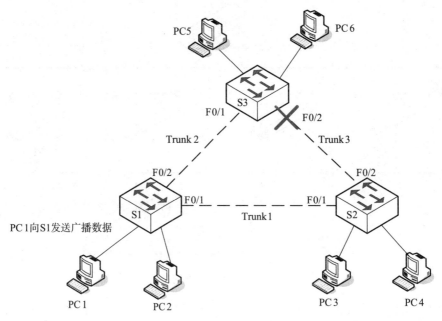

图 4 – 18　STP 拓扑结构

生成树收敛的第一个步骤是选举根桥。根桥是所有生成树路径开销计算的基础，用于防止环路的各种端口角色也是基于根桥分配的。

根桥选举在交换机完成启动时或者网络中检测到路径故障时触发。一开始，所有交换机端口都配置为阻塞状态，此状态在默认情况下会持续 20s。这样做可以确保 STP 有时间来计算最佳根路径并将所有交换机端口配置为特定的角色，避免在完成这一切之前形成环路。当交换机端口处于阻塞状态时，它们仍可以发送和接收 BPDU 帧，以便继续执行根桥选举。生成树允许网络的端与端之间最多有 7 台交换机，这样整个根桥选举过程能够在 14s 内完成，此时间短于交换机端口处于阻塞状态的时间。

一旦交换机启动完成，它们便立即开始发送 BPDU 帧来通告自己的 BID，试图成为根桥。一开始，网络中的所有交换机都会假设自己是广播域内的根桥。交换机在网络上泛洪的 BPDU 帧包含的根 ID 与自己的 BID 字段匹配，这表明每台交换机都将自己视为根桥。系统会根据默认的 hello 计时器值，每 2s 发送一次 BPDU 帧。

每台交换机从邻居交换机收到 BPDU 帧时，都会将所收到 BPDU 帧内的根 ID 与本地配置的根 ID 进行比较。如果来自所接收 BPDU 帧的根 ID 比其目前的根 ID 更小，那么根 ID 字段会更新以指示竞选根桥角色的新的最佳候选者。

交换机上的根 ID 字段更新后，交换机随后将在所有后续 BPDU 帧中包含新的根 ID，这可确保最小的根 ID 始终能传递给网络中的所有其他邻居交换机。一旦最小的网桥 ID 传播到广播域内所有交换机的根 ID 字段，根桥选举便宣告完成。

虽然根桥选举过程已结束，但交换机仍然会继续每 2s 转发一次 BPDU 帧来通告根桥的根 ID。每台交换机都配置有最大老化时间计时器，用于确定在交换机停止从邻居交换机接收更新时，当前 BPDU 配置会在交换机中保留多久。计时器默认的最大老化时间为 20s。因此，如果交换机连续 10 次没有收到某邻居交换机的 BPDU 帧，该交换机会假设生成树中的一条逻辑路径断开，该 BPDU 信息已不再有效。这将触发新一轮生成树根桥选举。

根桥选举完成后，可使用特权执行模式命令 show spanning–tree 检验根桥的身份。

第 2 步：选举根端口。

确定根桥后，交换机开始为每一个交换机端口配置端口角色。需要确定的第一个角色是根端口角色。生成树拓扑中的每台交换机（根桥除外）都需具有一个根端口。根端口是到达根桥的路径开销最小的交换机端口。一般情况下，只根据路径开销来确定根端口。但是，当同一交换机上有两个以上的端口到根桥的路径开销相同时，就需依靠其他端口特征来确定根端口。当没有使用端口聚合（EtherChannel）配置时，如果通过冗余链路将一台交换机上行连接到另一台交换机，就可能出现此情况。

到根桥的路径开销相同的交换机端口使用可配置的端口优先级值，它们使用端口 ID 作出抉择。当交换机从具有等价路径的多个端口中选择一个作为根端口时，落选的端口会被配置为非指定端口以避免生成环路。

确定根端口这一过程发生在根桥选举 BPDU 交换期间。当含有新的根 ID 或冗余路径的BPDU 帧到达时，路径开销会立即更新。路径开销更新时，交换机进入决策模式，以确定是否需要更新端口配置。系统并不会等到所有交换机在根桥上达成一致后才确定端口角色。因此，收敛期间给定交换机端口的端口角色可能会多次改变，直到根 ID 最终确定后才会稳定在最终端口角色上。

根桥选举完成后，可使用特权执行模式命令 show spanning–tree 检验根端口配置。

第 3 步：选举指定端口和非指定端口。

当交换机确定了根端口后，还必须将剩余端口配置为指定端口（Designated Port，DP）或非指定端口（非 DP），以完成逻辑无环生成树。

交换网络中的每个网段只能有一个指定端口。当两个非根端口的交换机端口连接到同一个 LAN 网段时，会发生竞争端口角色的情况。这两台交换机会交换 BPDU 帧，以确定哪个交换机端口是指定端口，哪个是非指定端口。

一般而言，交换机端口是否配置为指定端口由 BID 决定。但是，应记住首要条件是具有到根桥的最低路径开销。只有当端口开销相等时，才考虑发送方的 BID。

当两台交换机交换 BPDU 帧时，它们会检查收到的 BPDU 帧内的发送方 BID，以了解其是否比自己的更小。BID 较小的交换机会赢得竞争，其端口将配置为指定端口；失败的交换机将其交换机端口配置为非指定端口，该端口最终会进入阻塞状态以防止生成环路。

确定端口角色的过程与根桥选举和根端口指定同时发生。因此，指定端口和非指定端口在收敛过程中可能发生多次改变，直到确定最终根桥后才稳定下来。选举根桥、确定根端口及确定指定和非指定端口的整个过程发生在端口处于阻塞状态的 20s 内。收敛时间为此值的前提是 BPDU 帧传输的 hello 计时器显示时间为 2s，而且网络使用的是 STP 支持的交换机。对此类网络而言，计时器默认的最大老化时间为收敛提供了充足的时间。

指定根端口后，交换机需要确定余下的端口应配置为指定端口还是非指定端口。可使用特权执行模式命令 show spanning–tree 确认指定和非指定端口的配置。

4.4.2　STP 变体

与许多网络标准类似，随着专有协议成为事实标准，要求制定相应行业规范的呼声越来越高，从而推动了 STP 的发展。当专有协议被广泛采用时，市场中的所有竞争对手都不得不提供对该协议的支持，接着 IEEE 之类的机构介入，制定出公共规范。STP 的发展也遵循相同的模式，STP 变体见表 4 – 1。

表 4 – 1　STP 变体

协议标准	协议特点
Cisco 专利	每 VLAN 生成树协议（Per VLAN Spanning Tree，PVST）： （1）使用 Cisco 专利的 ISL 中继协议； （2）每个 VLAN 拥有一个生成树实例； （3）能够在第二层对流量执行负载均衡； （4）包括 BackboneFast、UplinkFast 和 PortFast 扩展
	PVST +（增强型 PVST）： （1）支持 ISL 和 IEEE 802.1q 中继； （2）支持 Cisco 专有的 STP 扩展； （3）添加 BPDU 防护和根防护增强功能
	快速 PVST +： （1）基于 IEEE 802.1w 标准； （2）比 802.1D 的收敛速度更快
IEEE 标准	快速生成树协议（Rapid Spanning Tree Protocol，RSTP）： （1）于 1982 年引入，比 802.1d 收敛速度更快； （2）融合了通用版本的 Cisco 专有 STP 扩展； （3）IEEE 将 RSTP 并入 802.1d，将该规范命名为 IEEE 802.1d – 2004
	多生成树协议（Multiple Spanning Tree Protocol，MSTP）： （1）多个 VLAN 可映射到相同的生成树实例； （2）受 Cisco MSTP 的启发； （3）IEEE 802.1q – 2003 现在包括 MSTP

1. Cisco 专利

（1）PVST：为网络中配置的每个 VLAN 维护一个生成树实例。其使用 Cisco 专有的 ISL 中继协议，该协议允许 VLAN 中继为某些 VLAN 转发流量，对其他 VLAN 则呈阻塞状态。由于 PVST 将每个 VLAN 视为一个单独的网络，因此，它能够分批在不同的中继链路上转发 VLAN，从而实现第二层负载均衡，且不会形成环路。对于 PVST，Cisco 在原始 IEEE 802.1D STP 的基础上添加了一系列专有的扩展技术，如 BackboneFast、UplinkFast 和 PortFast。

（2）PVST +：Cisco 开发 PVST + 的目的是支持 IEEE 802.1q 中继。PVST + 的功能与 PVST 相同，其中也含有 Cisco 专有的 STP 扩展。非 Cisco 设备不支持 PVST +。PVST + 包含称为 BPDU 防护的 PortFast 增强技术及根防护。

（3）快速 PVST +：基于 IEEE 802.1w 标准，收敛速度比 STP（标准 802.1D）更快。快速 PVST + 含有 Cisco 专有的扩展，如 BackboneFast、UplinkFast 和 PortFast。

2. IEEE 标准

（1）RSTP：STP（802.1d 标准）的一种演变形式，于 1983 年首次推行。该协议能够在拓扑更改后执行更快速的生成树收敛。RSTP 在公共标准中融入了 Cisco 专有的 STP 扩展：BackboneFast、UplinkFast 和 PortFast。到 2004 年，IEEE 将 RSTP 整合到了 802.1d 中，将新的规范命名为 IEEE 802.1d – 2004。

（2）MSTP：允许将多个 VLAN 映射到同一个生成树实例，以降低支持大量 VLAN 所需的实例数。MSTP 借鉴了 Cisco 专有的多实例 STP（MISTP），是 STP 和 RSTP 的扩展。此标准于 IEEE 802.1s 中引入，是 802.1q（1998 版）的修正版。标准 IEEE 802.1q – 2003 现在已包含 MSTP。MSTP 可为数据流量提供多条转发路径，而且支持负载均衡。

3. RSTP

RSTP（IEEE 802.1w）是 802.1d 标准的一种发展。802.1w STP 的术语大部分都与 IEEE 802.1d STP 术语一致，绝大多数参数都没有变动，所以熟悉 STP 的用户能够对此新协议快速上手。

RSTP 能够在第二层网络拓扑变更时加速重新计算生成树的过程。若网络配置恰当，RSTP 能够达到相当快的收敛速度，有时甚至只需几百毫秒。RSTP 重新定义了端口的类型及端口状态。如果端口被配置为替换端口或备份端口，则该端口可以立即转换到转发状态，而无须等待网络收敛。

要防止交换网络环境中形成第二层环路，最好选择 RSTP。其许多变化都是由 Cisco 专有的 802.1d 增强技术所带来的。这些增强功能（如承载和发送端口角色信息的 BPDU 仅发送给邻居交换机）不需要额外配置，而且通常执行效果比早期的 Cisco 专有版本更佳。此类功能现在是透明的，已集成到协议的运行当中。

Cisco 专有的 802.1d 增强功能（如 UplinkFast 和 BackboneFast）与 RSTP 不兼容。RSTP（802.1w）用于取代 STP（802.1d），但仍保留了向下兼容的能力。大量 STP 术语仍继续使用，大多数参数都未变动。此外，802.1w 能够返回 802.1d 以基于端口与传统交换机互操作。例如，RSTP 生成树算法选举根桥的方式与 802.1d 完全相同。

RSTP 使用与 IEEE 802.1d 相同的 BPDU 格式，不过其版本字段被设置为 2 以代表 RSTP，并且标志字段用完所有的 8 位。RSTP 能够主动确认端口是否能安全转换到转发状态，而不需要依靠任何计时器作出判断。

4.4.3　配置原则

1. STP 算法实现的具体过程

STP 的基本原理是通过在交换机之间传递一种特殊的协议报文（在 IEEE 802.1d 中这种协议报文称为配置消息）来确定网络的拓扑结构。配置消息中包含了足够的信息来保证交换机完成生成树计算。

配置消息中主要有以下内容：

（1）树根的 ID：由树根的优先级和 MAC 地址组合而成。

（2）到树根的最短路径开销。

（3）指定交换机的 ID：由指定交换机的优先级和 MAC 地址组合而成。

（4）指定端口的 ID：由指定端口的优先级和端口编号组成。

（5）配置消息的生存期：MessageAge。

（6）配置消息的最大生存期：MaxAge。

（7）配置消息发送的周期：HelloTime。

（8）端口状态迁移的时延后：ForwardDelay。

指定交换机和指定端口如图 4 – 19 所示。

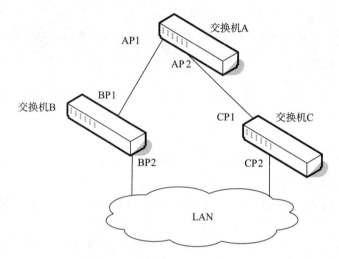

图 4 – 19　指定交换机和指定端口

对于一台交换机而言，指定交换机就是与本机直接相连并且负责向本机转发数据包的交换机，指定端口就是指定交换机向本机转发数据的端口；对于一个局域网而言，指定交换机就是负责向这个网段转发数据包的交换机，指定端口就是指定交换机向这个网段转发数据的端口。如图 4 – 20 所示，AP1、AP2、BP1、BP2、CP1、CP2 分别表示交换机 A、交换机 B、交换机 C 的端口，交换机 A 通过端口 AP1 向交换机 B 转发数据，则交换机 B 的指定交换机就是交换机 A，指定端口就是交换机 A 的端口 AP1；与局域网 LAN 相连的有两台交换机——交换机 B 和交换机 C，如果交换机 B 负责向 LAN 转发数据包，则 LAN 的指定交换机就是交换机 B，指定端口就是交换机 B 的端口 BP2。

1）选出最优配置消息

各交换机都向外发送自己的配置消息。当某个端口收到比自身的配置消息优先级低的配置消息时，交换机将接收到的配置消息丢弃，对该端口的配置消息不作任何处理；当端口收到比本端口配置消息优先级高的配置消息时，交换机用接收到的配置消息中的内容替换该端口的配置消息中的内容，然后以太网交换机将该端口的配置消息和交换机上的其他端口的配置消息进行比较，选出最优配置消息。

2）配置消息的比较原则

（1）树根 ID 较小的配置消息优先级高。

（2）若树根 ID 相同，则比较根路径开销，比较方法为用配置消息中的根路径开销加上本端口对应的路径开销之和（设为 S），则 S 较小的配置消息优先级较高。

（3）若根路径开销也相同，则依次比较指定交换机 ID 和指定端口 ID、接收该配置消息的端口 ID 等。

每个生成树实例（交换 LAN 或广播域）都有一台交换机被指定为根桥。根桥是所有生成树计算的参考点，用以确定哪些冗余路径应被阻塞。

选举根桥如图 4-20 所示，广播域中的所有交换机都会参与选举过程。交换机启动后，每 2s 向外发送 BPDU 帧，其中包含根 ID 及自己的 BID，网桥 ID = 网桥的优先级 + MAC 地址，ID 值越小越能成为根桥。对网络中的所有交换机而言，默认情况下此根 ID 与其本地 BID 相同。根 ID 用于标识网络中的根桥。最初，每台交换机在刚启动时都将自己视为根桥。

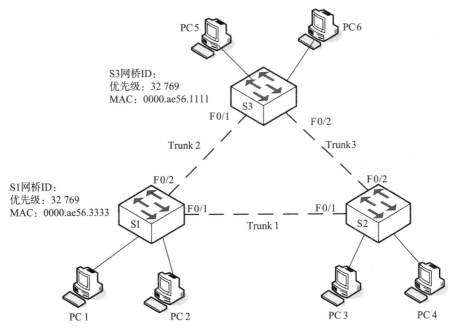

图 4-20　选举根桥

随着交换机开始发送 BPDU 帧，广播域中的邻接交换机从 BPDU 帧中读取 ID 信息。如果收到的 BPDU 帧中包含的根 ID 比接收方交换机的根 ID 更小，接收方交换机会更新自己的根 ID，将邻居交换机作为根桥（注意，也可能不是邻居交换机，而是广播域中的任何其他交换机），然后交换机将含有较小根 ID 的新 BPDU 帧发送给其他邻居交换机。最终，具有最小 BID 的交换机被公认为生成树实例中的根桥。因为本示例中 3 台交换机的优先级相同，S3 的 MAC 地址值最小，所以本次选举 S3 为根桥。

如果要将特定交换机作为根桥，必须对其网桥优先级值加以调整，以确保该值低于网络中所有其他交换机的网桥优先级值。要对交换机配置网桥优先级值，可使用两种配置方法：

（1）为确保该交换机具有最低的网桥优先级值，在全局配置模式下使用 spanning-tree vlan vlan-id root primary 命令；或者为交换机设置优先级，交换机默认优先级的值为 32 768，最小值可以设置为 0，必须以 4 096 的倍数进行增长。

如果需要设置一台备用根桥，可使用全局配置模式命令 spanning-tree vlan vlan-id root secondary。这可确保在主根桥失败的情况下，该交换机能在新一轮的根桥选举中成为根桥（假设网络中的所有其他交换机均使用默认的优先级值 32 768）。

在图 4 – 20 中，将交换机 S1 设置为根桥，在全局配置模式下使用命令 spanning – tree vlan 1 root primary 指定为主根桥，交换机 S2 被全局配置模式命令 spanning – tree vlan 1 root secondary 配置为次根桥。

```
S1#configure terminal
Enter configuration commands,one per line.End with CNTL/Z.
S1(config)#spanning-tree vlan 1 root primary
S1(config)#end
S2#configure terminal
Enter configuration commands,one per line.End with CNTL/Z.
S2(config)#spanning-tree vlan 1 root secondary
S2(config)#end
```

（2）另一种配置网桥优先级值的方法是使用全局配置模式命令 spanning – tree vlan vlan – id priority value，此命令可更为精确地控制网桥优先级值。优先级值为 0 ~ 65 536，增量为 4 096。

在示例中，交换机 S1 可以通过全局配置模式命令 spanning – tree vlan 1 priority 4096 获得网桥优先级值 4 096。

```
S1#configure terminal
Enter configuration commands,one per line.End with CNTL/Z.
S1(config)#spanning-tree vlan 1 priority 4096
S1(config)#end
```

要检验交换机的网桥优先级，可使用特权执行模式命令 show spanning – tree。在下面的输出中，该交换机的优先级值被设置为 4 096。另外，还需注意该交换机被指定为生成树实例的根桥。

```
S1#show spanning-tree
VLAN0001
  Spanning tree enabled protocol ieee
  Root ID   Priority  4097
            Address    00D0.BC57.4C55
            This bridge is the root
            Hello Time 2 sec Max Age 20 sec Forward Delay 15 sec
  Bridge ID Priority 4097(priority 4096 sys-id-ext 1)
            Address 00D0.BC57.4C55
            Hello Time 2 sec Max Age 20 sec Forward Delay 15 sec
            Aging Time 20

Interface       Role    Sts    Cost    Prio.Nbr    Type
----------      ----    ----   ----    --------    ----
Fa0/1           Desg    FWD     19      128.1       P2p
Fa0/2           Desg    FWD     19      128.2       P2p
```

2. STP 端口角色和 BPDU 计时器

1）STP 端口角色

STP 会特意阻塞可能导致环路的冗余路径，以确保网络中所有目的地之间只有一条逻辑路径。当一个端口阻止流量进入或离开时，该端口便视为处于阻塞状态，不过 STP 用来防止环路的 BPDU 帧仍可继续通行。STP BPDU 帧将在本章的后续部分详细介绍。阻塞冗余路径对于防止网络环路非常关键。为了提供冗余功能，这些物理路径实际依然存在，只是被禁用以免产生环路。一旦需要启用此类路径来抵消网络线缆或交换机故障的影响，STP 就会重新计算路径，将必要的端口解除阻塞，使冗余路径进入活动状态。STP 拓扑结构如图 4 – 21 所示。

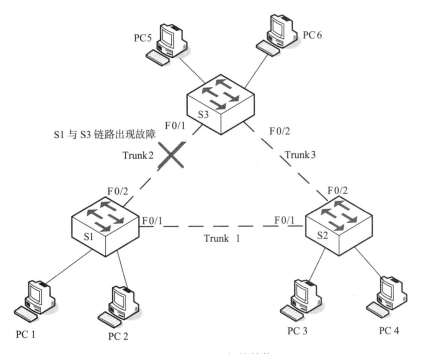

图 4 – 21　STP 拓扑结构

STP 使用 STA 计算网络中的哪些交换机端口应配置为阻塞才能防止形成环路。STA 会将一台交换机指定为根桥，然后将其用作所有路径计算的参考点。在图 4 – 22 中，交换机 S1 在选举过程中被选为根桥。所有参与 STP 的交换机互相交换 BPDU 帧，以确定网络中哪台交换机的 BID 最小。BID 最小的交换机将自动成为 STA 计算中的根桥。

BPDU 是运行 STP 的交换机之间交换的消息帧。每个 BPDU 都包含一个 BID，用于标识发送该 BPDU 的交换机。BID 内含有优先级值、发送方交换机的 MAC 地址及可选的扩展系统 ID。BID 值的大小由这 3 个字段共同决定。

确定根桥后，STA 会计算到根桥的最短路径。每台交换机都使用 STA 来确定要阻塞的端口。当 STA 为广播域中的所有目的地确定到达根桥的最佳路径时，网络中的所有流量都会停止转发。STA 在确定要开放的路径时，会同时考虑路径开销和端口开销。路径开销是根据端口开销值计算出来的，而端口开销值与给定路径上的每个交换机端口的端口速度相关联。端口开销值的总和决定了到达根桥的路径总开销。如果可供选择的路径不止一条，STA

会选择路径开销最小的路径。

STA 确定了哪些路径要保留为可用之后，它会将交换机端口配置为不同的端口角色。端口角色描述了网络中端口与根桥的关系，以及端口是否能转发流量。

（1）根端口。根端口存在于非根桥上，该端口具有到根桥的最佳路径。根端口向根桥转发流量，根端口可以使用所接收帧的源 MAC 地址填充 MAC 地址表。一个网桥只能有一个根端口，即最靠近根桥的交换机端口。如图 4-22 所示，交换机 S2 的根端口是 F0/1，该端口位于交换机 S2 与 S1 之间的中继链路上；交换机 S3 的根端口是 F0/1，该端口位于交换机 S3 与 S1 之间的中继链路上。

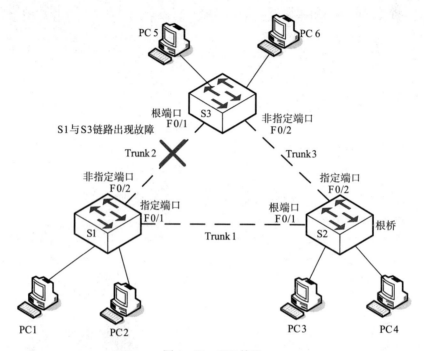

图 4-22 STP 算法

（2）指定端口。指定端口存在于根桥和非根桥上。根桥上的所有交换机端口都是指定端口。而对于非根桥，指定端口是指根据需要接收帧或向根桥转发帧的交换机端口。一个网段只能有一个指定端口。如果同一网段上有多台交换机，则会通过选举过程来确定指定交换机，对应的交换机端口即开始为该网段转发帧。指定端口可以填充 MAC 地址表。在图 4-22 中，交换机 S1 的端口 F0/1 和 F0/2 都是指定端口，交换机 S2 的 F0/2 端口也是指定端口。

（3）非指定端口。非指定端口是被阻塞的交换机端口，此类端口不会转发数据帧，也不会使用源地址填充 MAC 地址表。非指定端口不是根端口或指定端口。在某些 STP 的变体中，非指定端口称为替换端口。在图 4-23 中，STA 将交换机 S3 上的端口 F0/2 配置为非指定端口。交换机 S3 上的 F0/2 端口处于阻塞状态。

（4）禁用端口。禁用端口是处于管理性关闭状态的交换机端口。禁用端口不参与生成树过程。本示例中没有禁用端口。

2）设置端口优先级

可使用接口配置模式命令 spanning-tree port-priority value 来配置端口优先级值。端口优先级值的范围为 0~240（增量为 16）。默认的端口优先级值是 128。与网桥优先级一样，端口优先级值越低代表优先级越高。

如图 4-23 所示，端口 F0/1 的端口优先级设置为 112，低于默认端口优先级 128，这可确保该端口在与其他端口竞争特定端口角色时能够成为首选端口。

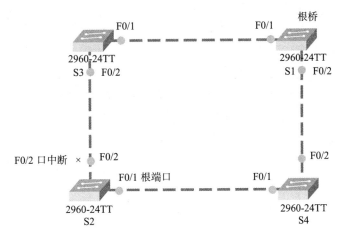

图 4-23　端口优先级

```
S2#configure terminal
Enter configuration commands,one per line. End with CNTL/Z.
S2(config)#interface f0/1
S2(config)#spanning-tree port-priority 112
S2(config)#end
```

当交换机将两个端口中的一个选为根端口时，落选端口会被配置为非指定端口，以防止形成环路。

3）检查端口的角色和优先级

当从逻辑上确认网络没有环路后，需要确认网络中各个交换机端口所扮演的角色及其具备的端口优先级。要检查交换机端口的端口角色和端口优先级，可使用特权执行模式命令 show spanning-tree。

show spanning-tree 命令的输出显示了所有交换机端口及其定义的角色。交换机端口 F0/1 和 F0/2 被配置为指定端口。输出还显示了每个交换机端口的端口优先级。交换机端口 F0/1 的端口优先级是 128.1。

```
S2#show spanning-tree
VLAN0001
  Spanning tree enabled protocol ieee
  Root ID    Priority 4097
             Address 00D0.BC57.4C55
             This bridge is the root
             Hello Time 2 sec Max Age 20 sec Forward Delay 15 sec
  Bridge ID  Priority 4097(priority 4096 sys-id-ext 1)
             Address 00D0.BC57.4C55
```

```
Hello Time 2 sec Max Age 20 sec Forward Delay 15 sec
Aging Time 20
Interface        Role      Sts      Cost      Prio.Nbr      Type
_____      ____      ___      ____      _____      ____
Fa0/1            Desg      FWD       19       128.1         P2p
Fa0/2            Altn      BLK       19       128.2         P2p
```

4）端口状态

STP 用于为整个广播域确定逻辑无环路径。互连的交换机通过交换 BPDU 帧来获知信息，生成树即根据这些信息而确定的。为了方便逻辑生成树的学习，每个交换机端口都会经过 5 种可能的端口状态并用到 3 个 BPDU 计时器。

交换机完成启动后，生成树便立即确定。如果交换机端口直接从阻塞状态转换到转发状态，而交换机此时并不了解所有拓扑信息，该端口可能会暂时形成数据环路。为此，STP 引入了 5 种端口状态，表 4-2 所示为交换机端口状态性质。

表 4-2   交换机端口状态性质

端口状态	端口性质
阻塞	该端口是非指定端口，不参与帧转发。此类端口接收 BPDU 帧来确定根桥交换机的位置和根 ID，以及最终的活动 STP 拓扑中每个交换机端口扮演的端口角色
侦听	STP 根据交换机迄今收到的 BPDU 帧，确定该端口可参与帧转发。此时，该交换机端口不仅会接收 BPDU 帧，它还会发送自己的 BPDU 帧，通知邻居交换机此交换机端口正准备参与活动拓扑
学习	端口准备参与帧转发，并开始填充 MAC 地址表
转发	该端口是活动拓扑的一部分，它会转发帧，也会发送和接收 BPDU 帧
禁用	该第二层端口不参与生成树，不会转发帧。当管理性关闭交换机端口时，端口即进入禁用状态

5）BPDU 计时器

端口处于各种端口状态的时间长短取决于 BPDU 计时器。只有角色是根桥的交换机才可以通过生成树发送信息来调整计时器。以下计时器决定了 STP 的性能和状态转换，见表 4-3。

表 4-3   BPDU 计时器

BPDU 计时器	作用
hello 时间	hello 时间是端口发送 BPDU 帧的间隔时间。此值默认为 2s，但是可调整为 1~10s
转发时延	转发延迟是处于侦听和学习状态的时间。默认情况下，每转换一个状态要等待 15s，但是可调整为 4~30s
最大老化时间	最大老化时间计时器控制着交换机端口保存配置 BPDU 信息的最长时间。此值默认为 20s，但是可调整为 6~40s

启用 STP 后，网络中的每个交换机端口在通电时都会经过阻塞状态及短暂的侦听和学

习状态，然后端口稳定在转发状态或阻塞状态。当拓扑发生改变时，端口会临时进入侦听和学习状态一段时间，该时间称为转发延迟间隔。

交换机直径是指广播域中相距最远的两个端点之间传送帧时，该帧需要经过的交换机数。通过上述 3 个计时器，交换机直径为 7 的网络便能有充足的时间达到收敛。由于收敛时间的缘故，STP 最多只支持直径为 7 的交换机网络。生成树收敛是指在发生交换机或链路故障时，重新计算生成树所花费的时间。

建议不要直接调整 BPDU 计时器，因为这些值已针对交换机直径的进行了网络优化。如果将根桥上的生成树直径值调整为较小的值，那么转发延迟和最大老化时间计时器也会针对新的直径自动进行适当调整。通常不调整 BPDU 计时器，也不重新配置网络直径。但是，如果经过调查后，网络管理员认为网络的收敛时间可进一步优化，则可以通过重新配置网络直径（而不是 BPDU 计时器）进行优化。

要为 STP 配置不同的交换机直径，可在根桥交换机上使用全局配置模式命令 spanning – tree vlan vlan id root primary diameter value。例如，在全局配置模式下输入命令"spanning – tree vlan 1 root primary diameter 5"，可将生成树直径调整为 5。

```
S1#configure terminal
Enter configuration commands,one per line.End with CNTL/Z.
S1(config)#spanning – tree vlan 1 root primary diameter 5
S1(config)#end
```

快速 PVST + 命令控制着 VLAN 生成树实例的配置。将接口指定给一个 VLAN 时生成树实例即会创建，而将最后一个接口移至其他 VLAN 时生成树实例即被删除。可以在创建生成树实例之前配置 STP 交换机和端口参数，这些参数会在形成环路或创建生成树实例时应用。但是，务必确保 VLAN 上每个环路中至少有一台交换机在运行生成树，否则可能形成广播风暴。PVST + 拓扑结构如图 4 – 24 所示，配置与校验命令见表 4 – 4。

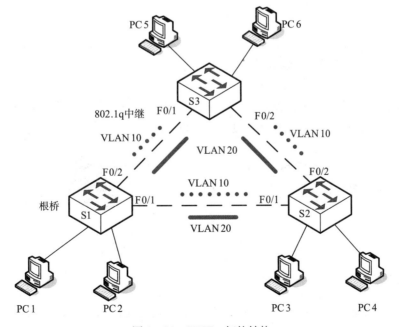

图 4 – 24　PVST + 拓扑结构

表 4-4 配置与校验命令

命令语法	配置命令
进入全局配置模式	configure terminal
配置快速 PVST+生成树模式	spanning - tree mode rapid - pvst
指定要配置的接口并进入接口配置模式	interface
将此端口的链路类型指定为点对点	spanning - tree link - type point - to - piont
返回特权执行模式	end
清除所有检测到的 STP	clear spanning - tree detected - protocols

4.5 实践练习

4.5.1 通过 Telnet 远程管理交换机或路由器

微课 4-7

1. 工作任务

企业园区网覆盖范围较大时，交换机会分别放置在不同地点，如果每次配置交换机时都到交换机所在地进行现场配置，网络管理员的工作量会很大。为了方便管理，无论交换机放置在什么地点，网络管理员都可以在自己的办公室进行远程管理，于是就需要在交换机上设置 Telnet。首先网络管理员必须熟悉交换机的调试界面，掌握二层交换机的各种登录方法，为交换机配置 IP 地址、创建用户，并为用户设置权限。具体步骤如下：

（1）连接计算机和交换机：通过专用配置线缆将计算机的 COM 口与交换机的 Console 口相连。

（2）登录交换机，完成 IP 地址、网关、子网掩码的设置。

（3）进行账户的管理。

（4）熟悉 Web 及 Telnet 管理模式。·

用一台计算机作为控制终端，通过交换机的串口登录交换机，设置 IP 地址、网关和子网掩码；给交换机配置一个和控制台终端在同一个网段的 IP 地址，开启 HTTP 服务，通过 Web 界面管理配置交换机，其拓扑结构如图 4-25 所示。

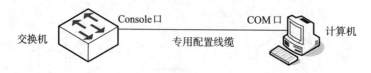

图 4-25 拓扑结构

2. 任务实施

如果用户已经通过 Console 口正确配置以太网交换机管理 VLAN 接口的 IP 地址（在 VLAN 接口视图下使用 ip address 命令），并已指定与终端相连的以太网端口属于该管理

VLAN（在 VLAN 视图下使用 port 命令），则可以利用 Telnet 登录到以太网交换机，然后对其进行配置。

为交换机配置主机名、管理 IP 地址和相关口令。

Telnet 用户登录时，默认需要进行口令认证，如果没有配置口令而通过 Telnet 登录，则系统会提示"password required, but none set."。

```
Switch>enable
! 从用户模式进入特权模式;
Switch#configure terminal
! 从特权模式进入全局配置模式;
Switch(config)#hostname SW1
! 将交换机命名为 SW1;
SW1(config)#interface vlan1
! 进入交换机的管理 VLAN;
SW1(config-if)#ip address 192.168.1.1 255.255.255.0
! 为交换机配置 IP 地址和子网掩码;
SW1(config-if)#no shutdown
! 激活该 VLAN;
SW1(config-if)#exit
! 从当前模式退到全局配置模式;
SW1(config)#line console 0
! 进入控制台模式;
SW1(config-line)#password teacher
! 设置控制台登录密码为 teacher;
SW1(config-line)#login
! 登录时使用此验证方式;
SW1(config-if)#exit
! 从当前模式退到全局配置模式;
SW1(config)#line vty 0 4
! 进入 Telnet 模式;
SW1(config-line)#password student
! 设置 Telnet 登录密码为 student;
SW1(config-line)#login
! 登录时使用此验证方式;
SW1(config-if)#exit
! 从当前模式退到全局配置模式;
SW1(config)#enable secret network
! 设置特权口令密码为 network;
SW1#copy running-config startup-config
! 将正在运行的配置文件保存到系统的启动配置文件;
```

```
Destination filename[startup-config]?
! 系统默认的文件名 startup-config;
Building configuration...
[OK]
! 系统显示保存成功。
```

3. 任务结果

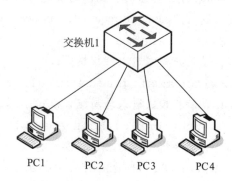

步骤1：如图4-26所示，通过局域网搭建本地配置环境，只需将计算机以太网口通过局域网与交换机的以太网口连接，所有PC都可以远程登录到交换机SW1。

步骤2：在远程登录之前，首先测试交换机和计算机的连通性，用计算机ping通交换机。在计算机上运行Telnet程序，输入与计算机相

图4-26 通过局域网搭建本地配置环境

连的以太网口所属VLAN的IP地址，远程登录交换机，如图4-27所示。

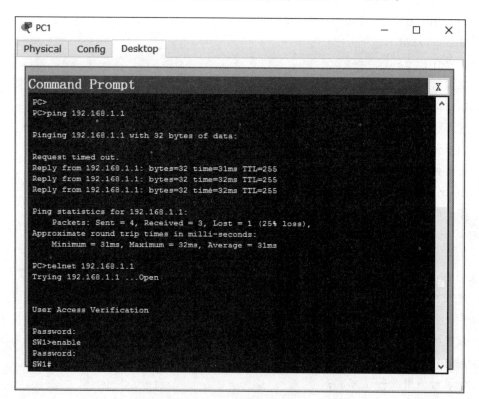

图4-27 运行Telnet程序

步骤3：终端屏幕上显示"User Access Verification"，并提示用户输入已设置的登录口令，口令输入正确后则出现命令行提示符（如"Switch>"）。如果出现"Too many users!"的提示，则表示当前登录到以太网交换机的Telnet用户过多，应稍候再进行连接（以太网交换机在通常情况下最多允许5个Telnet用户同时登录）。

步骤 4：使用相应命令配置以太网交换机或查看以太网交换机的运行状态。需要帮助时可以随时输入"？"，如图 4 - 28 所示。

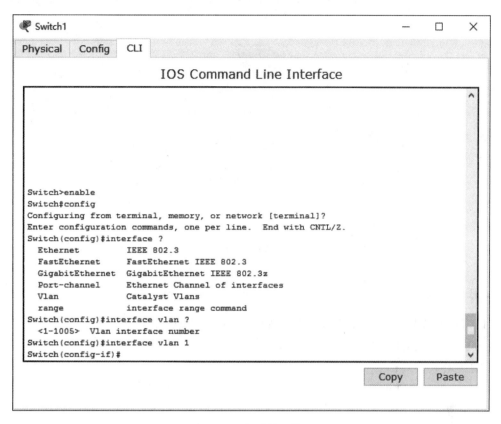

图 4 - 28 帮助键的使用

4.5.2 VLAN 划分实例

1. 工作任务

假如你是某公司的一位网络管理员，公司有技术部、销售部、财务部等部门，公司领导要求你组建公司的局域网。该公司规模较小，只有一个路由器，且路由器接口有限，所有部门只能使用一台交换机互连，若将所有部门组建成一个局域网，则网速很慢，最终可能导致网络瘫痪。各部门内部主机之间有一些业务往来，需要频繁通信，但部门之间为了保证安全并提高网速，禁止它们互相访问。要求你对交换机进行适当的配置来满足该公司的要求。

针对用户的需求，可以通过划分虚拟局域网来解决此问题，即分别为技术部、销售部、财务部划分 VLAN10、VLAN20、VLAN30。同时，将各部门的用户加入相应 VLAN，将交换机的 1 ~ 8 端口加入 VLAN10，将交换机的 9 ~ 16 端口加入 VLAN20，将交换机的 17 ~ 24 端口加入 VLAN30，利用基于端口的 VLAN 技术对交换机端口进行二层隔离，使属于同一 VLAN 的用户之间可以进行二层通信，即属于同一子网；属于不同 VLAN 的用户之间不能进行工作组级的二层访问，确保不同部门用户对网络信息的访问权限不同。

用一台 PC 作为控制台终端，通过交换机的 Console 口进行登录（也可以给交换机先配置一个和控制台终端在同一个网段的 IP 地址，并开启 HTTP 服务，通过 Web 界面进行管理配置），划分 3 个基于端口的 VLAN。利用 VLAN 隔离交换机端口的网络拓扑结构如图 4 - 29 所示。

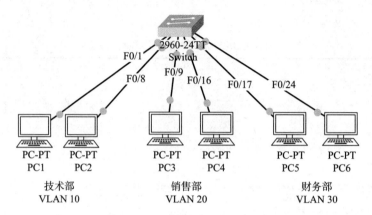

图 4 - 29　利用 VLAN 隔离交换机端口的网络拓扑结构

2. 任务实施

（1）创建 VLAN 并命名。公司各部门 VLAN 的配置情况如下：

```
Switch > enable
！进入特权模式；
Switch#configure terminal
Enter configuration commands,one per line. End with CNTL/Z.
！进入全局配置模式；
Switch(config)#vlan 10
！为技术部创建 VLAN10,通常 VLAN 的编号为 1～4096,其中 VLAN1、1002～1005 为
系统默认的 VLAN;
Switch(config-vlan)#name department-technology
！将 VLAN10 命名为 department-technology;
Switch(config-vlan)#exit
Switch(config)#vlan 20
！为销售部创建 VLAN20;
Switch(config-vlan)#name department-sales
！将 VLAN20 命名为 department-sales;
Switch(config-vlan)#exit
Switch(config)#vlan 30
！为财务部创建 VLAN30;
Switch(config-vlan)#name department-finance
！将 VLAN30 命名为 department-finance;
Switch(config-vlan)# ^Z
```

！按"Ctrl + Z"组合键退到特权模式；

Switch#show vlan

！查看交换机当前的 VLAN 配置信息；

VLAN	Name	Status	Ports
1	default	active	Fa0/1,Fa0/2,Fa0/3,Fa0/4,Fa0/5,Fa0/6
			Fa0/7,Fa0/8,Fa0/9,Fa0/10,Fa0/11
			Fa0/12,Fa0/13,Fa0/14,Fa0/15,Fa0/16
			Fa0/17,Fa0/18,Fa0/19,Fa0/20,Fa0/21,
			Fa0/22,Fa0/23,Fa0/24
10	department - technology	active	
20	department - sales	active	
30	department - finance	active	
1002	fddi - default	act/unsup	
1003	token - ring - default	act/unsup	
1004	fddinet - default	act/unsup	
1005	trnet - default	act/unsup	

从上面显示的 VLAN 信息可以看出，除了交换机出厂设置的默认 VLAN 外，另外配置了 VLAN10、VLAN20 和 VLAN30，其 VLAN 名称分别为 department - technology、department - sales 和 department - finance，但所有端口属于默认 VLAN1。

（2）将交换机的端口加入相应 VLAN。

Switch(config)#interface range fastEthernet 0/1 - 8

！进入交换机的 1～8 端口,range 表示连续进入多口,下面的配置对 1～8 端口有效；

Switch(config - if - range)#switch mode access

！将交换机端口模式改为 access 模式,此端口用于连接计算机,只有在此模式下才能将端口加入 VLAN；

Switch(config - if - range)#switch access vlan 10

！把交换机的 1～8 端口加入 VLAN10；

Switch(config - if - range)#exit

Switch(config)#interface range fastEthernet 0/9 - 16

！进入交换机的 9～16 端口；

Switch(config - if - range)#switch mode access

！将交换机端口模式改为 access 模式；

Switch(config - if - range)#switch access vlan 20

！把交换机的 9～16 端口加入 VLAN20；

Switch(config - if - range)#exit

Switch(config)#interface range fastEthernet 0/17 - 24

！进入交换机的 17～24 端口；

Switch(config - if - range)#switch mode access

！将交换机端口模式改为 access 模式；

Switch(config‐if‐range)#switch access vlan 30

! 把交换机的 17～24 端口加入 VLAN30;

Switch(config‐if‐range)#end

! 退至特权模式;

Switch#copy running‐config startup‐config

! 将正在运行的配置文件保存到系统的启动配置文件;

Destination filename[startup‐config]?

! 系统默认的文件名 startup‐config;

Building configuration...

[OK]

! 系统显示保存成功。

（3）查看交换机的 VLAN 信息。

Switch#show vlan

! 查看交换机的 VLAN 信息,也可以使用 show vlan brief 命令查看 VLAN 的简要信息;

```
VLAN  Name                 Status   Ports
1     default                       active
10    department‐technology  active   Fa0/1,Fa0/2,Fa0/3,Fa0/4,Fa0/5,
                                     Fa0/6,Fa0/7,Fa0/8
20    department‐sales       active   Fa0/9,Fa0/10,Fa0/11,Fa0/12,
                                     Fa0/13,Fa0/14,Fa0/15,Fa0/16
30    department‐finance     active   Fa0/17,Fa0/18,Fa0/19,Fa0/
                                     20,Fa0/21,Fa0/22,
                                     Fa0/23,Fa0/24
1002  fddi‐default           act/unsup
1003  token‐ring‐default     act/unsup
1004  fddinet‐default        act/unsup
1005  trnet‐default          act/unsup
```

从上面显示的 VLAN 信息可以看出，交换机的 1～8 端口属于 VLAN10，9～16 端口属于 VLAN20，17～24 端口属于 VLAN30。不同业务部门的端口已在不同的 VLAN，可以隔离不同部门用户之间的二层通信。

3. 任务结果

交换机配置完成后，必须进行网络连通性测试，以确保两个部门的二层通信被隔离。

（1）PC1、PC2 可以相互 ping 通，但不能 ping 通其他主机，如图 4-30 所示。

（2）PC3、PC4 可以相互 ping 通，但不能 ping 通其他主机。

（3）PC5、PC6 可以相互 ping 通，但不能 ping 通其他主机。

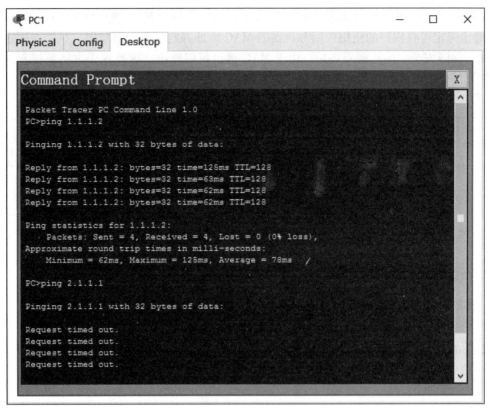

图 4 - 30　网络连通性测试

4.5.3　端口 - MAC 地址表的绑定

1. 工作任务

假如你是某公司的网络管理员，公司要求对网络进行严格控制。为了防止公司内部用户的 IP 地址冲突，防止公司内部的网络攻击和破坏行为，为每一位员工分配固定的 IP 地址，并且只允许公司员工的主机使用网络，不得随意连接其他主机，端口 - MAC 地址绑定组网环境如图 4 - 31 所示。

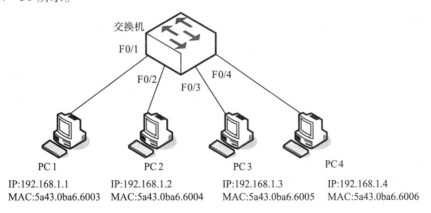

图 4 - 31　端口 - MAC 地址绑定组网环境

掌握静态端口和 MAC 地址绑定的配置方法，验证端口和 MAC 地址绑定的功能。端口 – MAC 地址绑定可将用户的使用权限和机器的 MAC 地址绑定起来，限制用户只能在固定的机器上网，保障安全，防止账号盗用。由于 MAC 地址可以修改，因此这个方法可以起到一定的作用，但仍有漏洞。端口 – MAC 地址绑定情况见表 4 – 5。

表 4 – 5   端口 – MAC 地址绑定情况

交换机的端口号	计算机的 MAC 地址	IP 地址
1	5a43. 0ba6. 6003	192. 168. 1. 1
2	5a43. 0ba6. 6004	192. 168. 1. 2
3	5a43. 0ba6. 6005	192. 168. 1. 3
4	5a43. 0ba6. 6006	192. 168. 1. 4

2. 任务实施

具体的配置命令如下：

```
Switch > enable
Switch#configure terminal
Switch(config)#interface range fastethernet 0/1 – 4
! 进入交换机的 1 ~ 4 端口;
Switch(config – if)#switch mode access
! 将交换机的端口设置为访问模式,即用来接入计算机;
Switch(config – if)#switchport port – security
! 打开交换机的端口安全功能;
Switch(config – if)#switchport port – security maximum 10
! 只允许该端口下的 MAC 条目最大数量为 10,即只允许接入 10 台设备;
Switch(config – if)#switchport port – security violation shutdown
! 违反规则就关闭端口;
Switch(config – if)#switch port port – security mac – address sticky
! 启动黏滞获取 PC 的 MAC 地址。
```

3. 任务结果

为交换机配置端口安全性之后，需要验证配置是否正确。应检查每一个接口以确保端口安全性都已设置正确，还必须确保配置的静态 MAC 地址也都正确。要显示交换机或指定接口的端口安全性设置，需要使用 show port – security［interfaceinterface – id］命令。其输出将显示以下内容：

（1）每个接口允许的安全 MAC 地址的最大数量；

（2）接口上现有的安全 MAC 地址的数量；

（3）已经发生的安全违规的次数；

（4）违规模式。

```
Switch#show port – security interface f0/1
```

```
Port Security                      :Enabled
Port Status                        :Secure - up
Violation Mode                     :Shutdown
Aging Time                         :0 mins
Aging Type                         :Absolute
SecureStatic Address Aging         :Disabled
Maximum MAC Addresses              :10
Total MAC Addresses                :1
Configured MAC Addresses           :0
Sticky MAC Addresses               :1
Last Source Address:Vlan           :5a43.0ba6.6003:1
Security Violation Count           :0
Switch#show port - security address
```

Secure Mac Address Table

Vlan	Mac Address	Type	Ports	Remaining Age(mins)
1	5a43.0ba6.6003	SecureSticky	FastEthernet0/1	-
1	5a43.0ba6.6004	SecureSticky	FastEthernet0/2	-
1	5a43.0ba6.6005	SecureSticky	FastEthernet0/3	-
1	5a43.0ba6.6006	SecureSticky	FastEthernet0/4	-

```
Total Addresses in System(excluding one mac per port)        :0
Max Addresses limit in System(excluding one mac per port)    :1024
Switch#show mac - address - table
```

Mac Address Table

Vlan	Mac Address	Type	Ports
1	5a43.0ba6.6003	STATIC	Fa0/1
1	5a43.0ba6.6004	STATIC	Fa0/2
1	5a43.0ba6.6005	STATIC	Fa0/3
1	5a43.0ba6.6006	STATIC	Fa0/4

4.5.4 STP 配置实例

1. 工作任务

某公司的技术部与销售部用户分别通过两台交换机接入公司总部，这两个部门平时经常有业务往来，要求保持两个部门的网络畅通。为了提高网络的可靠性，网络管理员用两条链路将交换机互连，分别使用交换机的 23、24 端口进行互连，交换机 1 为根交换机，如图 4－32 所示。现在要求在交换机上配置 STP 或 RSTP，使网络既有冗余又避免环路。

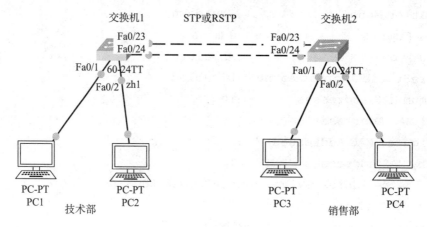

图 4－32　公司网络拓扑结构

2. 任务实施

（1）配置交换机 1。配置交换机的系统名、管理 IP 地址和 Trunk。

```
Switch > enable
Switch#configure terminal
Switch(config)#hostname Switch1
! 更改系统名;
Switch1(config)#interface vlan 1
! 设置管理 IP 地址;
Switch1(config)#ip address 192.168.1.1 255.225.255.0
Switch1(config)#no shutdown
Switch1(config)#interface fastEthernet 0/23
Switch1(config-if)#switchport mode trunk
! 设置级联端口;
Switch1(config-if)#exit
Switch1(config)#interface fastEthernet 0/24
Switch1(config-if)#switchport mode trunk
! 在交换机上启动 RSTP,设置交换机 1 为根桥;
Switch1(config)#spanning-tree vlan 1 priority 0
! 默认优先级为 32768,其中取值为 4096 的倍数,值越小优先级越高;
Switch1(config)#spanning-tree mode rapid-pvst
! 设置使用 RSTP;
Switch1(config)#interface range fastethernet 0/1-2
Switch1(config-if-range)#duplex full
! 指定接口为全双工模式;
```

Switch1(config-if-range)#spanning-tree link-type point-to-point

！将链路类型标识为点到点模式。

（2）交换机 2 的配置方法与交换机 1 类似，但不用设置生成树协议的优先级，默认为 32 768。

3. 任务结果

查看 RSTP 的状态：

Switch1#show spanning-tree

VLAN0001

  Spanning tree enabled protocol rstp

！以上信息表明 VLAN1 已经启用 RSTP；

  Root ID   Priority   1

                Address   00E0.A344.683A

                This bridge is the root

！此条信息表明该网桥即根网桥；

                    Hello Time 2 sec Max Age 20 sec Forward Delay 15 sec

！以上信息为 VLAN1 的根桥信息。在该交换网络中,根桥的优先级为 0,VLAN 编号为

！1,查看信息显示的 Priority 为 1,即网桥 ID＝网桥优先级＋VLAN 编号,在选举根桥时,当网桥 ID 相同时,需要比较网桥的 MAC 地址,MAC 地址较小者能成为根桥。该示例中,根桥的物理地址为 00E0.A344.683A。

  Bridge ID   Priority   1(priority 0 sys-id-ext 1)

                Address   00E0.A344.683A

                Hello Time 2 sec Max Age 20 sec Forward Delay 15 sec

                Aging Time 20

！以上信息表明本网桥的 MAC 地址和根桥的 MAC 地址相同,说明本网桥即根桥。

Interface	Role	Sts	Cost	Prio.Nbr	Type
Fa0/23	Desg	FWD	19	128.23	P2p
Fa0/24	Desg	FWD	19	128.24	P2p

本章习题

一、选择题

1. 将局域网接入 Internet 的首选设备是（　　　）。

A. 集线器　　　　　　B. 交换机　　　　　　C. 路由器　　　　　　D. 网关

2. 在交换机中删除 VLAN 时需要使用命令 no vlan 0005，其中 0005 表示（　　　）。

A. VLAN 编号　　　　　　　　　　　　B. VLAN 名称

C. VLAN 编号或名称　　　　　　　　　D. 既不是 VLAN 编号也不是名称

3. 对于已经划分了 VLAN 后的交换式以太网，下列说法中错误的是（　　　）。

A. 位于一个 VLAN 的各个端口属于一个冲突域

B. 交换机的每个端口本身是一个冲突域

C. 位于一个 VLAN 的各个端口属于一个广播域

D. 属于不同 VLAN 的各个端口的计算机之间，不用路由器等三层设备不能连通

4. 网络管理员希望为一台交换机配置 IP 地址，正确的配置方法是（   ）。

A. 在交换机的 0/1 端口下配置   B. 在特权模式下配置

C. 在管理 VLAN 下配置   D. 在连接到路由器的物理接口下配置

5. （   ）命令行界面（Command – Line Interface，CLI）模式允许用户配置主机名和口令等交换机参数。

A. 用户执行模式   B. 特权执行模式   C. 全局配置模式   D. 接口配置模式

6. 如图 4 – 33 所示，（   ）会接收主机 A 发送的广播帧。

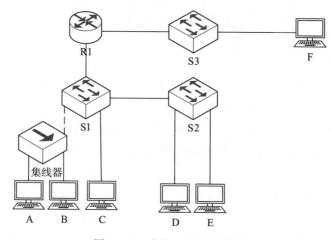

图 4 – 33   主机 A 发送广播帧

A. 主机 A 和主机 B

B. 主机 A、主机 B 和主机 C

C. 主机 B、主机 C、主机 D 和主机 E

D. 主机 A、主机 B、主机 C、主机 D、主机 E 和主机 F

7. 交换机使用（   ）条件来选择根桥。

A. 网桥的优先级和 MAC 地址   B. 交换速度

C. 端口数量   D. 交换机位置

8. 如果网络管理员在交换机上输入以下命令，则产生的结果是（   ）。

```
Switch1(config - line)#line  console 0
Switch1(config - line)#password  cisco
Switch1(config - line)#login
```

A. 采用口令 cisco 来保护控制台端口

B. 通过将可用的线路数指定为 0 来拒绝用户访问控制台端口

C. 通过提供所需的口令来访问线路配置模式

D. 配置用于远程访问的特权执行口令

9. 如图 4 - 34 所示，交换机 Switch1 的具体配置如下，当 Host 1 试图发送数据时
(　　)。

图 4 - 34　Host 1 发送数据

Switch1(config)#interface fastEthernet 0/6

Switch1(config-if)#switchport mode access

Switch1(config-if)#switchport port-security

Switch1(config-if)#switchport port-security maximum 1

Switch1(config-if)#switchport port-security mac-address 00b0.d053.2ae9

Switch1(config-if)#switchport port-security violation shutdown

A. 来自主机 1 的帧会导致接口关闭

B. 会丢弃来自主机 1 的帧，且不发送日志消息

C. 来自主机 1 的帧会在运行配置中创建 MAC 地址条目

D. 来自主机 1 的帧会删除地址表中的所有 MAC 地址条目

10. 如图 4 - 35 所示，如果 S1 的 MAC 地址表为空，S1 会对从 PC_ A 发送到 PC_ C 的
帧采取 (　　) 操作。

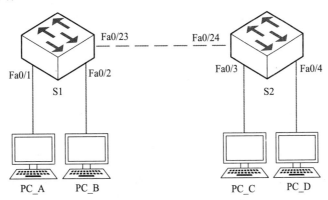

图 4 - 35　PC_ A 发送帧到 PC_ C

A. S1 会丢弃该帧

B. S1 会将该帧从除端口 Fa0/1 之外的所有端口泛洪出去

C. S1 会将该帧从该交换机上除端口 Fa0/23 和 Fa0/1 之外的所有端口泛洪出去

D. S1 会采用 CDP 同步两台交换机的 MAC 地址表，然后将帧转发到 S2 上的所有端口

二、实践题

1. 网络管理员必须怎样做才能将快速以太网端口 Fa0/1 从 VLAN2 中删除并将其分配给
VLAN3。

2. 为交换机 S1 和 S2 创建相应 VLAN 并添加端口，如图 4 - 36 所示，实现跨交换机相同
VLAN 间通信。

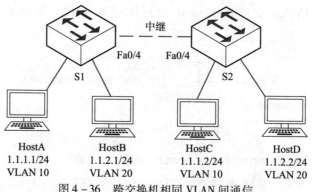

图 4-36　跨交换机相同 VLAN 间通信

3. 如图 4-37 所示,该网络中所有交换机的端口-MAC 地址表均为空,而且该网络中的交换机已禁用 STP,则该网络会如何处理主机 PC1 所发送的广播帧?

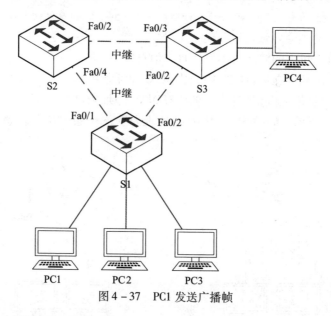

图 4-37　PC1 发送广播帧

4. 如图 4-38 所示,服务器发送了一个 ARP 请求,询问其默认网关的 MAC 地址。如果未启用 STP,则此 ARP 请求的结果是什么?

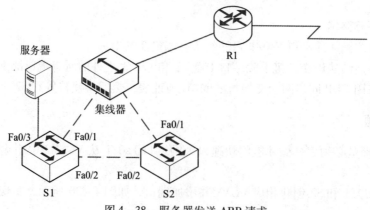

图 4-38　服务器发送 ARP 请求

5. 如图 4 – 39 所示，在交换机 S1、S2、S3 上创建 VLAN10、VLAN20、VLAN30，并为 VLAN 添加相应端口，最终通过测试，实现跨交换机相同 VLAN 间通信。

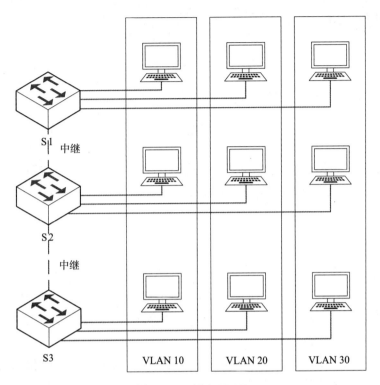

图 4 – 39　创建 VLAN

第5章

无线局域网

5.1 概　述

随着 Internet 的飞速发展，通信网络从传统的布线网络发展到了无线网络阶段。作为无线网络之一的无线局域网（Wireless Local Area Network，WLAN）满足了人们实现移动办公的梦想，为人们创造了一个丰富多彩的自由网络世界。

5.1.1 无线局域网的定义

WLAN 技术发展迅速，而且在网络中的应用日益增多。由于其除了具有传统 LAN 技术的全部优势外，在移动性上也有着巨大的便利性，因此迅速获得使用者的青睐。特别是当前 WLAN 设备的价格进一步降低，同时其速度进一步提高到 1 000Mbit/s 后，WLAN 技术在各行各业及家庭中得到了广泛的应用。

WLAN 是计算机网络与无线通信技术相结合的产物，其允许用户使用红外线技术及射频技术建立远距离或近距离的无线连接，实现网络资源的共享。WLAN 不需要铺设线缆，安装简单，使用灵活且易于扩展，能够实现现代人"随时保持网络连接"的状态。例如，企业经理在会议室开会时联网、员工在外地出差时接收邮件、乘客在列车上连接 Internet 的高清电视观看流媒体电影，这些功能都是有线网络无法实现的。

5.1.2 无线局域网的特点

无线网络与有线网络的用途十分相似，两者最大的差别在于传输介质不同。WLAN 利用无线电技术取代网线，可以和有线网络互为备份。WLAN 的优点如下：

（1）灵活性和移动性。在有线网络中，网络设备的安放位置受网络位置的限制，而 WLAN 在无线信号覆盖区域内的任何一个位置都可以接入网络。WLAN 的另一个优点在于其移动性，连接到 WLAN 的用户可以移动且能同时与网络保持连接。

（2）安装便捷。WLAN 可以免去或最大限度地减少网络布线的工作量，一般只要安装一个或多个接入点设备，就可建立覆盖整个区域的无线局域网。

（3）易于进行网络规划和调整。对于有线网络来说，办公地点或网络拓扑的改变通常意味着重新建网，而重新布线是一个昂贵、费时和琐碎的过程，WLAN 可以避免或减少这种情况的发生。

（4）故障定位容易。有线网络一旦出现物理故障，尤其是线路连接不良所造成的网络中断往往很难查明，而且检修线路需要付出很大的代价。WLAN 很容易定位故障，只需更换故障设备即可恢复网络连接。

（5）易于扩展。WLAN 有多种配置方式，可以很快从只有几个用户的小型局域网扩展到具有上千用户的大型网络，并且能够提供节点间"漫游"等有线网络无法实现的功能。由于 WLAN 有以上诸多优点，因此其发展十分迅速。现在，WLAN 已经在企业、医院、商店、工厂和学校等场合得到了广泛的应用。

WLAN 在给网络用户带来便捷和实用的同时也存在着一些缺陷。WLAN 的不足之处体现在以下几个方面：

（1）性能。WLAN 是依靠无线电波进行传输的。这些电波通过无线发射装置进行发射，而建筑物、车辆、树木和其他障碍物都可能阻碍无线电波的传输，会影响网络的性能。

（2）速率。无线信道的传输速率与有线信道相比低得多。WLAN 的最大传输速率为 1Gbit/s，只适合个人终端和小规模网络应用。

（3）安全性。无线电波本质上不要求建立物理的连接通道，无线信号是发散的。从理论上来说，无线电波广播范围内的任何信号很容易被监听，造成通信信息泄漏。

5.2　无线局域网技术

5.2.1　无线局域网标准

1997 年，IEEE 发布了 802.11 标准，这也是在 WLAN 领域内第一个在国际上被认可的标准。该标准定义了物理层和 MAC 协议的规范，允许无线局域网及无线设备制造商在一定范围内建立互操作网络设备。

1999 年 9 月，IEEE 又提出了 802.11b High Rate 标准，用来对 802.11 标准进行补充。802.11b 在 802.11 的 1Mbit/s 和 2Mbit/s 速率下又增加了 5.5Mbit/s 和 11Mbit/s 两个新的网络吞吐速率。利用 802.11b，移动用户能够获得同以太网一样的性能、网络吞吐速率和可用性。这个基于标准的技术使管理员可以根据环境选择合适的局域网技术构造自己的网络，满足商业用户和其他用户的需求。802.11 标准主要工作在 OSI/RM 的最低两层上，并在物理层上进行了一些改动，增加了高速数字传输特性和连接稳定性。

1. IEEE 802.11a

IEEE 802.11a 采用正交频分复用（Orthogonal Frequency Division Multiplexing，OFDM）调制技术。802.11a 设备的运行频段是 5 GHz，由于使用 5 GHz 频段的电器较少，因此与运行频段为 2.4 GHz 的设备相比，802.11a 设备出现干扰的可能性更小。此外，由于其频率更高，因此所需的天线也更短。

然而，使用 5 GHz 频段也有一些严重的弊端。首先，无线电波的频率越高，就越容易被障碍物（如墙壁）所吸收。因此，在障碍物较多时，802.11a 很容易出现性能不佳的问题。其次，此频段的覆盖范围略小于 802.11b 或 802.11g。此外，包括俄罗斯在内的部分国家禁止使用 5 GHz 频段，这也导致 802.11a 的应用受到限制。

使用 2.4 GHz 频段也有一些优势。与 5GHz 频段的设备相比，2.4 GHz 频段的设备的覆盖范围更广。此外，此频段发射的信号不像 802.11a 那样容易受到阻碍。然而，使用 2.4 GHz 频段有一个严重的弊端，即许多电器也使用 2.4 GHz 频段，从而导致 802.11b 设备和 802.11g 设备容易相互干扰。

2. IEEE 802.11b

IEEE 802.11b 是最基本、应用最早的 WLAN 标准，它支持的最高数据传输速率为 11Mbit/s，基本能够满足办公用户的需要，因此得到了广泛应用。IEEE 802.11b 使用直接序列展频技术（Direct Sequence Spread Spectrum，DSSS），其指定的数据传输速率为（1、2、5.5 和 11）Mbit/s [2.4 GHz ISM（Industrial Scientific Medical）频段]。

3. IEEE 802.11g

IEEE 802.11g 支持的最大数据传输速率为 54Mbit/s。IEEE 802.11g 通过使用 OFDM 调制技术可在该频段上实现更高的数据传输速率。为向后兼容 IEEE 802.11b 系统，IEEE 802.11g 也规定了 DSSS 的使用，其所支持的 DSSS 数据传输速率为（1、2、5.5 和 11）Mbit/s，而 OFDM 数据传输速率为（6、9、12、18、24、48 和 54）Mbit/s。

4. IEEE 802.11n

IEEE 802.11n 草案标准旨在不增加功率或 RF 频段分配的前提下提高 WLAN 的数据传输速率并扩大其覆盖范围。IEEE 802.11n 在终端使用多个无线电发射装置和天线，每个装置都以相同的频率广播，从而建立多个信号流。多路输入/多路输出（Multiple - Input Multiple Output，MIMO）技术可以将一个高速数据流分割为多个低速数据流，并通过现有的无线电发射装置和天线同时广播这些低速数据流。这样，使用两个数据流时的理论最大数据传输速率可达 248 Mbit/s。

通常根据数据传输速率来选择使用何种 WLAN 标准。例如，IEEE 802.11a 和 IEEE 802.11g 至多支持 54 Mbit/s，而 IEEE 802.11b 至多支持 11 Mbit/s，这让 IEEE 802.11b 成为"慢速"标准，而 IEEE 802.11a 和 IEEE 802.11g 则成为首选标准。

5. IEEE 802.11ac

IEEE 802.11ac 是 IEEE 802.11 家族的一项无线网上标准，由 IEEE 标准协会制定，通过 5GHz 频带提供高通量的 WLAN，俗称 5G WiFi（5th Generation of Wi - Fi）。理论上它能够提供最少 1Gbit/s 带宽，进行多站式 WLAN 通信，或最少 500Mbit/s 的单一连线传输带宽。2008 年年底，IEEE 802 标准组织成立新小组，目的在于创建新标准来改善 IEEE 802.11 - 2007 标准，包括创建提高无线传输速率的标准，使无线网络能够提供与有线网络相当的传输性能。

IEEE 802.11ac 是 IEEE 802.11n 的继承者，它采用并扩展了源自 IEEE 802.11n 的空中接口（Air Interface）概念，包括更宽的 RF 带宽。

5.2.2 无线局域网的拓扑结构

根据所使用的 WLAN 设备情况和与有线局域网的不同结合形式，可以构建多种类型的无线局域网。

1. 无线对等网模式

无线对等网模式的网络设备只有无线网卡，通过在一组客户机上安装无线网卡，实现计算机之间的直接通信，无须基站或网络基础架构干预，即可组建最简单的 WLAN。如图 5 - 1 所示，其中任何一台计算机均可以兼作文件服务器、打印服务器及共享 Internet 时的代理服务器。这种模式仅用于只有少数几个用户的网络，在实际组网中较少使用。

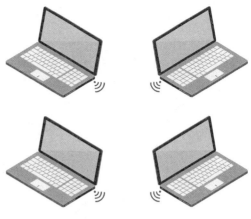

图 5 - 1　无线对等网模式

2. AP 模式

AP（Access Point）模式又称为基础框架模式，是采用最广泛的 WLAN 组网模式，如图 5 - 2 所示。

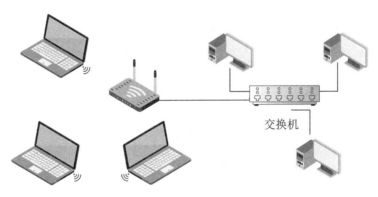

交换机

图 5 - 2　AP 模式

在实际的组网工作中，单纯、独立的 WLAN 并不多见，一般是在现有的有线局域网中接入一个 AP。AP 起两个作用，一是组建无线网络；二是在无线网络的工作站和有线 LAN 之间起网桥的作用，实现优先于无线的无缝集成，即允许无线工作站访问有线网络资源，也允许有线网络共享无线工作站中的信息。

当然，也可以不用交换机与 AP 直接相连，而是在任何一台有线 LAN 的工作站上加装一块无线网卡，通过 Windows 内置的软路由实现桥接器的功能。

AP 模式的一个变化，就是用无线宽带路由器来代替 AP。无线宽带路由器集成了 3 种功能，一是 AP 功能，它是无线网络的一个访问节点；二是集线器功能，无线宽带路由器一般都有 4 个以太网接口与有线局域网连接；三是路由器功能，无线宽带路由器有一个广域网接口，连接 ADSL Modem/Cable Modem 或其他广域网。无线宽带路由器连接模式如图 5 - 3 所示。目前，无线宽带路由器在家庭用户、网吧和中小型企业组网中得到了广泛的应用。

3. 点对点桥接模式

当网络规模较大，或者两个有线局域网相隔较远、布线困难时，可以采用点对点桥接模式。采用点对点桥接模式时，须在两个互连的网段之间各安装一个 AP，并且将其中一个 AP

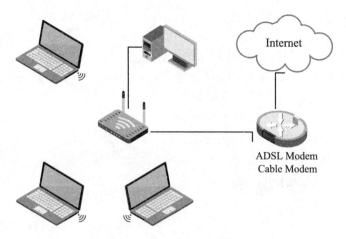

图 5 – 3　无线宽带路由器连接模式

设置为主节点（Master），将另一个 AP 设置为从节点（Slave）。由于点对点连接一般距离较远，为了提高通信质量，最好安装无线天线，且采用定向天线。点对点桥接模式既可以实现两个网段之间的互连，也可以实现有线主干的扩展。

4. 点对多点桥接模式

随着网络规模的扩大，当一个公司拥有两三个，甚至更多的分布式局域网办公网络，且局域网分布在不易布线、距离较远的多栋建筑物中时，可采用点对多点桥接模式互连网络。点对多点的无线网桥能够把多个离散的远程网络连成一体，在每个网段中都安装一个 AP 和无线天线，通常以一个网络为中心点以星型方式与其他网络互连。中心点的 AP 主节点必须采用全向无线天线，从节点最好采用定向天线。

5. AP Client（客户端）模式

该模式看起来比较特别，中心的 AP 设置称为 AP 模式，可以提供中心有线局域网络的链接和自身无线覆盖区域的无线终端接入。远端有线局域网络或单台计算机所连接的 AP 设置成 AP Client（客户端）模式，远端 WLAN 便可访问中心 AP 所连接的局域网络了。

6. 无线中继模式

当两个局域网间的距离超过无线局域网产品所允许的最大传输距离，或者在两个网络间有较高或较大干扰的建筑物时，可以在两个网络之间或建筑物上架设一个户外的无线 AP，实现信号的中继，以扩大无线网络的覆盖范围，其结构与点对多点桥接模式类似。需要使用双向天线或全向天线将作为中继站的无线 AP 设置为主节点，将其他网络的 AP 设置为从节点，并使用定向天线。无线中继模式适用于那些场地开阔、不便于敷设以太网线的场所，如大型开放式办公区域、仓库、码头等。

7. 无线漫游模式

在网络跨度很大的环境（如码头或石化、钢铁等现代化大型企业）中，某些员工可能需要使用移动设备，这时可以采用无线漫游模式，装备有无线网卡的移动终端才能够实现如手机般的漫游功能。无线漫游方案需要建立多个单元网络，基站设备必须通过有线基站连接。

无线漫游方案的 AP 除具有网桥功能外，还具有传递功能。当某一员工使用便携工作站，在局域无线漫游设备能覆盖的范围内移动时，这种传递功能可以将工作站从一个 AP "传递"给下一个 AP，这一切对于用户来说都是透明的。在此期间，用户的网络连接及数据传输都保持原状态，其根本感觉不到节点已经发生了变化，这就是所谓的"无缝漫游"。

5.2.3　无线局域网的传输介质

无线传输介质利用空间中传播的电磁波传送数据信号。WLAN 常用的传输技术包括扩频技术和红外技术。扩频技术的主要工作原理是在比正常频带宽的频带上扩展信号，目的是提高系统的抗干扰能力和可用性。红外传输技术通常采用漫散射方式，发送方和接收方不必互相对准，也不需要清楚地看到对方。

无线传输介质是人眼看不到的，它不需要铺设线缆，不受节点布局的限制，既能使用固定网络节点的接入，也能适应移动网络节点的接入，具有安装简单、使用灵活和易于扩展的特点。

但是，与有线介质中的信息传输相比，无线介质中信息传输的出错率较高，因为空间中的电磁波不但在穿过墙壁、家具等物体时强度有所减弱，而且容易受到同一频段中其他信号源的干扰。

随着 WLAN 技术的广泛应用和普及，用户对数据传输速率的要求越来越高，但是在室内这种较为复杂的电磁环境中，多径效应、频率选择性衰落和其他干扰源的存在使实现无线信道中的高速数据传输比在有线信道中更加困难，WLAN 需要采用合适的调制技术，通常使用扩频通信技术。

扩频通信是一种信息传输方式，其信号所占有的频带宽度远大于所传信息必需的最小带宽。频带的扩展是通过一个独立的码序列来完成的，通过编码及调制的方法来实现，与所传输的信息数据无关。在接收端则使用同样的码序列进行相关的同步接收、解扩及恢复所传的信息数据。

5.2.4　无线局域网的传输技术

1. FHSS 技术

FHSS（Frequency – Hopping Spread Spectrum）是一种利用频率捷变将数据扩展到频谱的 83MHz 以上的扩频技术。频率捷变是无线设备在可 RF 频段内快速改变发送频率的一种能力。FHSS 技术是依靠快速地转换传输的频率来实现的，每一个时间段内使用的频率和前后时间段的都不一样，所以发送者和接收者必须保持一致的跳变频率，这样才能保证接收信号正确。

在 FHSS 系统中，载波根据伪随机序列来改变频率或跳频（有时也称为跳码）。伪随机序列定义了 FHSS 信道，跳码是一个频率的列表。载波以指定的时间间隔跳到该列表中的频率上，发送器使用这个跳频序列来选择它的发射频率。载波在指定的时间内保持频率不变。接着，发送器花少量的时间跳到下一个频率上，当遍历了列表中的所有频率时，发送器就会重复这个序列。这种方式的缺点是速度慢，只能达到 1Mbit/s，如图 5 – 4 所示。

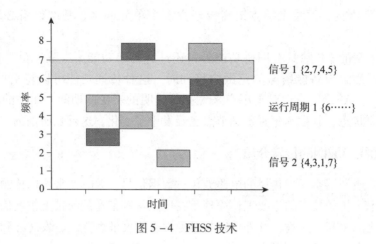

图 5 - 4 FHSS 技术

2. DSSS 技术

基于 DSSS 的调制技术有 3 种。最初 IEEE 802.11 标准制定在 1Mbit/s 数据速率下采用差分相干二进制相移键控（Different coherent Binary Psk，DBPSK）。若提供 2Mbit/s 的数据速率，要采用差分四相相移键控（Differential Quadrature PSK，DQPSK），这种方法每次处理两个比特码元，称为双比特。第三种是基于 CCK 的 QPSK，是 IEEE 802.11b 标准采用的基本数据调制方式。它采用了补码序列与直序列扩频技术，是一种单载波调制技术，通过 PSK 方式传输数据，传输速率分为 1Mbit/s、2Mbit/s、5.5Mbit/s 和 11Mbit/s。CCK 通过与接收端的 Rake 接收机配合使用，能够在高效率地传输数据的同时有效地克服多径效应。IEEE 802.11b 标准使用 CCK 调制技术来提高数据传输速率，最高可达 11Mbit/s，但传输速率一旦超过 11Mbit/s，为了对抗多径干扰，需要更复杂的均衡及调制，实现起来非常困难。因此，802.11 工作组为了推动 WLAN 的发展，又引入新的调制技术，如图 5 - 5 所示。

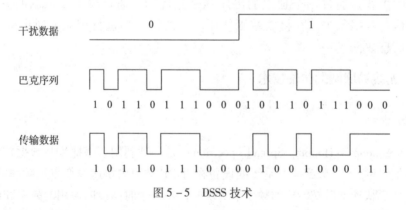

图 5 - 5 DSSS 技术

3. PBCC 调制技术

分组二进制卷积编码（Packet Binary Convolutional Coding，PBCC）调制技术已作为 IEEE 802.11g 的可选项被采纳。PBCC 也是单载波调制，但与 CCK 不同，它使用了更多复杂的信号星座图。PBCC 使用 8PSK，而 CCK 使用 BPSK/QPSK；另外，PBCC 使用卷积码，而 CCK 使用区块码，因此，它们的解调过程是不同的。PBCC 可以进行更高速率的数据传输，其传输速率为 11 Mbit/s、22 Mbit/s 和 33 Mbit/s。

4. OFDM 技术

正交频分复用（Orthogonal Frequency Division Multiplexing，OFDM）技术是一种无线环境下的高速多载波传输技术。无线信道的频率响应曲线大多是非平坦的，而 OFDM 技术的主要思想就是在频域内将给定信道分成许多正交子信道，在每个子信道上使用一个子载波进行调制，并且各子载波并行传输，从而有效地抑制无线信道的时间弥散所带来的符号间干扰（Inter Symbol Interference，ISI）。这样就减少了接收机内均衡的复杂度，有时甚至可以不采用均衡器，仅通过插入循环前缀的方式消除 ISI 的不利影响，FDM 信号频谱与 OFDM 信号频谱的比较如图 5-6 所示。

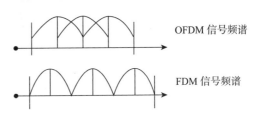

图 5-6　FDM 信号频谱与 OFDM 信号频谱的比较

OFDM 技术有非常广阔的发展前景，已成为第 4 代移动通信的核心技术。IEEE 802.11a/g 标准为了支持高速数据传输，都采用了 OFDM 调制技术。目前，OFDM 结合时空编码、分集、干扰［包括 ISI 和邻道干扰（Inter-Carrier Interference，ICI）］抑制及智能天线技术，最大限度地提高了物理层的可靠性。若再结合自适应调制、自适应编码及动态子载波分配、动态比特分配算法等技术，可以使其性能进一步优化。

5.3　无线局域网组网与安全

对于任何使用或管理网络的人来说，安全都是首先要考虑的问题。有线网络的安全是一个难题，无线网络的安全更是难上加难。在接入点覆盖范围内，持有相关凭证的任何人都可以访问 WLAN。只要有一块无线网卡和破解技术的知识，攻击者甚至无须实际进入工作场所即可访问 WLAN。

5.3.1　无线局域网的组网方式

IEEE 802.11 定义了两种类型的设备，一种是无线终端站，通常由一台计算机和一块无线网卡组成；另一种称为无线 AP，它的作用是提供无线网络和有线网络之间的桥接。一个无线 AP 通常由一个无线输出口和一个有线网络接口构成。桥接软件符合 IEEE 802.1d 桥接协议。无线 AP 就像无线网络的一个无线基站，将多个无线的接入站聚合到有线的网络上。无线终端可以是 IEEE 802.11 PCMCIA 卡、PCI 接口、ISA 接口，或者在非计算机终端上的嵌入式设备（如 IEEE 802.11 手机）。

IEEE 802.11 定义了两种模式：Ad-Hoc 模式和 Infrastructure（基础结构）模式。在 Infrastructure 模式中，无线网络至少有一个和有线网络连接的无线 AP 及一系列无线终端站，这种配置称为一个基本服务集（Basic Service Set，BSS）。扩展服务集（Extended Service Set，ESS）是由两个或多个 BSS 组成的单一子网。

1. Ad-Hoc 模式

Ad-Hoc 模式也称为点对点模式（Peer to Peer）或 IBSS（Independent Basic Service

Set），是一种简单的系统组成方式。以这种方式连接的设备相互之间可直接通信，而不用经过一个无线 AP 与有线网络连接。

在 Ad – Hoc 模式中，每个客户机都是点对点的，只要在信号可达的范围内，都可以进入其他客户机获取资源，不需要连接 AP。对于家庭及小型办公用户（SOHO）建立无线网络来说，这是最简单、最实惠的方法。

Ad – Hoc 模式是点对点的对等结构，相当于有线网络中的两台计算机直接通过网卡互连，中间没有集中接入设备（AP），信号直接在两个通信端点对点传输，如图 5 – 7 所示。

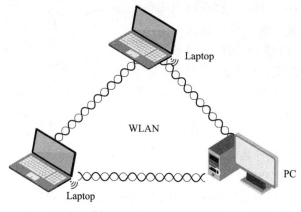

图 5 – 7　Ad – Hoc 模式

2. Infrastructure 模式

Infrastructure 模式（图 5 – 8）要求使用无线 AP。在这种模式中，两台计算机间的所有无线连接都必须通过 AP，不管 AP 是有线连接在以太网中或者是独立的。AP 可以扮演中继器的角色，扩展独立 WLAN 的工作范围，这样可以有效地使无线工作站间的距离翻倍。

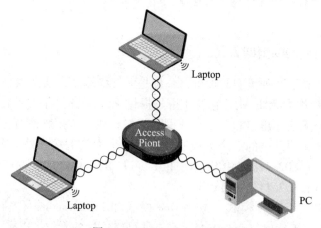

图 5 – 8　Infrastructure 模式

Infrastructure 模式属于集中式结构，其中无线 AP 相当于有线网络中的交换机或集线器，起着集中连接无线节点和数据交换的作用。通常无线 AP 提供一个有线以太网接口，用于与有线网络设备连接，如以太网交换机。

Infrastructure 模式具有易于扩展、便于集中管理、能提供用户身份验证等方面的优势，且数据传输性能也明显高于 Ad – Hoc 模式。在 Infrastructure 模式中，可以通过调整网络连接速率来发挥相应网络环境下的最佳连接性能，AP 和无线网卡还可针对具体的网络环境来调整网络连接速率。

5.3.2　无线局域网的安全

有线网络存在的安全隐患在无线网络中都会存在，如网络泄密、黑客入侵、病毒袭击、垃圾邮件、流氓插件等。在一些公共场合，使用 WLAN 接入 Internet 的用户会担心临近的其他用户获取自己的信息，公司、企业及家庭用户会担心自己的无线网络被陌生人非法访问。然而这些问题对于有线网络来说却是无须考虑的。目前安全问题已成为阻碍无线网络进一步扩大市场的最大阻碍。据有关资料统计，在不愿部署 WLAN 的理由中，安全问题高居首位。

在有线网络中，一般使用防火墙来隔断外部入侵。有线网络是有边界的，而无线网络属于无边界网络。在有线网络中，可以利用防火墙将可信任的内部网络与不可信任的外部网络在边界处隔离开来；在无线网络中，无线信号扩散在空气中，没有办法像有线网络那样进行物理上的有效隔离，只要内部网络中存在无线 AP 或安装了有线网卡的客户端，外部的黑客就可以使用监听无线信号并对其解密的方法来攻击 WLAN。虽然黑客利用有线网络的入侵行为在防火墙处被隔断，但其可以绕过防火墙，通过无线方式入侵内部网络。

黑客对 WLAN 采用的攻击方式大体上可以分为两类：被动式攻击和主动式攻击。其中，被动式攻击包括网络窃听和网络通信量分析；主动式攻击包括身份假冒、重放攻击（Replay Attack）、中间人攻击（Man In Middle Attack）、拒绝服务（Denial – of – Service，DOS）攻击和劫持服务攻击等。

1. 网络窃听和网络通信量分析

由于无线信号的发散性，网络窃听已经成为无线网络面临的较大问题之一。例如，利用很多商业的或免费的软件，都能够对 IEEE 802.11b 协议进行抓包和解码分析，从而获取应用层传输的数据。有些软件能够直接对有线等效加密（Wired Equivalent Privacy，WEP）数据进行分析和破解。

网络通信量分析是指入侵者通过分析无线客户端之间的通信模式和特点来获取其所需的信息，为进一步入侵网络创造条件。

2. 身份假冒

在 WLAN 中，非法用户的身份假冒分为两种：假冒客户端和假冒无线 AP。在每一个 AP 内部都会设置一个用于标识该 AP 的身份认证 ID（AP 的名字），每当无线终端设备（如安装无线网卡的笔记本电脑）要连上 AP 时，无线终端设备必须向无线 AP 出示正确的服务集标识符（Service Set Identifier，SSID）。只有出示的 SSID 与 AP 内部的 SSID 相同时，才能访问该 AP；如果出示的 SSID 与 AP 内部的 SSID 不同，AP 将拒绝该无线终端设备的接入。利用 SSID，可以很好地进行用户群体分组，避免任意漫游带来的安全和访问性能的问题。因此，可以将 SSID 看作一个简单的 AP 名称，从而为其提供名称认证机制，实现一定的安全管理。SSID 通常由 AP 广播出来，通过无线信号扫描软件（如 Windows XP 自带的扫描功能）可以查看当前区域内的 SSID。假冒客户端是最常见的入侵方式，使用该方式入侵时，

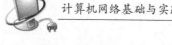

入侵者使用非法方式获取（如分析广播信息）AP 的 SSID，并利用已获得的 SSID 接入 AP。

如果 AP 设置了 MAC 地址过滤，入侵者可以首先窃听授权客户端的 MAC 地址，然后篡改自己计算机上无线网卡的 MAC 地址来冒充授权客户端，从而绕过 MAC 地址过滤。

3. 重放攻击

重放攻击截获授权客户端对 AP 的验证信息，然后通过验证过程信息的重放达到非法访问 AP 的目的。假设用户 A 对用户 W 提出身份认证，用户 W 要求用户 A 提供验证其身份的密码，当用户 W 已知道了用户 A 的相关信息后，将用户 A 作为授权用户，并建立了与用户 A 之间的通信连接。同时，用户 B 窃听了用户 A 与用户 W 之间的通信，并记录了用户 A 提交给用户 W 的密码。在用户 A 和用户 W 完成一次通信后，用户 B 联系用户 W，假装自己为用户 A，当用户 W 要求其提供密码时，用户 B 将用户 A 的密码发出，用户 W 认为与自己通信的是用户 A。因此，即使采用了虚拟专用网络（Virtual Private Network，VPN）等安全保护措施也难以避免重放攻击。

4. 中间人攻击

中间人攻击是对授权客户端和 AP 进行双重欺骗，进而对信息进行窃取和篡改的攻击方式。

5. 拒绝服务攻击

拒绝服务攻击是利用无线网络在频率、宽带和认证方式上的弱点，对无线网络进行频率干扰、宽带消耗或耗尽安全服务设备资源的攻击方式。这种攻击行为与其他入侵方式相结合，具有强大的破坏性。例如，将一台计算机伪装成 AP 或者利用非法放置的 AP，发出大量终止连接的命令，就会造成周边所有的无线网络客户端无法接入网络。

6. 劫持服务攻击

劫持服务攻击是一种窃取网络中用户信息的方法。黑客监视数据传输，当正常客户端与访问节点（AP）之间建立会话后，黑客使用冒充 AP 向客户端发送一个虚假的数据包，称本会话结束。客户端在接收到此信息后，只好与 AP 之间重新连接。这时，真正的 AP 却以为上次会话还在进行中，而将本来要发给客户端的数据发给黑客，这样黑客可以从容地利用在客户端和 AP 之间建立的通信连接获取所有通信信息。

综上所述，在 WLAN 产业迅猛发展的同时，其所面临的安全问题也日益突出，并已成为制约产业进一步发展的主要障碍。尽管 WLAN 已广泛应用于家庭和小型办公场所，但因其缺少足够强大的安全协议来保证无线数据包的传输，因此难以被对安全性要求较高的用户所接受。特别是军队、公安、金融、商业等行业因其特殊性，对无线网络的安全性要求更高，同时对新技术指标的要求也更高。

5.3.3 无线局域网安全机制

无线网络（主要为 WLAN）的安全性定义包括数据的机密性、完善性和真实性 3 个方面，所有的保护和加密技术都是围绕这 3 个方面进行的。机密性是指无线网络中传输的信息不会被未经授权的用户获取，这主要通过各种数据加密方式来实现；完整性是指数据在传输的过程中不会被篡改或删除，这主要通过数据校验技术来实现；真实性是指数据来源的可靠性，用于保证合法用户的身份不被非法用户冒充。

1. 安全技术发展概述

从无线网络发展初期开始，人们就致力于相关安全技术的研究，众多厂商都在尽最大努力制定并开发各种技术来加强无线网络的安全。从早期的 MAC 地址过滤和 SSID 匹配开始，安全技术从有线等效加密（Wired Equivalent Privacy，WPA，采用共享密钥认证和 RC4 加密算法）、无线保护访问（Wi–Fi Protected Access，WAP，采用 EAP 认证和基于 RC4 的 TKIP 加密机制），一直发展到 IEEE 802.11i 标准。中国也推出了自主产权的无线局域网安标准：无线局域网鉴别和保密基础结构（Wireless IAN Authentication and Privacy Infrastructure，WAPI）。与此同时，VPN–Over–Wireless 作为一种能够增强无线网络安全的解决方案，始终受到厂商和用户的关注。

2. MAC 地址过滤和 SSID 匹配

早期的 WLAN 信息安全技术主要采用物理地址过滤（MAC 地址过滤）和 SSID 匹配技术，这两项技术至今仍是 WLAN 的基本安全措施，也是广大普通用户（如家庭用户和小型办公室用户）普遍使用的一种安全保护方式。

（1）MAC 地址过滤技术又称 MAC 认证。由于每个无线客户端都由唯一的物理地址标识〔即该客户端无线网卡的物理地址（MAC 地址）〕，因此，可以在无线 AP 中维护一组允许访问的 MAC 地址列表，实现物理地址过滤。MAC 地址过滤技术通过检查用户数据包的 MAC 地址来认证用户的可信度，只有当无线客户端的 MAC 地址和 AP 中可信的 MAC 地址列表中的地址匹配时，无线 AP 才允许无线客户端与之建立通信。

无线网络中的 MAC 地址过滤功能与交换机上的 MAC 地址绑定功能相似。在局域网中，可以在交换机上通过配置实现某一端口与下连设备 MAC 地址之间的绑定。当设置了 MAC 地址与交换机上对应端口的绑定后，只有被绑定 MAC 地址的设备才能够接入交换机，其他设备通过该端口接入时将被交换机拒绝。

MAC 地址过滤属于硬件认证而非用户认证，它要求无线 AP 中的 MAC 地址列表必须随时更新，并且都是手工操作。MAC 地址扩展能力较差，增加无线接入用户时比较麻烦，适合于在小型网络中使用。另外，非法用户利用网络监听手段很容易窃取合法的 MAC 地址并进行修改，进而达到非法接入网络的目的。再有，当用户的无线网卡或是用于接入无线网络的笔记本电脑丢失时，MAC 地址过滤技术将不攻自破，无法保证网络的安全性。

（2）SSID 匹配技术提供了一种标志无线网络边界的方法，即所有 SSID 相同的无线设备处于同一个无线网络范围内。SSID 匹配技术要求无线客户端必须配置正确的 SSID 才能访问无线 AP，并且提供口令认证机制，为无线网络提供了一定的安全性。

制造商为了使无线 AP 安装简便，在默认设置下会让无线 AP 对外广播自己的 SSID，并且允许具有正确 SSID 的所有客户端进行连接，这会降低网络的安全程度。另外，一般都是由用户自己配置客户端系统，所以很多人都会知道该 SSID，该 SSID 也就很容易被非法用户获知。再有，有些产品支持 ANY 方式，只要无线客户端在无线 AP 范围内，都会自动搜索到该无线 AP 发送的信号，并清楚地显示 AP 的 SSID，从而连接到无线 AP，这将绕过 SSID 的安全功能。

3. WEP 协议

由于 MAC 地址过滤技术和 SSID 匹配技术解决 WLAN 安全问题的能力较弱，1997 年 IEEE 推出了第一个真正意义上的 WLAN 安全措施——WEP 协议，旨在提供与有线网络等效的数据机密性。

WEP 协议的设计初衷是使用无线网络协议为网络业务流提供安全保证，使无线网络的安全性达到与有线网络同样的等级。WEP 采用的是一种对称的加密方式，即对于数据的加密和解密都使用同样的密钥和算法，这样做主要是为了达到以下两个目的：

（1）访问控制：阻止那些没有正确 WEP 密钥并且未经授权的用户（也可能是黑客）访问网络。

（2）保密：仅允许具备正确 WEP 密钥的用户通过加密来保护在 WLAN 中传输的数据流。

对于设备制造商来说，尽管是否使用 WEP 是可以选择的，但是如果使用 WEP，那么无线网络产品必须支持具有 40 位加密密钥的 WEP。因此，WEP 协议只是 IEEE 802.11 标准中指定的一种保密协议，但不是必需的，它的目的是保护 WLAN 用户，防止偶然偷听。

WEP 是 IEEE 802.11 标准安全机制的一部分，用来对在空中传输的 IEEE 802.11 数据帧进行加密，在数据层提供保密性和数据完整性。但由于设计上的缺陷，该协议存在安全漏洞，主要表现在以下两个方面：

（1）RC4 算法的安全问题。WEP 中使用的 RC4 加密算法存在弱密钥性，大大减少了搜索 RC4 密钥空间所需的工作量。

（2）WEP 本身的缺陷。WEP 本身的缺陷主要反映在两个方面：一是使用了静态的 WEP 密钥管理方式。由于在 WEP 协议中不提供密钥管理，因此对于许多无线网络用户而言，同样的密钥可能需要使用很长时间，这样将导致安全隐患增大。WEP 协议的共享密钥为 40 位，用来加密数据显得太短，不能抵抗某些具有较强计算能力的穷举攻击或字典攻击。二是 WEP 没有对加密的完整性提供保护。与 IEEE 802.3 以太网一样，IEEE 802.11 的数据链路层协议中使用了未加密的循环冗余校验码来检验数据的完整性，带来了安全隐患，降低了系统的安全性。

4. WPA 协议

为了解决 WEP 存在的安全问题，提高 WLAN 的安全性，WiFi 联盟提出了 WPA 协议。

WPA 协议是 IEEE 802.11i 标准中的一项安全功能。针对 WEP 在加密强度和数据完整性方面存在的问题，IEEE 提供的具体解决方案为 IEEE 802.11i，针对 IEEE 802.11g 的安全问题，无线以太网兼容性联盟（Wireless Ethernet Compatibility Alliance，WECA）将 IEEE 802.11i 草案中的 WPA 机制独立出来，并应用到 IEEE 802.11g 中。

WPA 本质上是 IEEE 802.11i 的一个子集。WPA 的核心内容是临时密钥完整协议（Temporal Key Integrity Protocol，TKIP）。

1）WPA 的应用功能

WPA 的主要应用功能包括以下几部分：

（1）增强无线网络的安全性。在 WPA 协议的实现中，要通过 IEEE 802.1x 身份验证、加密及单播和全局加密密钥管理来实现无线网络的安全性。

（2）通过软件升级解决 WEP 存在的安全问题。WEP 中的 RC4 流密码容易受到已知的明文攻击。另外，WEP 提供的数据完整性也相对较弱。WPA 解决了 WEP 中存在的安全问题，用户只需要更新无线设备中的固件和无线客户端，即可使用 WPA 所拥有的安全性，而不需要更换现有的无线设备。

（3）为家庭和办公用户提供安全的无线网络解决方案。WPA 提供了一个用于家庭和办公用户配置的预共享密钥选项。预共享密钥在无线 AP 和每个无线客户端上配置，通过验证无线客户端和无线 AP 是否具有预共享密钥来提高无线网络接入的安全性。

（4）兼容 IEEE 802.11i 标准。WPA 是 IEEE 802.11i 标准中安全功能的一个子集。

2）WPA 的安全功能

WPA 在用户身份认证、加密及数据完整性方面均有所增强，具体表现在以下 3 点：

（1）WPA 用户身份认证：在 IEEE 802.11 中，IEEE 802.1x 身份认证是可选的。而在 WPA 中，IEEE 802.1x 身份认证是必需的。WPA 中的身份验证是开放系统认证和 IEEE 802.1x 身份认证的结合，它包括以下两个阶段：

第一阶段：使用开放系统认证，指示身份验证客户端可以将帧发送到无线 AP。

第二阶段：使用 IEEE 802.1x 执行用户级别的身份认证。

对于没有 RADIUS（Remote Authentication Dial In User Service）基础结构的环境，WPA 支持使用预共享密钥；对于具有 RADIUS 基础结构的环境，WPA 支持 EAP 和 RADIUS。

（2）WPA 加密：对于 IEEE 802.1x，单播加密密钥的重新加密操作是可选的。另外，IEEE 802.11 和 IEEE 802.1x 没有提供任何机制来更改多播和广播通信所使用的全局加密密钥。对于 WPA，必须对单播和全局加密重新加密。TKIP 会更改每一帧的单播加密密钥，以便使更改后的密钥公布到无线客户端。

WPA 必须使用 TKIP 进行加密。TKIP 与 WEP 一样基于 RC4 加密算法，但相对于 WEP 算法，TKIP 将密钥的长度由 40 位增加到 128 位。

（3）WPA 数据完整性：在 WPA 中，新的算法增强了数据在网络中传输时的安全性。

3）WPA 存在问题

WPA 沿用了 WEP 的基本原理，同时又采用了新的加密算法及身份认证机制。事实证明，WPA 的安全性比 WEP 高。WEP 的加密机制可以提供 64 位或 128 位的加密模式，有些产品甚至提供了 256 位加密模式。虽然从理论上说 128 位加密模式已经非常难以破解，但由于 WEP 使用静态密钥，这使密钥很容易被破解。由于 WPA 加强了生成加密密钥的算法，即使黑客收集到分组信息并对其进行分析，也很难计算出通用密钥，弥补了 WEP 加密密钥的安全缺陷。

WPA 的缺点主要表现在 3 个方面：一是不能向后兼容某些早期的设备和操作系统；二是对硬件要求较高，除非无线产品继承了具有运行 WPA 和加快该协议处理速度的硬件，否则 WPA 将降低网络性能；三是 TKIP 并非最终解决方案，WiFi 联盟和 IEEE 802 委员会都认为 TKIP 只能作为一种临时的过渡方案，其最终将被 IEEE 802.11i 标准取代。

5. IEEE 802.11i 标准

2004 年 6 月，IEEE 正式通过了 IEEE 802.11i 标准，使 WLAN 拥有了更为广阔的应用空间。专门致力于推广 IEEE 802.11 系列产品的 WiFi 联盟将 IEEE 802.11i 的商用名称定为 WEP2。

1）IEEE 802.11i 网络框架

IEEE 802.11i 标准规定了两种网络框架，即过渡安全网络（Transition Security Network，TSN）和强健安全网络（Robust Security Network，RSN）。

（1）TSN：TSN 规定在其网络中可以兼容现有的使用 WEP 方式工作的设备，使现有的 WLAN 系统可以向 IEEE 802.11i 网络平稳过渡。其具体解决方法为 WiFi 联盟制定的 WPA 标准，这是一个向 IEEE 802.11i 过渡的中间标准，是 IEEE 802.11i 安全性的一个子集。

（2）RSN：RSN 支持全新的 IEEE 802.11i 安全标准，并且针对 WEP 加密机制中的各种缺陷作了多方面改进，增强了 WLAN 中的数据加密和认证性能。

2）IEEE 802.11i 协议结构

整个 IEEE 802.11i 引入了以可扩展认证协议（Extensible Authentication Protocol，EAP）为核心的用户审核机制，可以通过服务器审核接入用户的 ID，在一定程度上可避免黑客的非法接入。

5.4　实践练习

无线局域网的设计与实施

1. 工作任务

小张在某企业担任网络管理员的职务，目前需要构建中小型园区无线网络，给公司配置一个开放式无线网络，并为客户端动态分配地址。网络中的 AP 需要由 AC 统一进行管理和配置，AC 将配置下发至 AP，并对 AP 进行管理，无线 AP 能发出信号和接入无线客户端。无线网络拓扑结构如图 5-9 所示，VLAN 与 IP 等相关信息见表 5-1。

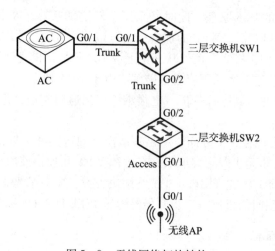

图 5-9　无线网络拓扑结构

表 5 - 1　VLAN 与 IP 等相关信息

设备	VLAN	IP	网关
AP	vlan10	192. 168. 10. 0/24	192. 168. 10. 1 网关在 AC 上
无线用户	vlan20	192. 168. 20. 0/24	192. 168. 20. 1 网关在三层交换机上
AC（与三层交换机互通）	vlan30	192. 168. 30. 0/24	用户和 AP 的 DHCP 都在三层交换机上

2. 任务实施

1）配置 AC

（1）配置 VLAN：

AC > enable　　　　　　　　! 进入特权模式

AC#configure terminal　! 进入全局配置模式

AC(config)#vlan 10 AP 的 VLAN

AC(config - vlan)#vlan 20 用户的 VLAN

AC(config - vlan)#vlan 30 AP 与三层交换机(SW1)互连的 VLAN

（2）配置 AP VLAN 网关：

AC(config)#interface vlan 10 AP 的网关

AC(config - int - vlan)#ip address 192.168.10.1 255.255.255.0（IP 不必配置）

AC(config - int - vlan)#interface vlan 20 用户的 SVI 接口（必须配置）

AC(config - int - vlan)#exit

（3）配置 wlan - config，创建 SSID：

AC(config)#wlan - config 2 student 配置 wlan - config,id 是 2,SSID（无线信号）是 student

AC(config - wlan)#exit

（4）配置 ap - group，关联 wlan - config 和用户 VLAN：

AC(config)#ap - group student_group

AC(config - ap - group)#interface - mapping 2 20 把 wlan - config 2 和 vlan 20 进行关联,2 是 wlan - config,20 是 vlan

（5）把 AC 上的配置分配到 AP 上：

AC(config)#ap - config xxx

把 AP 组的配置关联到 AP 上（XXX 为某个 AP 的名称时,表示只在该 AP 下应用 ap - group;第一次部署时默认 XXX 实际是 AP 的 MAC 地址）

AC(config - ap - config)#ap - group student_group

注意：ap - group student_ group 要配置正确，否则会导致无线用户搜索不到 SSID

（6）配置路由和 AC 接口地址：

AC(config)#ip route 0.0.0.0 0.0.0.0 192.168.30.2 默认路由（192.168.30.2

是三层交换机的地址)

AC(config)#interface vlan 30！与三层交换机相连使用的 VLAN

AC(config-int-vlan)#ip address 192.168.30.1 255.255.255.0

AC(config-int-vlan)#interface loopback 0

AC(config-int-loopback)ip address 1.1.1.1 255.255.255.255

必须是 oopback 0,该地址用于 AP 寻找 AC,DHCP 中的 option138 字段将使用该地址

AC(configint-loopback)#interface GigabitEthernet 0/1

AC(config-int-GigabitEthernet0/1)#switchport mode trunk 与三层交换机相连的接口

（7）保存配置：

AC(config-int-GigabitEthernet0/1)#end 退出到特权模式

AC#write 确认配置正确,保存配置

2）配置三层交换机 SW1

（1）配置 VIAN，创建用户 VLAN、AP VLAN 和互连 VLAN：

SW1 >enable！进入特权模式

SW1#configure terminal！进入全局配置模式

SW1(config)#vlan 10 AP 的 VLAN

SW1(config-vlan)#vlan 20 用户的 VLAN

SW1(config-vlan)#vlan 30 与 AC 互连的 VLAN

SW1(config-vlan)#exit

（2）配置接口和接口地址：

SW1(config)# interface GigabitEthernet 0/1

SW1(config-int-GigabitEthernet 0/1)#switchport mode trunk

与 AC 无线交换机相连的接口

SW1(config int-GigabitEthernet 0/1)#interface GigabitEthernet 0/2

SW1(config-int-GigabitEthernet 0/2)#switchport mode trunk

与接入交换机相连的接口

SW1(config-int-GigabitEthernet 0/2)#interface vlan 10

AP 的同一个网段的地址,用于 AP 的 DHCP 寻址。如果不配置地址,AP 将获取不到 IP

SW1(config-int-vlan)#ip address 192.168.10.2 255.255.255.0

SW1(config-int-vlan)#interface vlan 20 无线用户的网关地址

SW1(config-int-vlan)#ip address 192.168.20.1 255.255.255.0

SW1(cofig-int-vlan)#interface vlan 30 和 AC 无线交换机的互连地址

SW1(config-int-vlan)#ip address 192.168.30.2 255.255.255.0

SW1(config-int-vlan)#exit

（3）配置 AP 的 DCHP：

SW1(config)#service dhcp 开启 DHCP 服务

SW1(config)#ip dhcp pool ap_student 创建 DHCP 地址池,名称是 ap_student

SW1(config-dhcp)#option 138 ip 1.1.1.1

！配置 option 字段，指定 AC 的地址，即 AC 的 loopback 0 地址

SW1（config‐dhcp）#network 192.168.10.0 255.255.255.0 分配给 AP 的地址

SW1（config‐dhcp）#default‐route 192.168.10.1 分配给 AP 的网关地址

SW1（config‐dhcp）#exit

注意：AP 的 DHCP 中的 option 字段、网段和网关要配置正确，否则 AP 会获取不到 DHCP 信息，导致无法建立隧道。

（4）配置无线用户的 DHCP：

SW1（config）#ip dhcp pool user_student

配置 DHCP 地址池，名称是 user_student

SW1（config‐dhcp）#network 192.168.20.0 255.255.255.0

分配给无线用户的地址

SW1（config‐dhcp）#default‐route 192.168.20.1 分给无线用户的网关

SW1（config‐dhcp）#dns‐server 8.8.8.8 分配给无线用户的 DNS

SW1（config‐dhcp）#exit

（5）配置静态路由：

SW1（config）#ip route 1.1.1.1 255.255.255.255 192.168.30.1

配置静态路由，指明到达 AC 的 loopback 0 的路径

（6）保存配置：

SW1（config）#exit 退出到特权模式

SW1#write 确认配置正确，保存配置

3）配置二层交换机

（1）配置 VLAN（接入交换机只配置 AP 的 VLAN 即可）：

SW2＞enable！进入特权模式

SW2#configure terminal 进入全局配置模式

SW2（config）#vlan 10 AP 的 VLAN

SW2（config‐vlan）#exit

（2）配置接口：

SW2（config）#interface GigabitEthernet 0/1

SW2（config‐int‐GigabitEthernet 0/1）#switchport access vlan 10 与 AP 相连的接口，划入 AP 的 VLAN

SW2（config‐int‐GigabitEthernet 0/1）#interface GigabitEthernet 0/2

SW2（config‐int‐GigabitEthernet 0/2）#switchport mode trunk 与核心交换机相连的接口

（3）保存配置：

SW2（config‐int‐GigabitEthernet 0/2）#end 退出到特权模式

SW2#write 确认配置正确，保存配置

3. 任务结果

（1）使用无线客户端连接无线网络。

（2）在无线交换机上使用 show ap – config summary 命令查看 AP 的配置，使用 show ap – config running – config 命令可查看 AP 的配置详情。

（3）使用 show ac – config client summary by – ap – name 命令可查看关联到无线网络的无线客户端。

本章习题

一、选择题

1. IEEE 802.11b 的带宽为（　　　）。

A. 10Mbit/s　　　　B. 11Mbit/s　　　　C. 54Mbit/s　　　　D. 56Mbit/s

2. IEEE 802.11g 的工作频段为（　　　）。

A. 1.2GHz　　　　B. 2.4GHz　　　　C. 5.4GHz　　　　D. 5.2GHz

3. 无线交换机的快速配置命令是（　　　）。

A. login　　　　B. network　　　　C. quickstart　　　　D. reset

4. （　　　）是终端无线网络的设备，是在 WLAN 的无线覆盖下通过无线网络上网的无线终端设备。

A. 无线 AP　　　　B. 无线路由　　　　C. 无线网卡　　　　D. 无线交换

5. 无线 AP 按照协议标准本身来说，IEEE 802.11b 和 IEEE 802.11g 的室内覆盖范围是（　　　）m，室外覆盖范围是（　　　）m（理论值）。

A. 100，200　　　　B. 30，100　　　　C. 200，500　　　　D. 100，300

二、填空题

1. 目前常用的 WLAN 标准为 IEEE _____、IEEE _____、IEEE _____、IEEE _____和 IEEE _____。

2. WLAN 常见的传输技术包括 _____技术、_____技术、_____技术和 _____技术。

3. WLAN 的组网方式包括_____和_____两种。

4. 无线交换机的 IP 为 192.168.1.10，其登录 Web 界面时，在地址栏中应输入_____。

三、简答题

1. WLAN 与有线局域网相比有哪些优势？

2. 无线网络的基本连通配置包括哪几步？如何判断 AP 当前的工作模式为胖模式还是瘦模式？

第6章

网络互连

网络互连主要实现 OSI/RM 第三层——网络层的功能，将数据从源节点通过网络转发到目的节点，在传输过程中至少要有一个中间节点。

6.1 互联网协议

互联网协议（Internet Protocd，IP）是为实现计算机网络互相通信而设计的协议。在 Internet 上，它是实现所有连接到网络的计算机和网络设备相互通信的规则。所有网络生产厂家都要遵守 IP 的规范，才能保证与 Internet 互相通信。

6.1.1 可路由协议与路由协议

1. 可路由协议

可路由协议（Routed Protocol）处于 OSI/RM 的第三层——网络层，可路由协议提供了路由选择的寻址依据和报文格式，相当于要运输的"货"。网络层的 IP 就是可路由协议，目前在 Internet 的 TCP/IP 网络体系中只有 IP 这一种协议。

2. 路由协议

路由协议（Routing Protocol）是配置在路由器等三层网络设备上的协议，它定期、自动地互相交换路由信息，比较适合网络较大、拓扑结构复杂的网络。

动态路由协议包括 RIP、OSPF、增强内部网关路由协议（Enhanced Interior Gateway Routing Protocol，EIGRP）、中间系统到中间系统（Intermediate System – to – Intermediate System，IS – IS）、边界网关协议（Border Gateway Protocol，BGP）等。

路由协议要根据可路由协议提供的寻址依据进行路由选择。路由协议承载 IP 报文，因此相当于"车"。

6.1.2 IP 报文的格式

IP 报文的格式见表 6 – 1。

微课 6 – 1

表 6-1 IP 报文的格式

Bit 0		Bit 15 Bit 16	Bit 31
Version（4）	Header Length（4）	Priority & Type of Service（8）	Total Length（16）
Identification（16）		Flag（3）	Fragment Offset（13）
Time to Live（8）		Protocol（8）	Header Checksum（16）
Source IP Address（32）			
Destination IP Address（32）			
Options（0 or 32 if any）			
Data（Varies if any）			

（1）Version：版本号，4 位。

（2）Header Length：头部长，4 位。

（3）Priority & Type of Service：优先级和服务类型，8 位，作 QoS 用。

（4）Total Length：报文总长，16 位。

（5）Identification：IP 报文标识符，16 位。

（6）Flag：标志位，3 位，只有前两位有效，MF（More Fragment）位表示是否为最后一片，DF（Don't Fragment）位表示是否分片。

（7）Fragment Offset：片偏移量，12 位，标识该分片在所有分片中的位置，以 8 字节为单位。

（8）Time to Live：生存时间（TTL），8 位，默认为 255，每经过一跳减 1，减到 0 就丢弃，作为三层防环的终极武器。

（9）Protocol：标识该 IP 报文上层协议，8 位，如 ICMP = 1，TCP = 6，UDP = 17，OSPF = 89。

（10）Header Checksum：头部校验和，16 位。

（11）Source IP Address：源 IP 地址，32 位。

（12）Destination IP Address：目的 IP 地址，32 位。

（13）Options（0 or 32 if any）：选项，长度可变，为可选部分。

（14）Data（Varies if any）：数据部分，长度可变，承载上层数据分段（上层 PDU），超过 MTU 值需要进行分片。

6.1.3 IP 报文转发

1. 为什么要分片

由于网络接口的硬件限制，以太帧数据字段长度不超过 MTU。MTU 一般取 1 500 字节，这就决定了 IP 报文长度不能超过 1 500 字节。除去 IP 头部固定的 20 字节，IP 报文的上层数据不能超过 1 480 字节。如果上层协议是 UDP，除去 UDP 头部的 8 字节，UDP 数据不能超过 1 472 字节；如果上层协议是 TCP，除去 TCP 头部的 20 字节，TCP 数据不能超过 1 460 字节。因此，超过 UDP 和 TCP 能够承载的最大数据长度的分组就需要进行分片。

2. IP 分片的方式

标识符占 16 位，来自同一个 IP 报文的分片具有相同的 ID。

标志符占 3 位，目前只有前两位有意义。标志符字段的最低位是 MF（More Fragment），MF = 1 表示后面还有分片，MF = 0 表示最后一个分片；标志符字段中间的一位是 DF（Don't Fragment），只有当 DF = 0 时才允许分片。

片偏移量占 12 位，它表示较长的分组在分片后某片在原分组中的相对位置。片偏移量以 8 字节为偏移单位。

3. IP 分片的重组

（1）怎样确定一个包是否为一个分片？

如果一个包的段偏移量为 0 而 Frag 字段不为 1，则该报文必定不是一个分片。

（2）对于接收到的无序分片，怎样确定哪些分片来自同一个包？

来自同一个包的分片具有相同的源 IP 及 ID 号。

（3）接收端怎样确定来自同一个包的所有分片都已到达？

当收到标志位为 0 的分片时，说明这是最后一个分片。根据最后一个分片的段偏移量可知在源报文中最后一分片以前含有的数据长度，再加上最后一分片的数据长度即原 IP 报文数据部分长度。如果接收到的所有分片的数据长度等于源 IP 报文数据部分长度，说明所有分片均已到达。此时即可按段偏移量重新组包。

6.2　路由器在网络互连中的作用

6.2.1　路由器的特征

路由器是工作在网络层的设备，它是整个 Internet 的骨干部分，负责承载大量的不同网段之间数据包的高速转发。

6.2.2　路由器的分类

路由器常见的分类有以下几种：

（1）按性能档次划分，可将路由器分为高、中、低档路由器。通常将吞吐量大于 40Gbit/s 的路由器称为高档路由器；将吞吐量为 25 ~ 40Gbit/s 的路由器称为中档路由器；将吞吐量低于 25Gbit/s 的路由器称为低档路由器。以 Cisco 公司为例，12 000 系列为高档路由器，7 500 以下系列路由器为中、低档路由器。

（2）按结构划分，可将路由器分为模块化路由器和非模块化路由器。模块化路由器可以灵活地配置，以适应企业不断增加的业务需求；非模块化路由器只能提供固定的端口。通常中、高档路由器为模块化结构，低档路由器为非模块化结构。

（3）按功能划分，可将路由器分为骨干级路由器、企业级路由器和接入级路由器。

①骨干级路由器是实现企业级网络互连的关键设备，数据吞吐量较大，非常重要。对骨干级路由器的基本性能要求是高速度和高可靠性。为了获得高可靠性，网络系统普遍采用热

备份和双电源、双数据通路等传统冗余技术。

②企业级路由器连接许多终端系统，连接对象较多，但系统相对简单，且数据流量较小。对这类路由器的要求是以尽量便宜的方法实现尽可能多的端点互连，同时还要求其能够支持不同的服务质量。

③接入级路由器主要应用于连接家庭或 ISP 内的小型企业客户群体。

（4）按所处网络位置划分，可将路由器分为边界路由器和中间节点路由器。

边界路由器处于网络边缘，用于不同网络路由器的连接；中间节点路由器处于网络中间，通常用于连接不同的网络，起到数据转发的桥梁作用。由于各自所处的网络位置不同，其主要性能也就有相应的侧重，如中间节点路由器因为要面对各种各样的网络，所以要求其MAC 地址具有较强的记忆功能。

基于上述原因，选择中间节点路由器时需要更加注重 MAC 地址记忆功能，即要求选择缓存更大、MAC 地址记忆能力较强的路由器。但是边界路由器由于可能要同时接受来自许多不同网络路由器发来的数据，因此要求其背板带宽要足够宽，当然这也要依据边界路由器所处的网络环境而定。

（5）按性能划分，可将路由器分为线速路由器和非线速路由器。线速路由器完全可以按传输介质带宽进行通畅传输，基本上没有间断和延时。通常线速路由器是高档路由器，具有较宽的端口带宽和较高的数据转发能力，能以线速速率转发数据包；中、低档路由器是非线速路由器，但是一些新的宽带接入路由器也有线速转发能力。

6.2.3　路由器的功能

路由器完整对应 OSI/RM 下三层的具体功能，尤其是网络层的功能。路由器通过建立路由表，对每个经过它的数据包作出精确的选路判断，实现网络中从源节点到目的节点的路径选择。

路由器可以实现不同类型网络之间的互连，例如广域网与局域网互连、帧中继网络与以太网互连。

路由器还可以实现网络地址转换（NAT），将局域网内部私有地址转换成 Internet 上合法的公网地址，并根据具体需求实现 IP 子网划分。

路由器还可以实现 IP 数据包的过滤和流量控制功能，具体技术有 IP ACL 和 QoS 等。

6.2.4　路由器的工作原理

路由器能够将数据链路层的数据帧解封装，拆掉帧的头部和尾部，解析帧中承载的上层PDU 数据，获取三层寻址依据——IP 地址，通过识别目的 IP 地址并查询路由表来决定该数据包的下一跳走向。

路由器通过学习建立路由表。路由器的学习分为两个方面：一方面可以通过网络管理员手工配置的路由信息来建立路由表；另一方面可以通过配置动态路由协议让路由器之间自动互相学习路由信息来建立动态变化的路由表。

6.2.5　路由选择与数据包转发

OSI/RM 中网络层的主要作用就是路由选择。路由选择是从源节点到目的节点之间，根据网络链路及所经过中间节点的开销,选择一条最佳路径。其中 IP 地址作为节点之间的寻址依据,而链路上的开销可以包括带宽、延迟、跳数、可靠性等因素。

数据包从源节点到目的节点是一跳一跳转发的,每经过一个路由器为一跳。经过路由器时,路由器要对每个数据包解封装,根据 IP 报文中的目的地址进行路由表查询并决定该数据报文的走向,然后重新封装上新的源 IP 地址,目的 IP 地址保持不变,继续转发给下一跳路由器。

6.3　静态路由

6.3.1　直连路由

路由器的每个接口都必须占用一个单独的网段,每个配置了正确 IP 地址的激活端口会自动产生一条直连路由。直连路由是所有路由条目之母,被标志为 connected,在路由表中以 C 开头的路由条目为直连路由。

6.3.2　路由表的原理与静态路由

1. 路由表的原理

路由器终身维护路由表,每个经过路由器的数据包都要进行路由表查找,才能决定该数据包的下一跳走向。例如:

微课 6-2

```
router#show ip route
C    10.1.1.0 is directly connected,serial1/2
O    172.16.2.0/24[110/20]via 10.1.1.3,01:03:01,Serial1/2
S*   0.0.0.0/0[1/0]via 10.2.2.2
```

这是一个路由器的路由表,其中包括了 3 种不同类型的路由条目。第 1 条是直连路由,第 2 条是动态路由协议 OSPF 互相学习到的,第 3 条是静态路由的默认路由。以第 2 条为例进行分析:

O:路由来源,表示来源于 OSPF。

172.16.2.0/24:目标网段或子网。

110:管理距离(Administrative Distance,AD),表示路由可信度。

20:度量值(Metric)。

10.1.1.3:下一跳,即下一个路由器直连接口的 IP 地址。

01:03:01:该路由的存活时间。

Serial1/2:出站接口,本地数据包出口。

每个不同的路由协议都有对应的默认 AD,AD 越小表示该路由协议的可信度越高,说明该路由协议在判断路径优劣时衡量的信息越精确。列举几个默认的 AD:静态路由 AD 为 1,OSPF 协议 AD 为 110,RIP AD 为 120(以 Cisco 设备为例)。

度量值表示该路由条目的开销。每个不同的路由协议都有各自的度量值计算方法,如 RIP 以跳数(Hop Count)为度量值、OSPF 协议以 Cost 为度量值等。度量值越大,代表该条路由的开销越大。

在进行路由查表时，首先判断目标网段是否最长匹配；其次判断管理距离，即当有不同路由协议到达相同目标网段时，AD 越小的路由协议越优先；最后判断度量值，即当有不同路径的开销到达同一目标网段时，优先选择最小度量值的路径作为最优路径。

2. 静态路由

静态路由是由网络管理员手工配置的路由。静态路由减少了路由器的额外系统运算和开销，在路由更新时不占用网络带宽，安全性高。静态路由的缺点是网络管理员工作量大，尤其对大型网络更是如此，因此静态路由不适用于大型、拓扑结构变化频繁的网络。

静态路由配置步骤如下：

（1）配置正确的 IP 地址。

（2）确定每个路由器的直连网段。

（3）确定每个路由器的非直连网段。

（4）将所有的非直连网段手工配置成静态路由。

静态路由配置命令如下：

router(config)#ip route[网络编号][子网掩码][转发路由器的 IP 地址/本地接口]

删除静态路由命令如下：

no ip route[网络编号][子网掩码]

例如：

ip route 192.168.10.0 255.255.255.0 serial 1/2 !本地出口

ip route 192.168.10.0 255.255.255.0 172.16.2.1 !下一跳

绝大多数情况下，推荐使用下一跳为静态路由首选配置。

6.3.3 默认路由

默认路由也称缺省路由，是路由表中目标网段最不精确的匹配，代表了所有目标网段，即 0.0.0.0/0 可以匹配所有的目标网段，位于路由表中最后一条。默认路由可以看作静态路由的一种特殊情况，当所有已知路由信息都查不到数据包如何转发时，则按默认路由的信息进行转发。Internet 上绝大多数路由器均有一跳默认路由。

微课 6 –3

默认路由配置命令如下：

router(config)#ip route 0.0.0.0 0.0.0.0[转发路由器的 IP 地址/本地接口]

6.4 动态路由

动态路由是在路由器上配置动态路由协议，路由协议之间通过一定算法，定期和其他路由器交换路由信息并自动产生路由。动态路由可以适应大型网络，跟随网络拓扑的改变自动更新路由表。但是动态路由需要消耗路由器资源和网络带宽资源，并存在一定的安全问题。

6.4.1 动态路由协议的分类

根据不同的标准，动态路由协议的分类如下。

1. 根据算法分类

根据算法，动态路由协议可以分为距离矢量（Distance Vector，DV）路由协议和链路状态（Link State，LS）路由协议。

（1）距离矢量路由协议。距离矢量路由协议是一类比较古老的路由协议，它只与邻居路由器之间更新路由信息，只考虑路由的方向和远近，通常以跳数为度量值。距离矢量路由协议算法简单，节省路由器 CPU 资源，但是要进行完整的路由更新，更新数据量较大，收敛速度慢，非常容易产生路由环路问题。距离矢量路由协议仅适合中小型网络，如 RIP、内部网关路由协议（Interior Gateway Routing Protocol，IGRP）等。

（2）链路状态路由协议。链路状态路由协议趋向于对网络作出更加精确的判断，通常使用分级结构。在同一个区域中，每个路由器都要了解全网的拓扑及链路信息，建立链路状态数据库，并且每个路由器要以自己为根节点运用最短路径优先（Shortest Path First，SPF）算法计算到达其他所有网段的最优路径。因此，链路状态路由协议杜绝了路由环路，收敛速度快，以增量更新方式进行路由更新，需要一个分级的网络设计；但是其占用路由器 CPU 资源较大，需要更加细致的网络规划。链路状态路由协议适合大中型网络，如 OSPF、IS－IS 等。

2. 根据自治系统分类

根据自治系统（Autonomous System，AS），动态路由协议可分为内部网关协议（Interior Gateway Protocol，IGP）和外部网关协议（External Gateway Protocol，EGP）

自治系统就是处于一个管理机构控制下的路由器和网络群组。在一个自治系统中，所有路由器必须相互连接，运行相同的路由协议且同时分配同一个自治系统编号。

（1）IGP。运行在一个自治系统内部的路由协议称为 IGP。IGP 用于在自治系统内部进行路由更新，如 RIP、EIGRP、OSPF 等。

（2）EGP。运行在不同的自治系统之间的路由协议称为 EGP。EGP 用于在自治系统之间进行路由更新，如 BGP。

6.4.2 RIP

1. RIP 概述

RIP 是应用最早的 IGP，属于典型的距离矢量路由协议。

2. RIP 特性

RIP 以跳数为度量值，每经过一个路由器为一跳，最大跳数为 15 跳，16 跳以上为不可达。因此，RIP 仅适用于小型网络互连。RIP 以广播形式进行路由更新，并且仅与邻居路由器之间交换完整的路由信息。RIP 每 30s 进行一次路由更新，当一个自治系统内的全部路由器都获得了所有目的网络的路由后，称此为"收敛"状态。

RIP 使用 UDP 端口 520 进行传输层封装，因此 RIP 属于应用层协议。RIP 包含 3 个版本，分别是 RIPv1 和 RIPv2，还有支持 IPv6 的 RIPng。目前在 IPv4 网络中，应用最广泛的是 RIPv2。

3. RIPv1 与 RIPv2 的对比

RIPv2 是升级版本，能够支持 VLSM，即在路由更新时携带目的网段的子网掩码信息，更好地适应目前的网络需求。RIPv1 与 RIPv2 的对比见表 6 – 2。

表 6 – 2　RIPv1 与 RIPv2 的对比

特性	RIPv1	RIPv2
最大跳数	15	255
路由更新	广播	组播
路由汇总	默认按照主类自动汇总； 不支持手工汇总	可以关闭自动汇总； 支持手工自动汇总
VLSM	不支持	支持
验证	不支持	支持明文和 MD5 验证

4. 路由环路及防止措施

RIP 属于典型的距离矢量路由协议，路由器之间仅与邻居互相更新完整的路由信息。当网络中某个路由器的直连网段失效时，依然可以从邻居路由器学习到关于这条失效的路由条目，并且将该路由条目的下一跳指向邻居路由器，由此产生了严重的问题——路由环路。这条错误学习的路由条目实际上是已经失效的直连路由，但是距离矢量路由协议本身并没有应对此类问题的办法，因此会导致该失效路由一直在不断地更新下一跳和度量值，直到所有的路由器都把该条路由的度量值计数到 16 跳才会停止。这样就会消耗大量的网络带宽资源，严重影响网络的可靠性，产生严重的路由环路和慢收敛问题。

为了防止 RIP 产生路由环路问题，人们采用了 4 种防环路机制，即水平分割（Split Horizon）、毒性反转（Poison Reserve）、触发更新（Trigger Updata）和抑制计时器（Hold – down Timer）。这 4 种机制在配置 RIP 时自动启用。

（1）水平分割。从之前的分析可以看出，产生路由环路的主要原因是路由器本身直连网段失效后，错误地从邻居路由器学习该网段的路由条目。为了避免发生这类情况，路由器将不再学习自身已经发送出去的路由条目，这种方法称为水平分割。它是非常有效的阻止路由环路的可靠机制。

（2）毒性反转。当路由器学习到一条无效的路由条目时，或者当自己的直连网段失效时，立即将该路由条目的度量值设置为无穷大（RIPv1 的度量值为 16），并对该条路由忽略水平分割原则，将该失效的路由条目通告给自己的所有邻居，这个规则就是毒性反转。毒性反转路由条目会一直更新传递到该 RIP 网络的边界。

（3）触发更新。RIP 的路由更新计时器是 30s，即每 30s 进行一次路由更新。但是一旦有路由失效，就应该尽快进行路由更新。当路由表发生变化时，路由器立即给自己的所有邻居发送路由更新，而不是等到更新计时器到达 30s 时，这项规则称为触发更新。毒性反转路由即触发更新的。为了提高网络的收敛速度，要同时启用所有防环路机制。

（4）抑制计时器。以上几种机制都能有效地避免单链路上的路由环路问题的产生，但如果网络拓扑中存在冗余链路，那么水平分割并不能很好地解决慢收敛问题。这时需要启动抑制计时器，其默认计时时间是 180s。当路由器收到一条失效路由时，在抑制时间内不再接收任何关于这条失效路由的更新信息，发送该条失效路由的起始路由器除外。这样会避免路由器在抑制时间内学习到错误路由的可能，当网络拓扑频繁变化时，保障了网络稳定性。

总之，RIP 的优点是原理和配置简单，但是缺点也很突出。RIP 存在路由环路和慢收敛问题，还受到最大跳数限制。因此，RIP 仅适合应用在小规模的网络中。

6.4.3 EIGRP

EIGRP 是 Cisco 的私有路由协议，是原来 Cisco 私有路由协议 IGRP 的升级版。EIGRP 综合了距离矢量路由协议和链路状态路由协议的优点。

1. EIGRP 的特点

EIGRP 属于高级距离矢量路由协议，它在进行路由更新时仅更新路由有变化的部分。EIGRP 采用弥散更新算法（Diffusing Update Algorithm，DUAL），保证全网路由无环路的快速收敛。

EIGRP 支持等链路和不等链路负载均衡，此项为 EIGRP 的一大特色。EIGRP 配置简单、设计灵活，支持 VLSM 和不连续子网；使用组播和单播进行数据包传递和路由更新；支持在 EIGRP 域内任意节点的手工路由汇总。

EIGRP 使用 PDM 模块（Protocol – Dependent Module），支持多种网络层协议，如 IPX、Appletalk、IP、IPv6、Novellnetware 等协议，但目前 IP 在网络中依然占主导地位。

2. EIGRP 的度量值

EIGRP 在作路由选择时要建立 3 张表，即邻居表（Neighbor Table）、拓扑表（Topology Table）和路由表（Routing Table）。

EIGRP 的邻居表是通过发送 hello 包建立邻居关系形成的，是互相直连的运行 EIGRP 的路由器之间形成的邻居关系。

EIGRP 的拓扑表包含所有邻居路由器发送来的网络拓扑信息，具体包含 DUAL 算法所需的各项参数（包含度量值，在本书中不作详细介绍）。

EIGRP 的路由表包含 EIGRP 的拓扑表中到达所有目的的最优路径，最优路径直接构成路由器的路由转发表。

EIGRP 的度量值计算需要 5 个参数，具体包括带宽（Bandwidth）、延迟（Delay）、可靠性（Reliability）、负载（Loading）和 MTU。带宽以源到目的链路上的最小带宽为准，单位是 bit/s；延迟是源到目的链路上的延迟总和，单位是 $10\mu s$。通常 EIGRP 的度量值计算仅与带宽和延迟有关，即（10 ~ 7/带宽 + 延迟/10）× 256。

3. EIGRP 的 AD

EIGRP 的默认 AD 是 90。还有另外两种情况，外部 EIGRP 路由（非 EIGRP 路由再分布来的）的 AD 是 170，EIGRP 的汇总路由 AD 是 5。

EIGRP 支持不等路径负载均衡（最多 6 条链路），需要在 EIGRP 的拓扑表中存在至少一条备份路由（在 DUAL 算法术语中称为 Feasible Successor），此为 EIGRP 负载均衡的前提条件。

6.4.4　OSPF

1.　OSPF 概述

OSPF 是典型的链路状态路由协议，是由 Internet 工程任务组（Internet Engineer Task Force，IETF）开发的国际通用的 IGP，目前普遍应用在 IPv4 网络中的是 OSPFv2 版本。OSPF 使用 Dijkstra 的 SPF 算法，对全网拓扑作出精确判断，并计算出无环路的最优路径。OSPF 使用 IP 上层协议号 89，有自身的可靠传输机制。OSPF 对网络整体把握，收敛速度快，适用于大型网络。

2.　OSPF 的特点

（1）快速收敛（Rapid Converge）。

（2）触发式增量更新（Triggered & Increment Update）。

（3）支持 VLSM。

（4）符合链路状态路由协议特点，需要精确掌握全网拓扑，OSPF 在同一个区域（Area）内每隔 30min 泛洪（Flooding）同步更新一次。

（5）以 Cost 为度量值，计算方法是参考带宽 100Mbit/s/带宽（链路真实带宽，单位为 Mbit/s）。

（6）无路由环路，使用 SPF 算法，每个路由器以自己为根节点计算最小生成树，从根本上杜绝路由环路。

（7）默认支持 4 条（最大 6 条）等链路负载均衡。

（8）默认 AD 为 110。

（9）不支持自动路由汇总，只能在区域边界进行手工汇总。

（10）支持明文和 MD5 验证。

3.　OSPF 的 3 张表

（1）邻居表。运行 OSPF 的路由器，通过互相发送 hello 包建立邻居关系。在点对点和广播网络中，发送 hello 包的时间间隔（Hello Interval）默认为 10s，死亡间隔（Dead Interval）为 40s。在非广播网络中（如帧中继），发送 hello 包的时间间隔默认为 30s，死亡间隔为 120s。

（2）拓扑表。OSPF 的拓扑表也称为链路状态数据库（Link State Data Base，LSDB），其中记录了同区域内全网拓扑中所有链路的类型与 Cost 值。在同一个区域内，所有路由器的 LSDB 必须保持同步。

（3）路由表。每个路由器经过 SPF 算法计算后，将无环路的最优路径放到路由转发表中，形成该路由器的 OSPF 路由表。

4.　OSPF 分级理念

OSPF 通过区域划分，将网络定义为层次化的结构，体现分级的理念，其共分为两个区域：

微课 6-4

（1）骨干区域（Backbone Area）：0 区域，有且仅有一个，骨干区域相当于人的躯体。

（2）常规区域（Regular Area）：所有的非 0 区域，可以有多个，原则上常规区域与骨干区域必须直接相连，常规区域之间不可以相连（常规区域相当于人的四肢）。

OSPF 的区域划分是以接口为单位的，即一个路由器有几个接口，就可以被划分到几个区域中。处于两个或两个以上区域的路由器称为区域边界路由器（Area Border Router，ABR），还运行了其他外部路由协议的路由器称为自治系统边界路由器（Autonomous System Border Router，ASBR）。

5. OSPF 划分区域的特性

（1）通过区域间路由汇总，减少路由表条目。OSPF 的路由汇总只能在 ABR 上手工配置。

（2）将拓扑结构变化的影响限制在一个区域内，即同区域内的详细链路状态公告（Link State Advertise ment，LSA）泛洪截止在区域边界。

（3）需要一个层次化（分级）的网络架构设计和 IP 地址设计。

6. OSPF 的工作步骤

（1）路由器之间配置正确的 IP 地址，形成拓扑结构。

（2）路由器之间通过发送 hello 包建立邻居关系。

（3）形成邻居关系的路由器之间进一步形成邻居关系（Adjacent）　［指定路由器（Designated Router，DR）、备份指定路由器（Backup Designated Router，BDR）选举］。

（4）路由器之间通过相互发送链路状态公告，建立链路状态数据库。

（5）路由器之间通过在一个区域内的泛洪，同步链路状态数据库。

（6）链路状态数据库同步之后，每个路由器都以自己为根节点计算最小生成树，即运行 SPF 算法，计算出到达每个目标网段的无环路最优路径。

（7）路由器将无环路最优路径放入路由表。

7. OSPF 的 Router ID

Router ID 是一个 32 位的无符号整数，是一台路由器在 OSPF 域内的唯一标识，通常选择路由器接口 IP 地址为 Router ID。

首先，路由器选取它所有的 loopback 接口上数值最大的 IP 地址为 Router ID；如果路由器没有配置 IP 地址的 loopback 接口，则选取它所有的物理接口上数值最大的 IP 地址为 Router ID。还可以通过命令指定路由器的 Router ID，此为最优先方法，并且用作路由器 Router ID 的接口不一定要运行 OSPF 协议。

8. DR 和 BDR

运行 OSPF 的路由器还有不同角色之分，体现了 OSPF 严格的分级理念和对网络的精准控制，其中包括 DR、BDR 和普通路由器（DRouter）。

DR 和 BDR 在 OSPF 域内的任何网段中只能有一个。在一个网段中，DR 相当于班长，BDR 相当于副班长，DRouter 相当于普通同学。所有 DRouter 都要与 DR 和 BDR 形成邻居关系。

选举 DR、BDR 时要比较 OSPF 优先级，优先级配置在 OSPF 接口上，通过 hello 包传递。优先级最高的为 DR，次高的为 BDR，默认优先级为 1，优先级取值范围为 0~255。当优先级为 0 时，不参与 DR 和 BDR 选举，只能作为 DRouter。

在优先级相同的情况下，比较 Router ID。Router ID 最高的为 DR，次高的为 BDR，DR 和 BDR 的选举是非抢占的。

DR、BDR 的选举进一步体现了 OSPF 分级理念的精准控制和严格管理。所有 DRouter 都要与 DR 和 BDR 形成邻接关系，当拓扑结构发生变化时，DRouter 直接通告 DR 和 BDR，再由 DR 和 BDR 通告其他 DRouter。它们之间进行 LSA 通告时，使用组播地址进行通信。

9. OSPF 的数据包类型

（1）hello 包：直接相连的路由器之间建立邻居关系。

（2）数据库描述（DataBase Description，DBD）包：邻居之间发送链路状态数据库的简要信息。

（3）链路状态请求（Link State Request，LSR）包：形成邻居关系后，DRouter 要向 DR 和 BDR 请求明细路由更新信息。

（4）链路状态更新（Link State Updata，LSU）包：DR 和 BDR 要响应 DRouter 的请求，发送所请求的详细路由信息（具体的各条 LSA 明细），并进行 LSDB 的更新。

（5）链路状态确认（LSAck）包：OSPF 的可靠传输保障，对 DBD 包和 LSU 包的确认。

6.5　实践练习

6.5.1　静态路由的配置与应用

1. 工作任务

某公司在不同地区建立分公司，要在总公司和分公司的两台计算机间实现互连互通，静态路由拓扑结构如图 6－1 所示。要求使全网互通并减少对路由器 CPU 的带宽占用，提高整体网络的安全性。网络管理员为满足公司要求，决定使用静态路由协议。

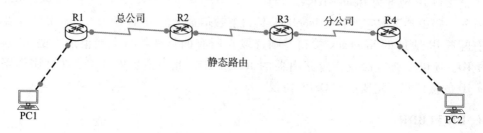

图 6－1　静态路由拓扑结构

2. 任务实施

每台路由器配置如下：

R1：

Router >enable	!进入特权模式
Router#conf terminal	!进入全局配置模式
Router(config)#hostname R1	!路由器取名 R1
R1(config)#interface loopback 0	!进入回环端口
R1(config-if)#ip address 10.1.1.1 255.255.255.0	
	!配置回环端口 IP 地址和子网掩码
R1(config-if)#exit	!退出
R1(config)#interface serial 0/3/0	!进入 S0/3/0 口
R1(config-if)#ip address 10.1.12.1 255.255.255.0	
	!配置 IP 地址和子网掩码
R1(config-if)#no shutdown	!开启端口
R1(config-if)#exit	!退出

R2：

Router >enable	!进入特权模式
Router#conf terminal	!进入全局配置模式
Router(config)#hostname R2	!路由器取名 R2
R2(config)#interface serial 0/1/0	!进入 S0/1/0 口
R2(config-if)#ip address 10.1.12.2 255.255.255.0	
	!配置 IP 地址和子网掩码
R2(config-if)#no shutdown	!开启端口
R2(config-if)#exit	!退出
R2(config)#interface serial 0/1/1	!进入 S0/1/1 口
R2(config-if)#ip address 10.1.23.2 255.255.255.0	
	!配置 IP 地址和子网掩码
R2(config-if)#no shutdown	!开启端口
R2(config-if)#exit	!退出

R3：

Router >enable	!进入特权模式
Router#conf terminal	!进入全局配置模式
Router(config)#hostname R3	!路由器取名 R3
R3(config)#interface serial 0/3/0	!进入 S0/3/0 口
R3(config-if)#ip address 10.1.23.3 255.255.255.0	
	!配置 IP 地址和子网掩码
R3(config-if)#no shutdown	!开启端口
R3(config-if)#exit	!退出
R3(config)#interface serial 0/3/1	!进入 0/3/1 口
R3(config-if)#ip address 10.1.34.3 255.255.255.0	
	!配置 IP 地址和子网掩码

R3(config-if)#no shutdown   !开启端口
R3(config-if)#exit   !退出
R4：
Router>enable   !进入特权模式
Router#conf terminal   !进入全局模式
Router(config)#hostname R4   !路由器取名 R4
R4(config)#interface serial 0/2/0   !进入 S0/2/0 口
R4(config-if)#ip address 10.1.34.4 255.255.255.0
                                             !配置 IP 地址和子网掩码
R4(config-if)#no shutdown   !开启端口
R4(config-if)#exit   !退出
R4(config)#interface loopback 0   !进入回环端口
R4(config-if)#ip address 10.4.4.4 255.255.255.0
                                             !配置 IP 地址和子网掩码
R4(config-if)#exit   !退出
静态路由配置命令：
R1(config)#ip route 0.0.0.0 0.0.0.0 10.1.12.2   !配置 R1 静态路由
R2(config)#ip route 10.1.1.0 255.255.255.0 10.1.12.1   !配置 R2 静态路由
R2(config)#ip route 10.1.34.0 255.255.255.0 10.1.23.3   !配置 R2 静态路由
R2(config)#ip route 10.4.4.0 255.255.255.0 10.1.23.3   !配置 R2 静态路由
R3(config)#ip route 10.1.1.0 255.255.255.0 10.1.23.2   !配置 R3 静态路由
R3(config)#ip route 10.1.12.0 255.255.255.0 10.1.23.2   !配置 R3 静态路由
R3(config)#ip route 10.4.4.0 255.255.255.0 10.1.34.4   !配置 R3 静态路由
R4(config)#ip route 0.0.0.0 0.0.0.0 10.1.34.3   !配置 R4 静态路由
查看路由表：
R1#show ip route !查看 R1 的静态路由信息
Gateway of last resort is 10.1.12.2 to network 0.0.0.0
    10.0.0.0/24 is subnetted,2 subnets
C   10.1.1.0 is directly connected,Loopback0
C   10.1.12.0 is directly connected,Serial0/3/0
S * 0.0.0.0/0[1/0]via 10.1.12.2

R2#show ip route !查看 R2 的静态路由信息
Gateway of last resort is not set
    10.0.0.0/24 is subnetted,5 subnets
S   10.1.1.0[1/0]via 10.1.12.1
C   10.1.12.0 is directly connected,Serial0/1/0
C   10.1.23.0 is directly connected,Serial0/1/1
S   10.1.34.0[1/0]via 10.1.23.3

```
S    10.4.4.0[1/0]via 10.1.23.3
R3#show ip route !查看 R3 的静态路由信息
Gateway of last resort is not set
     10.0.0.0/24 is subnetted,5 subnets
S    10.1.1.0[1/0]via 10.1.23.2
S    10.1.12.0[1/0]via 10.1.23.2
C    10.1.23.0 is directly connected,Serial0/3/0
C    10.1.34.0 is directly connected,Serial0/3/1
S    10.4.4.0[1/0]via 10.1.34.4
R4#show ip route !查看 R4 的静态路由信息
Gateway of last resort is 10.1.34.3 to network 0.0.0.0
     10.0.0.0/24 is subnetted,2 subnets
C    10.1.34.0 is directly connected,Serial0/2/0
C    10.4.4.0 is directly connected,Loopback0
S* 0.0.0.0/0[1/0]via 10.1.34.3
```

3. 任务结果

每台计算机和路由器可以互相 ping 通。

6.5.2　动态路由的配置与应用

1. 工作任务

某公司在不同地区建立分公司，要在总公司和分公司的两台计算机间实现互连互通，动态路由拓扑结构如图 6-2 所示。为了达到方便管理、配置简单和全网互通的目标，网络管理员决定使用 RIP 来完成这个项目。

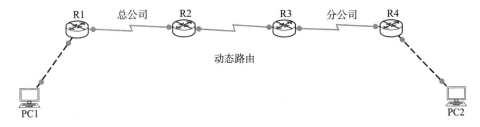

图 6-2　动态路由拓扑结构

2. 任务实施

每台路由器的基础配置同 6.5.1 节"静态路由的配置与应用"。
R1 开启 RIP：

```
R1(config)#router rip
R1(config-router)#network 10.0.0.0
R1(config-router)#network 192.168.12.0
```

微课 6-5

R1(config - router)#exit

R2 开启 RIP:

R2(config)#router rip

R2(config - router)#network 192.168.12.0

R2(config - router)#network 192.168.23.0

R2(config - router)#exit

R3 开启 RIP:

R3(config)#router rip

R3(config - router)#network 192.168.23.0

R3(config - router)#network 192.168.34.0

R3(config - router)#exit

R4 开启 RIP:

R4(config)#router rip

R4(config - router)#network 192.168.34.0

R4(config - router)#network 10.0.0.0

R4(config - router)#exit

关闭自动汇总:

R1(config)#router rip

R1(config - router)#version 2

R1(config - router)#no auto - summary

R1(config - router)#exit

R2、R3、R4 同上。

R1#show ip route !查看 R1 路由信息

C   10.1.1.0/24 is directly connected,Loopback0

L   10.1.1.1/32 is directly connected,Loopback0

R   10.4.4.0/24[120/3]via 192.168.12.2,00:00:20,Serial0/0/0

     192.168.12.0/24 is variably subnetted,2 subnets,2 masks

C   192.168.12.0/24 is directly connected,Serial0/0/0

L   192.168.12.1/32 is directly connected,Serial0/0/0

R   192.168.23.0/24[120/1]via 192.168.12.2,00:00:20,Serial0/0/0

R   192.168.34.0/24[120/2]via 192.168.12.2,00:00:20,Serial0/0/0

R2#show ip route !查看 R2 路由信息

R   10.1.1.0/24[120/1]via 192.168.12.1,00:00:03,Serial0/0/0

R   10.4.4.0/24[120/2]via 192.168.23.2,00:00:14,Serial0/0/1

     192.168.12.0/24 is variably subnetted,2 subnets,2 masks

C   192.168.12.0/24 is directly connected,Serial0/0/0

L   192.168.12.2/32 is directly connected,Serial0/0/0

     192.168.23.0/24 is variably subnetted,2 subnets,2 masks

C   192.168.23.0/24 is directly connected,Serial0/0/1

L　192.168.23.1/32 is directly connected,Serial0/0/1

R　192.168.34.0/24[120/1]via 192.168.23.2,00:00:14,Serial0/0/1

R3#show ip route !查看 R3 路由信息

R　10.1.1.0/24[120/2]via 192.168.23.1,00:00:12,Serial0/0/0

R　10.4.4.0/24[120/1]via 192.168.34.2,00:00:10,Serial0/0/1

R　192.168.12.0/24[120/1]via 192.168.23.1,00:00:12,Serial0/0/0

　　192.168.23.0/24 is variably subnetted,2 subnets,2 masks

C　192.168.23.0/24 is directly connected,Serial0/0/0

L　192.168.23.2/32 is directly connected,Serial0/0/0

　　192.168.34.0/24 is variably subnetted,2 subnets,2 masks

C　192.168.34.0/24 is directly connected,Serial0/0/1

L　192.168.34.1/32 is directly connected,Serial0/0/1

R4#show ip route !查看 R4 路由信息

R　10.1.1.0/24[120/3]via 192.168.34.1,00:00:17,Serial0/0/0

C　10.4.4.0/24 is directly connected,Loopback0

L　10.4.4.4/32 is directly connected,Loopback0

R　192.168.12.0/24[120/2]via 192.168.34.1,00:00:17,Serial0/0/0

R　192.168.23.0/24[120/1]via 192.168.34.1,00:00:17,Serial0/0/0

　　192.168.34.0/24 is variably subnetted,2 subnets,2 masks

C　192.168.34.0/24 is directly connected,Serial0/0/0

L　192.168.34.2/32 is directly connected,Serial0/0/0

3. 任务结果

使用 ping 命令测试网络连通性，总公司和分公司的所有 PC 间实现互通。

本章习题

一、选择题

1. 指向下一跳 IP 的静态路由在路由表中显示的 AD 和度量值分别为（　　）。

A. 0，0　　　　　　B. 0，1　　　　　　C. 1，0　　　　　　D. 1，1

2. 通过检查 show ip interface brief 命令的输出可以得到的信息是（　　）。

A. 接口速度和双工设置　　　　　　B. 接口 MTU

C. 错误　　　　　　　　　　　　　D. 接口 MAC 地址

E. 接口 IP 地址

3. IOS 命令 show cdp neighbors 的功能有（　　）。

A. 显示邻居 Cisco 路由器的端口类型和平台

B. 显示所有非 Cisco 路由器的设备功能代码

C. 显示网络中所有设备的平台信息

D. 显示邻居路由器使用的协议封装

4. 下面关于直连路由的描述中正确的是（　　　）。

A. 只要线缆连接到路由器上它就会出现在路由表中

B. 当 IP 地址在接口上配置好后它就会出现在路由表中

C. 当在路由器接口模式下输入 no shutdown 命令后它就会出现在路由表中

5. 当外发接口不可用时，路由表中的静态路由条目的变化是（　　　）。

A. 该路由将从路由表中被删除

B. 路由器将轮询邻居以查找替用路由

C. 该路由将保持在路由表中，因为它是静态路由

D. 路由器将重定向该静态路由，以补偿下一跳设备的缺失

二、简答题

1. 列举用于显示接口信息的命令。

2. 写出配置静态路由和默认静态路由的语法格式。

3. 简述带下一跳地址和带送出接口的静态路由的区别。

4. 简述汇总路由和默认路由的优点。

5. 静态路由配置错误为什么要在配置正确路由之前删除？

第7章

网络操作系统

7.1 概　　述

网络操作系统（Network Operating System，NOS）是在具备单机操作系统全部功能的同时还具备管理网络中的共享资源，实现用户通信及方便用户使用网络等功能的操作系统。网络操作系统是网络用户与计算机网络之间的接口，是计算机网络中管理一台或多台主机的软/硬件资源、支持网络通信和提供网络服务的程序的集合。

7.1.1　网络操作系统的概念

网络操作系统是网络的心脏和灵魂，是向网络计算机提供网络通信和网络资源共享功能的操作系统，是负责管理整个网络资源和方便网络用户的软件的集合。网络操作系统借由网络达到互相传递数据与各种消息的目的，分为服务器（Server）和客户端（Client）。服务器的主要功能是管理服务器和网络上的各种资源和网络设备的共用，加以统合并控管流量，避免瘫痪的可能性；客户端具有接收并运用服务器所传递的数据的功能，可以清楚地搜索其所需的资源。

7.1.2　主要的网络操作系统

1. Windows 系列操作系统

Windows 系列操作系统是美国微软公司研发的一套操作系统，它于 1985 年问世，起初仅仅是 Microsoft – DOS 模拟环境，由于微软公司不断地更新升级后续的系统版本，它慢慢地成为众多用户的选择。常用的 Windows 操作系统有 Windows NT Server、Windows Server 2000、Windows Server 2003、Windows Server 2008 和 Windows Server 2012。

2. UNIX 操作系统

UNIX 操作系统是一个强大的多用户、多任务操作系统，支持多种处理器架构。按照操作系统的分类，UNIX 操作系统属于分时操作系统。

3. Linux 操作系统

Linux 操作系统是一套免费使用和自由传播的类 UNIX 操作系统，是基于 POSIX 和 UNIX 的多用户、多任务且支持多线程和多 CPU 的操作系统。它能运行主要的 UNIX 工具软件、应用程序和网络协议，支持32位和64位硬件。Linux操作系统继承了UNIX操作系统以网络为核心的设计思想，是一种性能稳定的多用户网络操作系统。

4. Netware操作系统

Netware操作系统最重要的特征是其基于基本模块设计思想的开放式系统结构。Netware是一个开放的网络服务器平台，可以方便地对其进行扩充。Netware操作系统为不同的工作平台（如DOS、OS/2、Macintosh等）、不同的网络协议环境（如TCP/IP）及各种工作站操作系统提供了一致的服务。在该系统内可以增加自选的扩充服务（如替补备份、数据库、电子邮件及记账等），这些服务可以取自Netware本身，也可取自第三方开发者。

7.1.3 网络操作系统的基本功能

网络操作系统具有处理机管理、存储器管理、设备管理、文件系统管理功能和为了方便用户使用操作系统向用户提供的用户接口，以及网络环境下的通信、网络资源管理，网络应用等特定功能。

从应用角度来看，网络操作系统具备以下基本功能：

（1）文件服务：最重要与最基本的服务功能。文件服务器以集中方式管理共享文件，网络工作站可以根据所规定的权限对文件进行读写及其他各种操作，文件服务器为网络用户的文件安全与保密提供必需的控制方法。

（2）打印服务：基本的服务功能之一。打印服务可以通过专门的打印服务器完成或者由工作站或文件服务器来担任，网络打印服务器在接收用户打印要求后，本着先到先服务的原则，用排队队列管理用户打印任务。

（3）数据库服务：网络数据库软件依照客户机/服务器工作模式，客户端用结构化查询语言向数据库服务器发送查询请求，服务器进行查询后将查询结果传送到客户端。

（4）通信服务：工作站与工作站之间的对等通信、工作站与网络服务器之间的通信服务。

（5）信息服务：局域网可以通过存储转发方式或对等方式进行信息传递。

（6）分布式服务：将分布在不同地理位置的网络资源组织在一个全局性的、可复制的分布数据库中。用户在一个工作站上注册便可以与多个服务器连接。对于用户来说，网络系统中分布在不同位置的资源都是透明的。

（7）网络管理服务：网络操作系统提供的网络管理服务有网络性能分析、网络状态监控和存储管理等。网络操作系统一般都支持TCP/IP，提供各种Internet服务，支持Java应用开发工具，使局域网服务器很容易成为Web服务器，全面支持Internet与Internet访问。

在实际的网络环境中，可以将对等网络和非对等网络混合使用。网络服务器使用Windows Server 2012、UNIX、Linux等操作系统，负责关键资源的共享和管理；客户端使用Windows单用户操作系统，既可以访问指定服务器上的共享资源，又可以共享和管理属于自己计算机上的资源。

7.2　Windows Server 2012

7.2.1　Windows Server 2012 简介

1. Windows Server 2012 的含义

Windows Server 2012 是由 Windows Server 2008 改良而成的下一代服务器操作系统，它继承了 Windows Server 2008 的优势。Windows Server 2012 是一套和 Windows 8 相对应的服务器操作系统，两者有很多相同的功能。Windows Server 2012 是延续 Windows Azure（微软公司基于云计算的操作系统）成功的经验而设计的云端最佳化平台，配备最新的虚拟化技术和简单控制管理等特性、相容于任何云端架构的设计与整合行动装置管理等崭新功能，使企业可建置私有云端或混合云端，并有效降低成本。

2. Windows Server 2012 的特征

1）虚拟化方面

Hyper－V 增加了很多新的功能，可以实现扩展的多用户云存储，提供容错、灾难恢复等各种服务，数据中心之间虚拟机更容易复制。

Windows Server 2012 Hyper－V 支持动态 IT 环境，并能够快速适应不断变化的业务需求和场景。Hyper－V 提供相应的工具从而降低基础设施的整体成本。

2）性能方面

Windows Server 2012 对服务器进行了优化，配置要求较高；最多支持 32 个处理器；可以充当网络服务器，可以无限制连入客户机，完成繁重的网络任务；最多可支持 256 个远程客户存取；支持 Macintosh 文件及打印，有磁盘容错功能。

7.2.2　安装 Windows Server 2012

安装 Windows Server 2012 的步骤如下：

（1）把光盘放入光驱中，服务器通过光驱启动，正式进行 Windows Server 2012 的安装，如图 7－1 所示。

图 7－1　Windows Server 2012 安装启动界面

（2）选择"中文（简体，中国）"选项，单击"下一步"按钮，如图7-2所示。

图7-2　选择语言

（3）在弹出的界面上单击"现在安装"按钮，如图7-3所示。

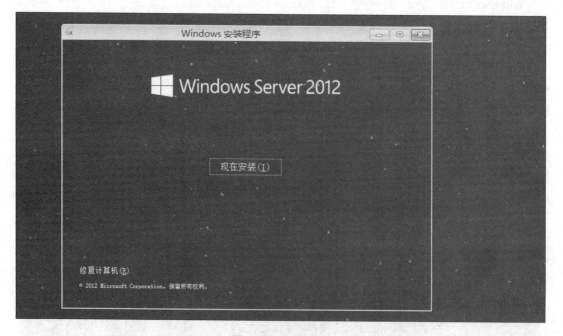

图7-3　安装界面

（4）选择操作系统的安装版本，如图7-4所示，单击"下一步"按钮。

（5）选中"我接受许可条款"复选框，如图7-5所示，单击"下一步"按钮。

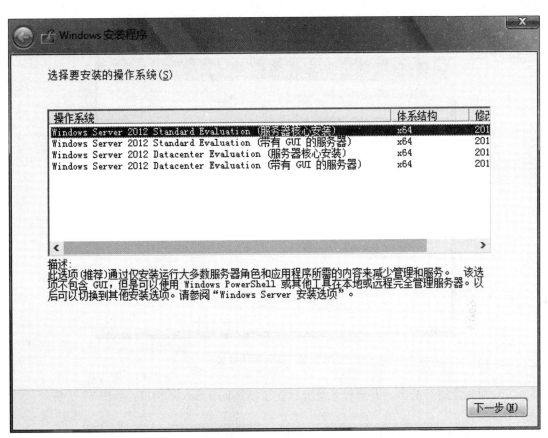

图 7-4　选择操作系统的安装版本

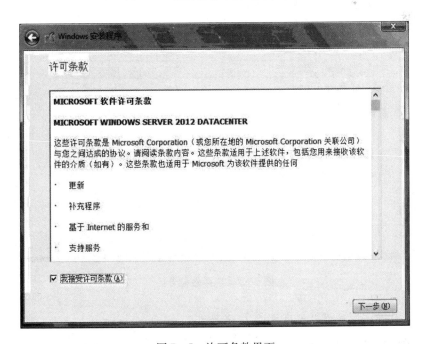

图 7-5　许可条款界面

（6）选择"自定义：仅安装 Windows（高级）"选项，如图 7 - 6 所示。

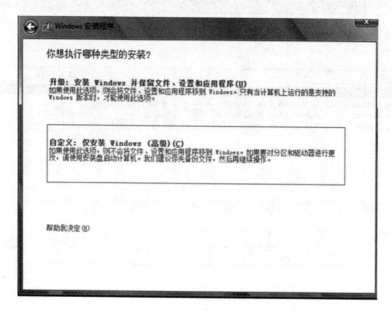

图 7 - 6　高级选项界面

（7）对磁盘进行分区，并选择系统分区安装 Windows Server 2012，如图 7 - 7 所示。

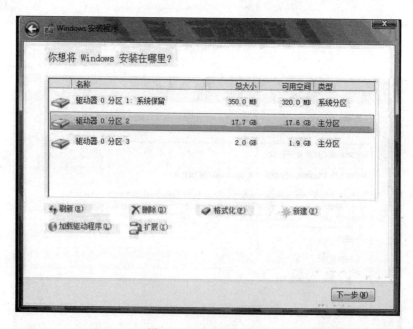

图 7 - 7　选择磁盘分区

（8）安装开始，安装进度界面如图 7 - 8 所示。

（9）网络操作系统安装完毕，重启计算机后（图 7 - 9），安装设备驱动。

（10）安装成功，首次登录要设置管理员密码，如图 7 - 10 所示。

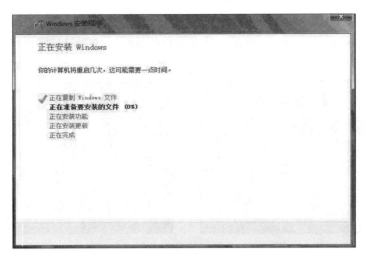

Windows 安装程序
正在安装 Windows
你的计算机将重启几次，这可能需要一点时间。
正在复制 Windows 文件
正在准备要安装的文件 (0%)
正在安装功能
正在安装更新
正在完成

图 7－8　安装进度界面

正在准备设备 9%

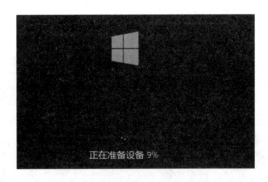

图 7－9　系统启动界面

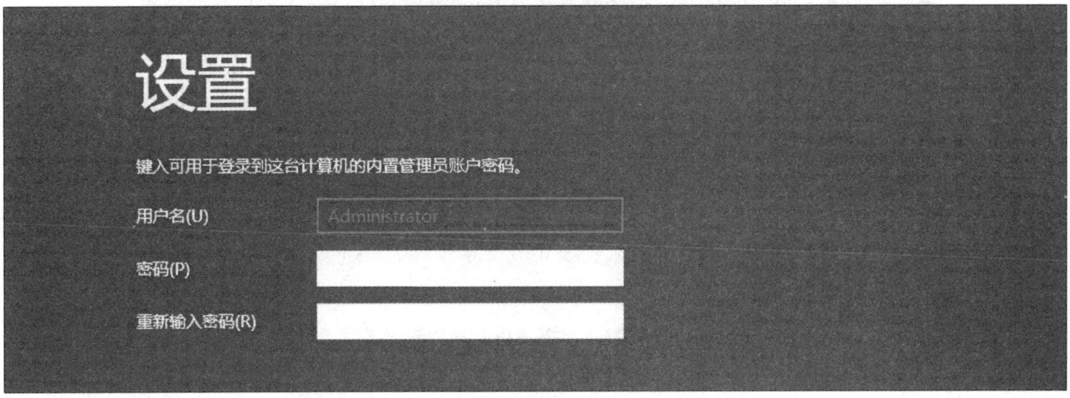

设置
键入可用于登录到这台计算机的内置管理员账户密码。
用户名(U)
Administrator
密码(P)
重新输入密码(R)

图 7－10　设置管理员密码界面

（11）完成设置界面如图 7－11 所示。

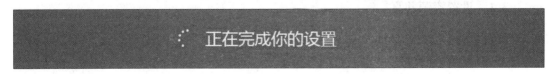

正在完成你的设置

图 7－11　完成设置界面

（12）登录界面如图 7 - 12 所示。

（13）输入本地管理员密码并登录，管理员登录界面如图 7 - 13 所示。

图 7 - 12 登录界面

图 7 - 13 管理员登录界面

（14）成功登录，进入系统，系统运行界面如图 7 - 14 所示。

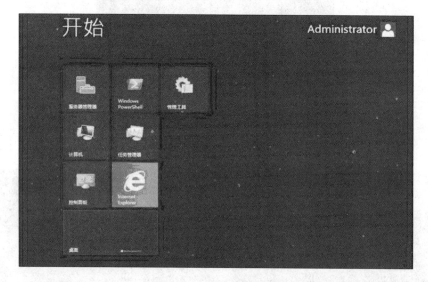

图 7 - 14 系统运行界面

7.3 资源共享

资源共享是基于网络的资源分享，是建立在数据和应用程序共享原理上的。在 Windows Server 2012 操作系统中，可以通过服务器管理器来对需要共享的资源进行设置。

7.3.1 设置资源共享

设置资源共享的操作步骤如下：

（1）在服务器管理器中添加文件服务器角色，如图 7 - 15 所示。

图 7 - 15 添加文件服务器角色

（2）在服务器管理器中选择"文件和存储服务"/"共享"命令，新建共享，如图 7 - 16 所示。

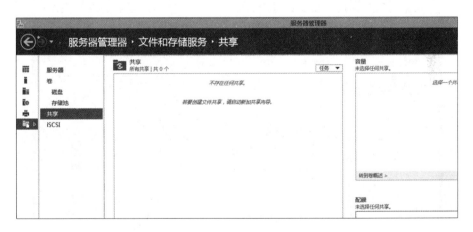

图 7 - 16 新建共享

（3）可以选择共享某个服务器的整个磁盘，也可以单击"浏览"按钮选择共享单个文件夹，选择共享位置如图 7 - 17 所示。

（4）填写其他信息并设置共享权限，如图 7 - 18 所示。

在"设置"选项卡中若选中"启用基于存取的枚举"复选框，则对该文件夹或者子文件夹没有访问权限的用户将看不到该文件夹。如果域中有 Windows7 或者更低版本的系统，则应取消选中"加密数据访问"复选框，否则即使使用域管理员登录也会被提示没有权限打开此文件夹，如图 7 - 19 所示。

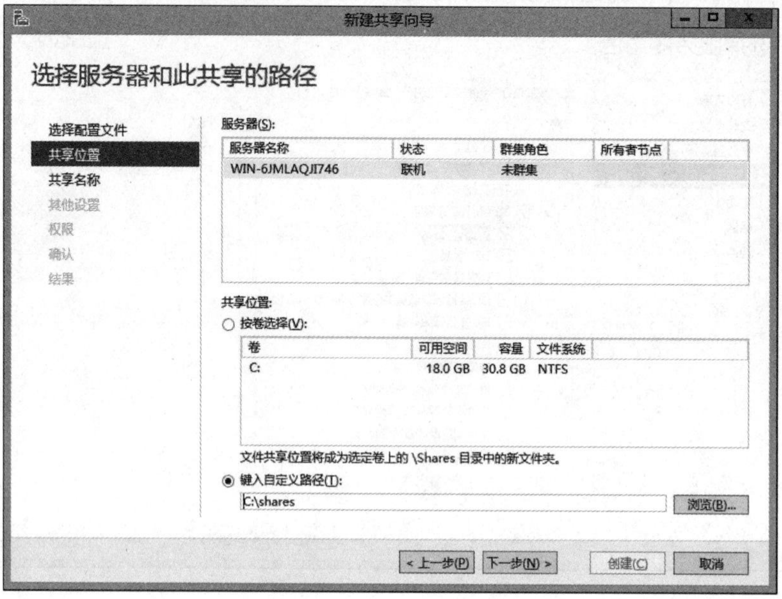

图 7－17　选择共享位置

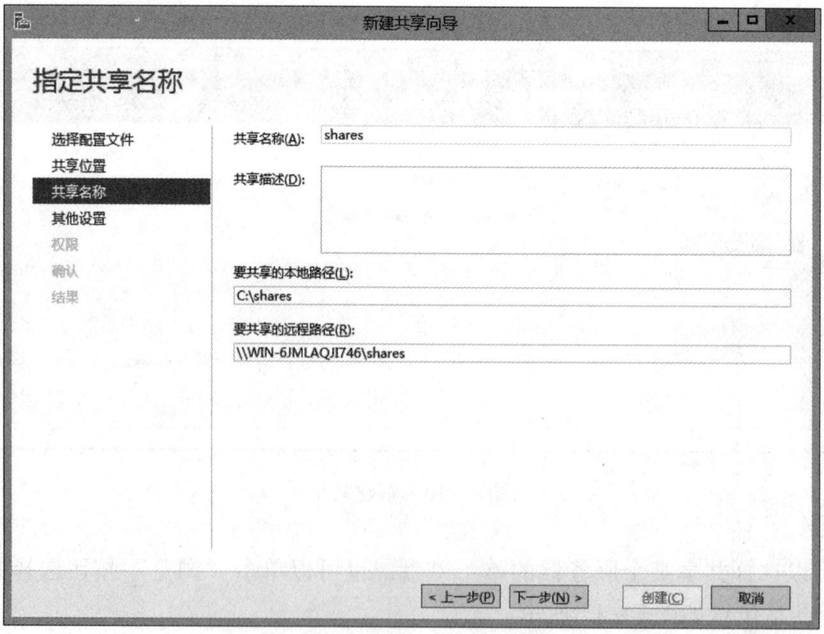

图 7－18　设置共享权限

图 7 - 19　设置共享（share）

7.3.2　访问网络共享资源

访问网络共享资源的操作步骤如下：

文件共享以后，可以通过网络访问工作组中其他计算机共享的资源。

（1）打开"网络"窗口查看工作组中的计算机，如图 7 - 20 所示。

图 7 - 20　"网络"窗口

（2）选择要访问的计算机，如图 7 – 21 所示。

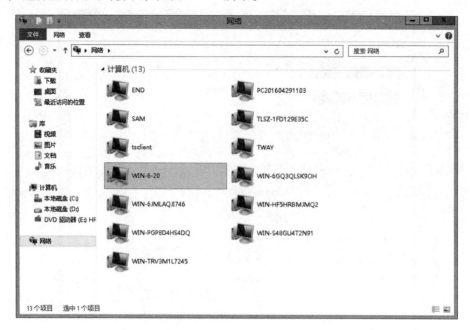

图 7 – 21　选择要访问的计算机

（3）如果对方给计算机资源设置了访问权限，则需要使用对方设置的用户名及密码才能登录进入，登录界面如图 7 – 22 所示。

图 7 – 22　登录界面

（4）输入正确的用户名和密码，进入计算机访问共享资源。如果对方没有设置用户名和密码，则可以直接访问对方计算机中的共享资源，如图 7 – 23 所示。

图 7 - 23　访问共享资源

7.3.3　共享和使用网络打印机

在局域网中建立一台打印服务器，可以为局域网中的所有用户提供打印服务，具体配置如下。

1. 配置打印服务器

（1）添加角色和功能。通过仪表板添加角色和功能，也可以通过服务器管理器右上角的管理选项来添加。选择"管理"／"添加角色和功能"命令，如图 7 - 24 所示。

图 7 - 24　添加角色和功能

（2）打开"添加角色和功能向导"窗口，"开始之前"选项卡是该向导的说明解释，单击"下一步"按钮，如图 7 - 25 所示。

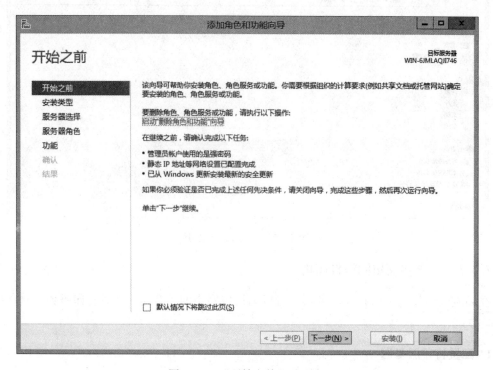

图 7 - 25　"开始之前"选项卡

（3）在"安装类型"选项卡中选中"基于角色或基于功能的安装"单选按钮，单击"下一步"按钮，如图 7 - 26 所示。

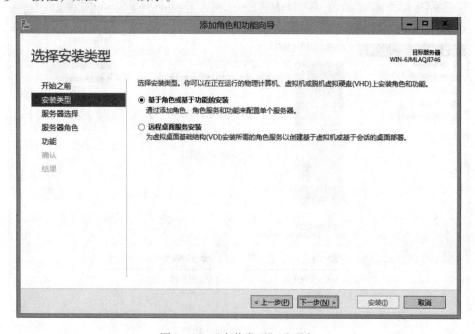

图 7 - 26　"安装类型"选项卡

（4）在"服务器选择"选项卡中选中"从服务器池中选择服务器"单选按钮，单击"下一步"按钮，如图 7 - 27 所示。

图 7 - 27　"服务器选择"选项卡

（5）在"服务器角色"选项卡中选中"打印和文件服务"复选框，如图 7 - 28 所示。

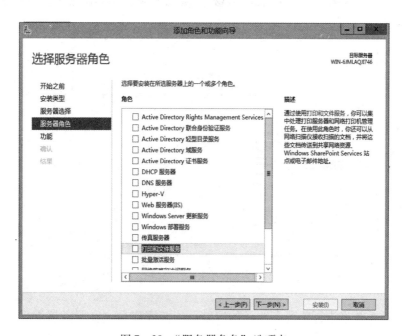

图 7 - 28　"服务器角色"选项卡

（6）如果功能不作更改，则直接进行下一步。在"角色服务"选项卡中选中"Internet打印"复选框，如图7-29所示。

图7-29　"角色服务"选项卡

（7）根据默认选择进行下一步，在"确认"选项卡中单击"安装"按钮，如图7-30所示。

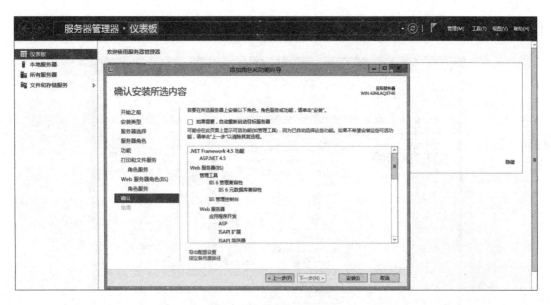

图7-30　"确认"选项卡

（8）确认后系统将进行角色和服务的安装，安装完成后，在服务器管理器中即可出现打印服务，如图7-31所示。

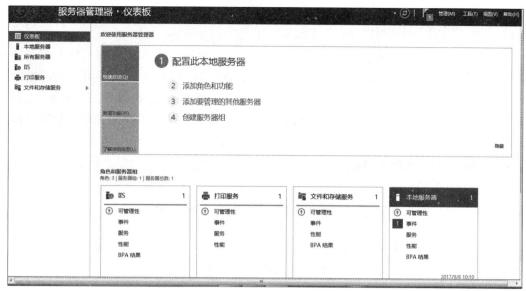

图 7 - 31　打印服务安装完成

2. 为服务器添加本地打印机

服务搭建好只是意味着这台服务器可以对外提供打印功能，还需要为服务器添加本地打印机。在"服务器管理器"窗口中选择"工具"/"打印管理"命令，然后选择打印机端口为"新建端口"，端口类型为"TCP/IP"，单击"下一步"按钮后，输入打印机的 IP 地址，最后为打印机添加驱动程序并命名。

3. 在局域网中测试打印服务器

打印服务器安装成功后，需要在局域网中进行测试，如图 7 - 32 所示。打印服务器可以为局域网用户提供简单而高效的网络打印解决方案。

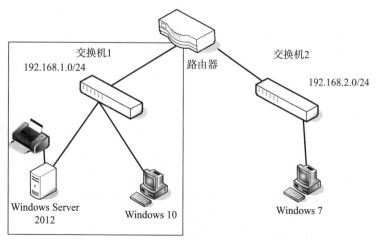

图 7 - 32　测试打印机拓扑结构

用 Windows 10 系统添加服务器打印机，在 Windows 10 系统中选择"开始"/"运行"命令，输入服务器的 IP 地址，然后输入服务器的用户名和密码，完成后即可看到添加的打印机。

4. 测试 Internet 打印功能

若用户和打印服务器不在同一个局域网中，则需要使用 Internet 打印功能。下面使用 Windows 7 系统模拟两个网络的情景，在已经安装 Internet 打印功能的主机上，可以使用 HTTP 协议访问；在 Windows 7 系统主机的浏览器中输入服务器的 IP 地址、用户名和密码，即可使用服务器上的打印机，用鼠标右键单击该打印机，选择"属性"选项，然后复制该打印机的访问网址，将其粘贴到设备和打印机中（不同版本的 Windows 略有差异），即可完成不同网络之间打印机的使用。

7.4 资源访问权限的控制

资源存储是服务器最重要的用途，Windows Server 2012 在这方面提供了许多切实可靠的功能，因此，本节将从磁盘管理的角度介绍资源访问权限控制的知识。

7.4.1 NTFS 权限概述

在介绍新技术文件系统（New Technology File System，NTFS）权限之前，首先对磁盘进行简单介绍。本章中提到的磁盘，若无特殊说明，一律指硬盘。所有磁盘在使用前都必须经过以下处理，才能够用来保存数据：

（1）利用磁盘分区工具程序将磁盘分割成一块或数块保存空间。

（2）利用格式化工具程序将切割后的磁盘空间格式化。格式化时必须选择所要使用的文件系统［文件配制表（File Allocation Table，FAT）、NTFS 等］，然后便可以用来保存文件。

Windows Server 2012 主要使用 NTFS 格式，所以这里着重介绍 NTFS 格式磁盘的设置。

NTFS 权限是指在磁盘使用中可以获得的操作许可，可以根据自己的需要对磁盘进行限制，这样既可以保护文件安全，又可以使文件传输安全有效地进行。

NTFS 权限的类型如下：

（1）读取：读取文件内的数据，查看文件的属性。

（2）写入：此权限可以将文件覆盖，改变文件的属性。

（3）读取及运行：除了读取的权限外，还可运行应用程序。

（4）修改：除了写入与读取及运行权限外，还可更改文件数据、删除文件、改变文件。

（5）完全控制：它拥有所有的 NTFS 权限。

在 NTFS 格式磁盘属性对话框中可以对磁盘进行设置，如常规设置、共享设置、安全设置、共享文件夹的卷影副本设置、配额设置等，如图 7 – 33 所示。

图 7 – 33 NTFS 格式磁盘属性对话框

7.4.2　共享文件夹权限与 NTFS 权限的组合

只有共享资源存储在使用 NTFS 文件系统的分区中时，才会同时具有共享与 NTFS 权限。此时，共享权限将成为第一道防线。有权限访问共享资源的账户将首先受到共享权限的限制，共享权限将定义登录账户对共享资源的最大访问范围。NTFS 权限作为第二道防线，可以定义更多权限。

当共享资源（如 ABC 文件夹）的共享权限与 NTFS 权限设置相同时，如对 Everyone 组都具有读取权限，两种权限将互不影响。当两种权限因设置不同而形成冲突时，则会取其中较严格的权限执行。

7.4.3　NTFS 权限的继承性

新建的文件或者文件夹会自动继承上一级目录或磁盘分区的 NTFS 权限。不能直接修改从上一级继承下来的权限，只能在其基础上添加其他权限。

一些文件或文件夹可能需要设置单独的权限，而不需要从上一级继承权限，这时可以将继承来的权限删除，然后重新设置 NTFS 权限。例如，要取消文件夹继承来的权限，用鼠标右键单击该文件夹，在弹出的快捷菜单中选择"属性"命令，弹出文件夹属性对话框，选择"安全"选项卡，单击"高级"按钮，弹出文件夹高级安全设置对话框，在"权限"选项卡中选中"包括可从该对象的父项继承的权限"复选框，弹出提示对话框。如果单击"复制"按钮，则所有继承来的权限会全部保留下来，并且可以修改；如果单击"删除"按钮，则所有继承来的权限就将被删除，可以自行添加相应的权限。

若强制继承 NTFS 权限，可执行下列步骤：用鼠标右键单击该文件夹，在弹出的快捷菜单中选择"属性"命令，弹出文件夹属性对话框，选择"安全"选项卡，单击"高级"按钮，弹出文件夹的高级安全设置对话框。在"权限"选项卡中选中"使用可继承的权限替换所有后代上现有的所有可继承权限"复选框，单击"确定"按钮，弹出安全提示对话框，单击"是"按钮，系统将强制下级文件夹或者文件继承当前文件夹的权限。

1. 权限的拒绝操作

在权限管理中，拒绝权限的优先级高于所有其他权限。假设用户账户 User1 属于本地组 Group1 和 Group2，管理员创建一个文本文件，设置本地组 Group1 对文本文档的权限为读取，设置本地组 Group2 对文本文档的权限为写入，想让用户账户 User1 只有读取权限而不能有写入权限，此时就要给用户账户 User1 设置拒绝写入权限。如果有大量的用户需要拒绝，可以建立一个拒绝组，然后将需要拒绝的用户加入该组，并设置拒绝该组的相关权限即可。假设用户账户 User1 属于本地组 Group1，用户 User1 针对文件的权限是读取和写入，而本地组 Group1 针对文件的权限是拒绝读取和拒绝写入，则该用户的最终有效权限是拒绝读取和拒绝写入。

2. 用户对文件夹不同权限的操作

用鼠标右键单击文件夹，在弹出的快捷菜单中选择"属性"命令，弹出文件夹属性对话框，选择"安全"选项卡，单击"高级"按钮，弹出文件夹高级安全设置对话框，选择

"有效权限"选项卡,单击"选择"按钮,在弹出的"选择用户或组"对话框中添加 Usre1 用户,单击"确定"按钮。User1 用户对文件没有任何权限。通过文件的安全属性可以看到,User1 所属的组的权限为"拒绝读取和执行"。用户 User1 虽然对文件拥有读取权限,但其对文件夹中的文件没有任何权限,最终用户对文件的有效权限为没有任何权限。

此外,如果用户对某文件没有"更改权限"的权限,则会强制继承父文件夹的权限。

7.4.4 复制、移动文件和文件夹

同盘/异盘复制文件,权限继承目的文件夹权限;同盘剪切文件,权限保留原文件夹权限;异盘剪切文件,权限继承目的文件夹权限。NTFS 分区内的文件移动或复制到 FAT/FAT32 分区内后,所有权限丢失,因为 FAT/FAT32 文件系统不支持 NTFS 权限设置功能。

7.4.5 利用 NTFS 权限管理数据

1. 权限设置

设置 NTFS 权限的步骤如下:

用鼠标右键单击选中的文件夹,在弹出的快捷菜单中选择"属性"命令,弹出属性对话框,选择"安全"选项卡,如图 7-34 所示。

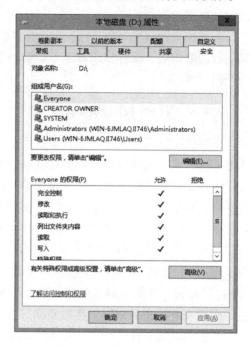

图 7-34 设置 NTFS 权限

2. 设置权限注意事项

默认 Everyone 权限是无法更改的,因为它继承了上一层的权限,若要更改则必须取消"允许将来自父系的可继承权限传播给该对象和所有子对象"复选框。若要增加权限用户操作,选择"安全"选项卡/"增加"/"选择所需用户"/"设置相应的权限"命令。

7.5 实践练习

7.5.1 磁盘配额

微课 7-1

1. 工作任务

假如你是某公司的一位网络管理员,公司有技术部、销售部、财务部等部门,所有部门都可以将本部门的文件存储到公司服务器上。为防止各部门不加限制地使用服务器磁盘存储空间,公司领导要求你对服务器磁盘空间进行管理,为每个部门划分 800MB 磁盘存储空间,警戒空间为 500MB。如果超出警戒空间将对用户提出警告并记录事件。

针对用户的需求,可以通过磁盘配额(DISK Quota)管理来解决此问题。NTFS 磁盘格式为防止用户无限制使用磁盘空间提供了磁盘配额功能,只要使用 NTFS 的磁盘驱动器,都

能够利用磁盘配额功能限制某个账户在该磁盘驱动器中的存储空间。

2. 任务实施

1）设置磁盘配额

（1）在为各部门进行磁盘配额划分前，应为服务器的磁盘空间开启磁盘配额功能。在设置配额的盘符上单击鼠标右键，在弹出的快捷菜单中选择"属性"命令，弹出磁盘属性对话框，如图 7-35 所示。

（2）选择"配额"选项卡，选中"启用配额管理"复选框，启用磁盘配额功能，如图 7-36 所示。

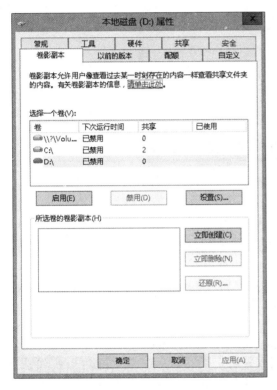

图 7-35　磁盘属性对话框

图 7-36　选中"启用配额管理"复选框

（3）设置配额限制与警告等级，如图 7-37 所示。

配额限制与警告等级可以说是磁盘存储的两道防线。默认启动磁盘配额后为不限制磁盘使用量，这样虽然启动了磁盘配额，却没有实际效果，所以要对磁盘配额进行限额设置。当用户的磁盘使用量要超过第一道管制线——警告等级时，系统可以记录此事件或忽略不管；当用户的磁盘使用量要超过第二道警戒线——配额限制时，系统可以拒绝此写入动作、记录此事件或忽略不管。通常，配额限制应大于警告等级，如将各部门的警告等级设置为500MB，将配额限制设置为800MB。管理员在用户用量达到警告等级时先通知用户，以免用户在毫无预警的情况下受到配额限制，造成工作上的不便。

2）查看与修改配额项目清单

设置磁盘配额后，默认的配额限制和警告等级会应用在新用户上。当系统管理员第一次

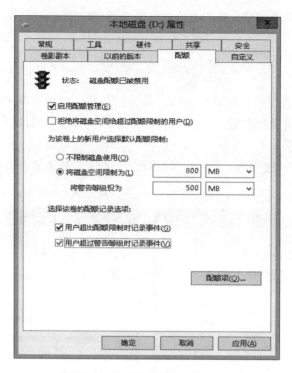

图 7 – 37　设置配额限制与警告等级

启动磁盘驱动器的磁盘配额功能时，Windows Server 2012 会为该磁盘驱动器建立一份配额项目列表，新用户是指不在配额项目列表中的用户。假设在启动磁盘配额功能前，系统管理员与 NT 用户已经在该磁盘上存储了文件，Windows Server 2012 会扫描磁盘驱动器上每个文件的拥有者，并建立一份配额项目列表，将以后的用户加入此列表中，并应用默认的配额限制与警告等级，如图 7 – 38 所示。系统管理员可以在磁盘属性对话框的"配额"选项卡中单击"配额项"按钮，随时查看配额项目列表，监测各账户使用磁盘的情况。

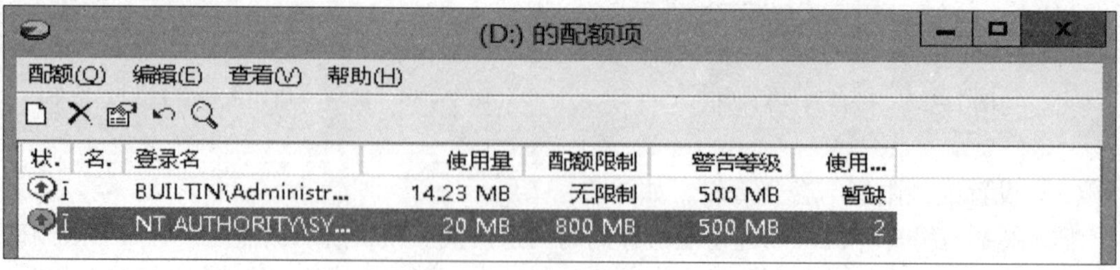

状.	名.	登录名	使用量	配额限制	警告等级	使用...
①	①	BUILTIN\Administr...	14.23 MB	无限制	500 MB	暂缺
①	①	NT AUTHORITY\SY...	20 MB	800 MB	500 MB	2

图 7 – 38　查看配额项目列表

3）调整配额限制与警告等级

如果在使用过程中需要对某一用户的磁盘配额进行调整，可以在配额项对话框中找到需要调整配额的用户，并在该配额项目上单击鼠标右键，在弹出的快捷菜单中选择"属性"命令，弹出配额设置对话框，对该用户的磁盘配额进行调整，如图 7 – 39 所示。

图 7 - 39   调整配额限制与警告等级

3. 任务结果

通过磁盘配额限制公司用户使用磁盘空间，检验是否为每个部门划分了 800MB 磁盘存储空间，警戒空间为 500MB，如果超出警戒空间，将对用户提出警告并记录事件。

7.5.2   配置打印服务器

1. 工作任务

假如你是某公司的一位网络管理员，现公司有技术部、销售部、财务部等部门，但只有财务部有一台打印机，公司领导要求你在公司局域网中配置打印服务器以满足公司各部门的打印需求。

微课 7 -2

针对用户的需求，可以为各部门进行 IP 地址划分，通过服务器管理器中的打印服务器配置来实现。

2. 任务实施

1）配置打印服务器

进入 Windows Server 2012 系统后，一般都会打开服务器管理器（默认，可以调整），如图 7 -40 所示。

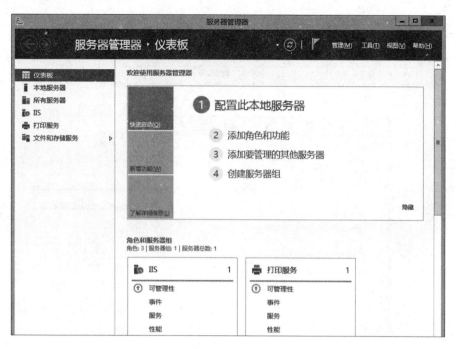

图 7-40 服务器管理器

单击"添加角色和功能"超链接，在向导窗口中，安装类型选择"基于角色或基于功能的安装"。对于服务器，应选择"本地服务器"，对于服务器角色的设置，应选择"打印和文件服务"，如需要安装其他组件，单击"添加功能"按钮，如图 7-41 所示。

图 7-41 "添加角色和功能向导"对话框

如果功能不需要更改，单击"下一步"按钮，在角色服务中，勾选"Internet 打印"复选框，添加功能，然后一直单击"下一步"按钮，直到最后确认，单击"安装"按钮。安装完成后，在服务器管理器中可以看到已经出现打印服务，如图 7-42 所示。

图 7 - 42　打印服务

2）为服务器添加本地打印机

服务器搭建好，只是意味着这台服务器可以对外提供打印功能，但是还不能打印。现在需要为服务器添加本地打印机。

注意：打印机是直接连接到服务器上的，不管使用什么方式连接，即使只有一台打印机通过网线连到交换机，再连到这台服务器，它也是本地打印机。

在服务器管理器中选择"工具"/"打印管理"命令，打开"打印管理"窗口，选择"添加打印机"命令，如图 7 - 43 所示。

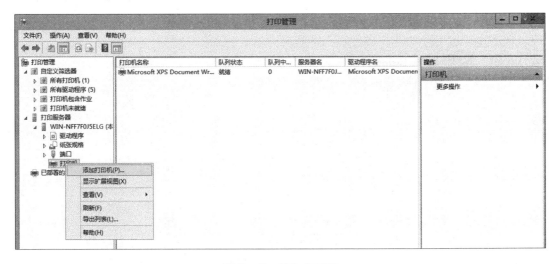

图 7 - 43　添加打印机

根据自己的实际情况选择接口、驱动安装，如图 7 - 44 所示。

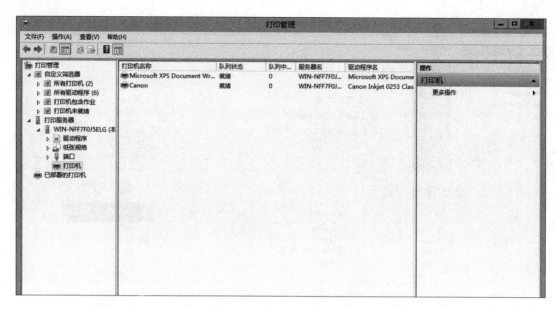

图 7 - 44　打印机安装完成

3. 任务结果

打印机安装完成后，在局域网中测试打印服务器是否可用。在 Windows 操作系统中选择"运行"命令，输入打印服务器的 IP 地址，然后输入打印服务器的用户名及密码，完成后可以看到共享打印机，如图 7 - 45 所示。

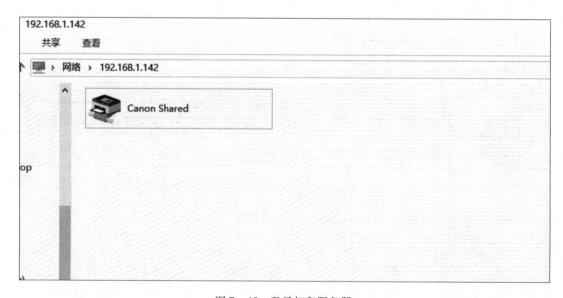

图 7 - 45　登录打印服务器

单击连接后，使用设备和打印机检测打印机是否连接成功。

本章习题

一、选择题

1. Windows Server 2012 的 NTFS 具有对文件和文件夹加密的特性。域用户 User1 加密了自己的一个文本文件"myfile. txt"，它没有给域用户 User2 授权访问该文件，下列叙述中正确的是（　　　）。

A. User1 需要解密文件"myfile. txt"才能读取

B. User2 如果对文件"myfile. txt"具有 NTFS 完全控制权限，就可以读取该文件

C. 如果 user1 将文件"myfile. txt"复制到 FAT32 分区上，加密特性不会丢失

D. 对文件加密后可以防止非授权用户访问，所以 User2 不能读取该文件

2. 下面不属于 NTFS 权限的是（　　　）。

A. 创建　　　　　　　B. 读取　　　　　　　C. 修改　　　　　　　D. 写入

3. Windows Server 2012 计算机的管理员有禁用账户的权限。当一个用户有一段时间不用账户时（可能是休假等原因），管理员可以禁用该账户。下列关于禁用账户的叙述中正确的是（　　　）。

A. 管理员可以禁用自己的账户，所以在禁用自己的账户之前应该先创建至少一个管理员组的账户

B. 管理员账户不可以被禁用

C. 普通用户可以被禁用

D. 禁用的账户过一段时间后会自动启用

4. 当一个账户通过网络访问一个共享文件夹，而这个文件夹又在一个 NTFS 分区上时，该用户最终得到的权限是（　　　）。

A. 该文件夹的共享权限和 NTFS 权限中最严格的权限

B. 该文件夹的共享权限和 NTFS 权限的累加权限

C. 该文件夹的共享权限

D. 该文件夹的 NTFS 权限

5. Windows Server 2012 操作系统家族包括（　　　）版本。

A. 7 个　　　　　　　B. 4 个　　　　　　　C. 6 个　　　　　　　D. 5 个

6. 在一个使用 Windows 操作系统组建的小型企业网络中，有 8 台客户机和 1 台服务器，建议选择（　　　）授权模式安装服务器。

A. 每域模式　　　　　　　　　　　　B. 每工作组模式

C. 每设备或每用户　　　　　　　　　D. 每服务器

二、简答题

1. 简述账户锁定策略中 3 个选项的作用。

2. 简述复制和移动操作对 NTFS 分区文件权限的影响。

第8章

网络管理与网络安全

计算机网络是人们了解社会、获取信息的重要手段和途径，在当今的社会经济中起着非常重要的作用，人们越来越依赖网络。同时，网络安全管理问题不断显现，已经成为世界关注的重要问题之一。网络安全不仅关系到企事业单位的发展及用户信息资产的风险，也关系到社会的安全稳定，网络安全管理是人们能够安全上网、绿色上网、健康上网的根本保证。

8.1 网络管理

8.1.1 网络管理的概念

1. 网络管理的定义

网络管理是指对网络资源的使用和网络的运行状态进行监督与控制，从而使其能够有效、可靠、安全、经济地提供服务。网络管理提供了对计算机网络进行规划、设计、操作运行、监测、控制、协调、分析、测试、评估和扩展等各种手段，维护整个网络系统正常、高效地运行，使网络资源得到更加有效的利用，当网络出现故障时能及时报告和处理。简单地说，网络管理就是通过合适的方法和手段使网络综合性能达到最佳状态。网络管理是一个不断发展的过程，它从早期的人工管理和分散式管理，到现在的集中管理和分布式管理，管理方法更加科学，管理手段更加合理，管理技术更加先进。

网络管理系统是用于实现对网络的全面有效的管理，实现网络管理目标的系统，在一个网络的运营管理中，网络管理人员是通过网络管理系统对整个网络进行管理的。概括地说，一个网络管理系统从逻辑上可以分为 4 个部分：管理对象（Managed Object）、管理进程（Manager Process）、管理信息库（Management Information Base，MIB）和管理协议（Management Protocol）。网络管理逻辑模型如图 8-1 所示。

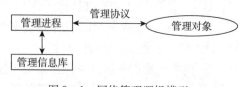

图 8-1　网络管理逻辑模型

管理对象是经过抽象的网络元素，对应于网络中具体可以操作的数据，如记录网络设备工作状态的状态变量、网络设备内部的工作参数、网络性能的统计参数。被管理的网络设备包括交换机、网关、路由器、网桥、通信线路、网卡、服务器及工作站等。

管理进程是一个或一组负责对网络设备进行全面管理与控制的软件，一般运行在网络管理站（网络管理中心）的主机上。管理进程完成各种网络管理功能，它通过各设备中的管理代理对网络内部的各种设备、设施和资源实施监测和控制，并根据网络中各个管理对象状态的变化来决定对不同的管理对象应该采取什么样的操作，如调整网络设备的工作参数、控制网络设备的工作状态。管理进程有时也会对各管理代理中的数据集中存档，以备事后分析。

管理信息库用于记录网络中被管理对象的状态参数值，如状态类对象的状态代码、参数管理对象的参数值等。管理信息库中的数据要与网络设备中的实际状态和参数保持一致，达到能够真实地、全面地反映网络设备或设施情况的目的。管理信息库的结构必须符合使用 TCP/IP 的 Internet 的管理信息结构。

管理协议负责在管理系统与被管理对象之间传递操作命令，负责解释管理操作命令。通过管理协议来保证管理信息库中的数据与具体网络设备中实际状态、工作参数的一致性。

2. 网络管理系统的结构

网络管理系统的结构主要有 3 种。第 1 种是集中式结构，由一个大系统运行所需的应用程序，并将信息存储于网络中心的同一数据库中来管理整个网络。第 2 种是分布式结构，分布在网络中的几个对等网络管理系统同时运行在计算机网络中，在这种体制下，每个系统可以管理网络的一个特定部分，而且可以由不同的系统管理不同类型的网络设备。这种结构中系统的处理是分布式的，但通常需要一个中心数据库进行信息存储。第 3 种是将集中式和分布式方式结合在一个层次型系统中，集中式方式的中心系统仍然存在于层次的根部，用来收集所有的必要信息并且允许来自网络各处的访问，然后通过分布式结构建立对等系统。

8.1.2 网络管理的功能

在实际网络管理过程中，网络管理的功能非常广泛，包括很多方面。ISO 在网络管理的标准化上做了许多工作，它特别定义了网络管理的五大功能，即配置管理、故障管理、性能管理、安全管理和计费管理，它们是网络管理的基本功能。

1. 配置管理

配置管理是最基本的网络管理功能，负责网络的建立、业务的开展及配置数据的维护和网络设备的过程设置。通过配置管理，网络管理员可以方便地查询网络当前的配置情况，增强对网络配置的控制。它初始化网络，并配置网络以使其提供网络服务，其目的是实现某个特定功能或使网络性能达到最优，同时能够随时了解系统网络的拓扑结构及所交换的信息。

2. 故障管理

故障管理是网络管理中基本的功能之一，是对网络环境中的问题和故障进行定位的过程。它主要对网络设备运行状况进行监控，通过检测异常事件来发现故障，通过日志记录故障情况，诊断故障并实现故障设备的恢复和故障排除等，以保障网络连续可靠地提供服务。故障管理通常包括故障检测、故障隔离和故障修复 3 个方面。

3. 性能管理

性能管理用于对系统资源的运行状况及通信效率等系统性能进行评价，常用的评价指标有网络吞吐量、用户响应时间、传输错误率和线路利用率等。性能管理的目的是在使用最少的网络资源和具有最小时延的前提下，确保网络能提供可靠连接的通信能力，并使网络资源的使用达到最优。

性能管理的步骤一般包括：收集网络管理员感兴趣的性能参数；分析收集到的数据信息，以判断是否处于正常；为每个重要的参数设置一个合适的性能门限阈值，超过该阈值就意味着网络存在故障。

4. 安全管理

网络安全性一直都是人们关注的问题之一，随着网络技术的广泛应用，网络的安全性要求也越来越高。因此，网络安全管理愈发重要。安全管理的目的是确保网络资源不被非法使用，防止网络资源由于入侵者攻击而遭到破坏。一个完善的计算机网络管理系统必须制定网络管理安全策略，并根据这一策略设计实现网络安全管理系统。

网络安全管理应包括对授权机制、访问控制、加密和加密关键字的管理，另外还需要维护和检查安全日志。在网络安全管理中，只有全程监视网络活动，才能保障网络安全，即只有对操作系统、协议、网络资源都进行保护，才能实现安全管理。

5. 计费管理

计费管理记录网络资源的使用情况，目的是监控和检测网络操作的费用和代价。计费管理对一些公共商业网络尤为重要，计费管理可以估算出用户使用网络资源可能需要的费用和代价，以及对网络资源利用率的统计。网络管理员还可以对用户使用的最大费用进行限制，从而避免用户过多占用网络资源，这也从另一方面提高了网络的效率。同时，计费管理可以帮助网络管理员进行网络经营预算，提供收费依据。

8.1.3 网络管理协议

网络管理系统中最重要的部分就是网络管理协议，它定义了网络管理器与被管代理间的通信方法。应用最广泛的网络管理协议是 SNMP。

1. SNMP 介绍

SNMP 用于管理 IP 网络上的设备，有助于网络管理员管理网络性能，发现和解决网络故障及规划网络增长。SNMP 使用存储在设备上的 MIB 变量，对 SNMP 服务器和代理进行配置。

SNMP 是一种应用层协议，提供管理器和代理之间的通信消息格式，使用 UDP（端口号162）检索和发送管理信息。SNMP 系统包括 3 个组成部分：SNMP 管理器（Manager）、SNMP 代理（Agent）和 MIB。

在具体实现上，SNMP 为管理员提供了一个网络管理平台（Network Management System，NMS），又称管理站，负责网络管理员命令的发出、数据存储及数据分析。被监管的设备上运行一个 SNMP 代理，代理实现设备与管理站的 SNMP 通信。管理站与代理端通过 MIB 进行接口统一，MIB 定义了设备中的被管理对象。管理站和代理都实现了相应的 MIB 对象，使双方可以识别对方的数据，实现通信。管理站向代理申请 MIB 中定义的数据，代理识别后，将管理设备提供的相关状态或参数等数据转换为 MIB 定义的格式，应答给管理站，完成一次管理操作，如图 8 - 2 所示。

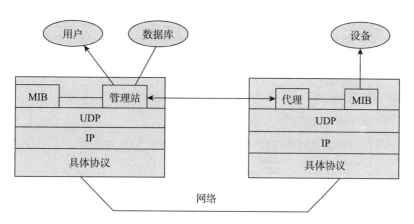

图 8 - 2　管理站与代理的通信

　　SNMP 管理器是 NMS 的一部分，它运行 SNMP 管理软件。SNMP 管理器可以使用 get 操作从 SNMP 代理收集信息，并使用 set 操作更改代理的配置。此外，为了能及时得到设备的重要状态，要求设备能主动地汇报重要状态，这就是报警功能。SNMP 中的 SNMP 代理使用 trap（报警）将信息直接转发到 NMS，SNMP 的网络管理操作如图 8 - 3 所示。

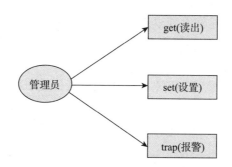

图 8 - 3　SNMP 的网络管理操作

　　SNMP 代理和 MIB 在网络设备客户端，必须管理的网络设备均配备 SNMP 代理软件模块。MIB 存储与设备操作有关的数据，并可用于验证远程用户；SNMP 代理负责为反映资源和活动对象的本地 MIB 提供访问。

2. SNMP 的工作原理

　　SNMP 代理收集并存储有关设备及其运行状态的信息，代理将此信息存储在本地 MIB，然后 SNMP 管理器使用 SNMP 代理访问 MIB 中的信息。

　　对于 SNMP 管理器的请求主要有两种操作：get（读取）和 set（设置）。NMS 通过 get 读取网络设备的状态信息，通过定期轮询 SNMP 代理，网络管理应用程序可以收集信息来监控流量负载和检验托管设备的设备配置；set 用于远程配置设备参数，也可以启动设备内的操作，如 set 请求可以使路由器重启、收发配置文件等。SNMP 中针对读取和设置定义了 5 种消息类型，见表 8 - 1。

表 8-1　SNMP 中 get 和 set 操作的消息类型

消息	说明
get – request	SNMP 管理站使用该消息从拥有 SNMP 代理的网络设备中检索信息
get – next – request	检索表中某个变量的值，SNMP 管理器不需要知道确切的变量名称。为了从表中找到所需变量，需要执行顺序搜索
get – bulk – request	检索大块数据，如表中的多行数据，否则将需要传输许多小块数据（仅适用于 SNMPv2 或更高版本）
get – response	SNMP 代理使用该消息进行响应，回复 NMS 发送的 get – request、get – next – request 和 set – request
set – request	SNMP 使用该消息将某一数值存入具体变量，即对网络设备进行远程配置

SNMP 代理响应 SNMP 管理器请求的方式如下：

（1）获取 MIB 变量：SNMP 代理执行该功能以响应来自 NMS 的 GetRequest – PDU。代理检索请求的 MIB 变量的值并向 NMS 回复该值。

（2）设置 MIB 变量：SNMP 代理执行该功能以响应来自 NMS 的 SetRequest – PDU。SNMP 代理将 MIB 变量的值更改为 NMS 指定的值。SNMP 代理回复 set 请求，该请求中包含设备中新的设置。

NMS 通过使用 get 请求查询设备的数据，定期 SNMP 轮询方式存在不足之处：一方面，事件发生的时间和 NMS 通过轮询发现事件的时间之间存在延迟；另一方面，轮询频率和带宽使用情况之间需要进行折中。为了弥补这些不足，SNMP 代理可以生成并发送 trap 消息，以将某些事件立即告知 NMS。

trap 消息是主动向 SNMP 管理器警告网络中某个条件或事件的消息，trap 定向的通告不需要发送某些 SNMP 轮询请求，从而减少了网络和代理资源。trap 情况示例主要包括不适当的用户身份验证、重新启动、链路 up 或 down 状态、MAC 地址跟踪、TCP 连接断开、到邻居的连接断开或其他重要事件。

其中，get – request、get – next – request 和 set – request 消息是由管理站发送到代理侧的 161 端口，get – response 由代理侧发出，是对 get – request、get – next – request 和 set – request 的响应，trap 消息由代理进程发送到管理进程的 162 端口，所有数据都是 UDP 封装。SNMP 的工作流程如图 8-4 所示。

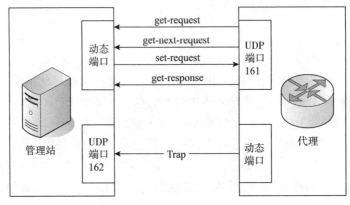

图 8-4　SNMP 的工作流程

8.1.4　网络管理的发展趋势

随着 IT 技术的迅速发展，网络正在向智能化、综合化和标准化的方向发展。先进的计算机技术、全光网络技术和神经网络技术等已经广泛地应用到网络中，这也给网络管理提出了新的挑战，网络管理应该进一步融入高新技术，建立成熟的网络管理标准，加快促进网络管理一体化、智能化和标准化进程。

传统计算机网络管理系统的目标对象是处在网络层的设备，以设备为中心，但随着系统互连的需要，计算机网络管理系统的发展将会沿着如下发展趋势进行。

1. 实现分布式网络管理系统

分布式管理的主体是解决不同对象跨平台进行连接并进行交互的技术问题。当前分布式技术主要从两个方面进行研究：一是公共对象请求代理体系结构（Common Object Request Brolcer Architecture，CORBA）技术方面；二是移动代理技术方面。

2. 实现业务监控功能

传统网络管理都是针对网络设备的管理，并不能直接反映设备故障对业务的影响。从服务客户的角度来看，他们关注重点在于所得到的服务。因此，对于服务的实时监控将是网络管理系统的下一步目标。

3. 实现智能化网络管理

随着网络功能的日益增强，规模的日益扩大，网络管理与维护日益成为网络经营者不可忽略的因素。如何降低网络管理的维护费用、改善网络管理机制、提高网络管理系统的效率，是管理者亟待解决的问题。要实现网络管理的自动控制，必须使网络管理系统具备一套基于智能化的信息识别和决策系统，而人工智能技术的进步与应用恰好有望解决日益复杂的网络管理系统所带来的问题。

4. 实现综合化网络管理

随着网络管理的重要性越来越突出，各种各样的网络管理系统应运而生。一方面，这些网络管理系统所管理的网络存在互连或相互依赖的关系；另一方面，多个网络管理系统相互独立，分管网络的不同部分，这大大增加了网络管理的复杂性。针对这种问题，可以采用一个综合的网络管理系统进行管理。综合化网络管理要求网络管理系统提供多种级制的管理支持，综合网络管理系统的实现主要有两种思路：一种是针对已经建立起的各专用子网的管理系统的不同情况，建立综合网络管理系统；另一种是直接建立一个综合网络管理系统。

5. 实现标准化网络管理

网络通信产品在连接特性方面的国际标准化已经成熟，大多数网络通信设备互连后能统一进行数据交换，但在网络管理标准方面还存在不统一、不规范的问题，这些问题阻碍了网络管理的效率和网络管理综合化的进程。为了支持各种网络设备的互连及统一管理，建立一个国际性的网络管理标准势在必行。

网络管理作为 IT 领域的一个专题问题，ISO 和 ITU 及一些其他团体都已经在这方面做了大量工作。例如，ISO 7498 - 4 标准文本制定了 OSI 网络管理的原则框架，规定了符合 ISO 标准开放系统的网络管理模型；ISO 9596 标准定义了用于完成管理信息通信的一个应用层协议等。随着网络技术的迅速发展，网络管理标准会逐步成熟和完善。

8.2 网络安全

8.2.1 网络安全基础

网络安全以计算机网络安全为主，是指利用计算机及通信网络管理控制和技术措施，保证网络系统及数据的保密性、完整性、网络服务可用性和可审查性，即保护网络系统的硬件、软件及系统中的数据不因偶然的及恶意的原因而遭到破坏、更改和泄露，并保证系统连续可靠地正常运行和网络服务不中断。从狭义上来说，网络安全是指计算机及其网络系统资源和信息资源不受有害因素的威胁和危害；从广义上来说，凡是涉及计算机及通信网络信息安全属性特征的相关技术和理论，都是网络安全的研究领域。

1. 网络安全的特征

网络安全定义中的保密性、完整性、可用性、可控性和可审查性反映了网络信息安全的基本特征和要求，反映了网络安全的基本属性、要素与技术方面的重要特征。

（1）保密性。保密性也称机密性，是指网络信息按规定要求不泄露给非授权用户、实体或过程，即保护有用信息不泄露给非授权个人或实体，强调有用信息只被授权对象使用的特征。实现数据机密性的主要实现手段有：物理保密，防窃听——使对手侦听不到有价值的信息；信息加密——使对手即使得到加密后的信息也因为没有密钥而无法得到原文。

（2）完整性。完整性指网络数据在传输、交换、存储和处理过程保持非修改、非破坏和非丢失的特性，即保持信息原样性，使信息能正确生成、存储和传输，是最基本的安全特征。网络完整性的主要实现手段有：通过良好的协议检测被复制和修改的字段，如密码校验、数字签名技术、网络管理或中介机构的公证等。

完整性与保密性的区别在于：保密性要求信息不被泄露给未授权用户，而完整性要求信息不受到任何原因的破坏。

（3）可用性。可用性指网络信息可被授权实体正常使用或在非正常情况下能应急恢复使用的特征，是衡量网络信息系统面向用户的一种安全性能。网络可用性的主要实现手段有：身份识别；访问控制，即在网络安全环境中能够限制和控制通过通信链路对主机系统和应用的访问；业务流控制；路由选择控制，即通过对路由的选择来选择稳定的子网或链路；审计跟踪，即管理员应养成经常性地对日志进行分析的习惯，真正做到"事前预防，事后跟踪"。

（4）可控性。可控性指在网络系统中的信息传播及具体内容能够实现有效控制的特性，即网络系统中的任何信息要在一定传输范围和存放空间内可控，保证系统的保密性，使系统在任何时候都不被非授权用户恶意利用。

（5）可审查性。可审查性又称不可否认性，指网络通信双方在信息交互过程中，确信参与者本身以及参与者所提供的信息的真实同一性，即所有参与者都不可能否认或抵赖自己的真实身份，提供信息的原样性以及所完成的操作和承诺。可审查性就是建立有效的责任机制，防止实体否认其行为。实现可审查性的主要手段有数字签名等。

2. 网络安全涉及的主要内容

计算机网络安全是指利用各种计算机、网络、密码技术和信息安全技术，保护在公用通信网络中传输、交换和存储的信息的保密性、完整性和可用性，并可以控制信息的传播及内容。计算机网络安全所涉及的内容主要包括以下几个方面：

（1）物理安全。物理安全又称实体安全，重点保护网络与信息系统的保密性、可生存性、可用性等属性，涉及动力安全、环境安全、电磁安全、介质安全、设备安全、人员安全等。物理安全采取的主要措施是可靠供电系统、防护体系、电磁屏蔽、容灾备份等。

（2）系统安全。系统安全主要包括操作系统安全、数据库系统安全和网络系统安全。以网络系统的特点、实际条件和管理要求为依据，通过针对性地为系统提供安全策略机制、保障措施、应急修复方法、安全建议和安全管理规范等，确保整个网络系统安全运行。

（3）信息安全。信息安全即对信息在数据处理、存储、传输、显示等过程中的保护，在数据处理层面上保障信息能够按照授权进行使用，不被窃取、篡改、冒充、抵赖。信息安全又称数据安全，主要涉及信息的保密性、完整性、真实性、可审查性等可鉴别属性，其主要的保护方式有加密技术、数字签名、完整性验证、认证技术等。

3. 保障网络安全的主要技术

计算机网络安全强调的是通过采用各种安全技术和管理上的安全措施，确保网络数据的可用性、完整性和保密性，其目的是确保经过网络传输和交换的数据不会被修改、丢失和泄露等。当前，保障网络安全的技术主要有两大类型，即主动防御技术和被动防御技术。

1）主动防御技术

主动防御技术一般采用数据加密、身份验证、存取控制、权限设置和VPN等技术来实现。

（1）数据加密。数据加密被认为是解决网络安全问题的最好途径。目前对数据信息最为有效的保护技术就是加密，加密可以采用不同手段来实现。

（2）身份验证。身份验证强调一致性验证，验证要与一致性证明匹配。身份验证包括验证依据、验证系统和安全要求。

（3）存取控制。存取控制规定哪种主体对哪种客体具有何种操作权利。存取控制是内部网络安全技术的重要方面，主要包括用户限制、数据标识、权限控制、控制类型和风险分析等。

（4）权限设置。权限设置是指规定合法用户访问网络信息资源的资格范围，即控制授权用户访问网络资源，以及能够对资源进行的操作种类。

（5）VPN。VPN是在公网基础上进行逻辑分割而虚拟构建的一种特殊通信环境，逻辑分割可以控制网络流量的流向，使其不流向非法用户，达到防范目的。VPN具有私有性和隐蔽性。

2）被动防御技术

被动防御技术主要有防火墙技术、入侵检测系统、安全扫描器、口令验证、审计跟踪、物理保护及安全管理等。

（1）防火墙技术。防火墙是在内部网与Internet之间实施的安全防范系统，也可认为其是一种访问控制机制，用于确定哪些内部服务允许外部访问，以及哪些外部服务允许内部访问。

（2）入侵检测系统。入侵检测系统是在系统中的检查位置执行入侵检测功能的程序或硬件执行体，可对当前的系统资源和状态进行监控，检测可能的入侵行为。

（3）安全扫描器。安全扫描器可自动检测远程或本地主机及网络系统的安全性漏洞，可用于观察网络信息系统的运行情况。

（4）口令验证。利用口令检查器中的口令验证程序检验口令集中的薄弱子口令，防止攻击者假冒身份登录系统。

（5）审计跟踪。审计跟踪将与安全相关的事件记录在系统日志文件中，事后可以对网络信息系统的运行状态进行详细审计，以及时发现系统中存在的安全弱点和入侵点，尽量降低安全风险。

（6）物理保护及安全管理。通过制定标准、管理办法和条例，加强对物理实体和信息系统的规范管理，减少人为因素的影响。

8.2.2 加密

密码已经成为现代信息化社会中一项最常用的有效防范措施，并被运用到大部分网络安全产品和应用中。加密技术是信息传输安全的重要保障，通过数据加密和密钥管理，可以保证网络环境中数据传输和交换的安全。

1. 基本概念

加密技术主要研究对信息进行变换，以保护信息在传递过程中不被攻击者窃取、解读和利用。加密的基本思想是对机密信息进行伪装，一个密码系统完成如下伪装：某用户（加密者）对需要进行伪装的机密信息（明文）进行变换（加密变换），得到另外一种看起来似乎与原有信息不相关的信息（密文），如果合法用户（接收者）获得了伪装后的信息，可以对这些信息进行分析得到原来的机密信息（解密变换）；如果不合法用户（攻击者）获得这些伪装后的信息，基本上无法分析得到原有机密信息。图8-5所示为加、解密过程。

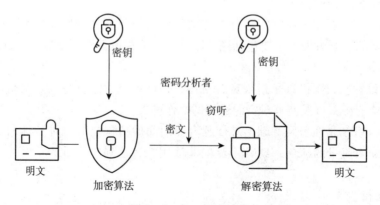

图8-5　加、解密过程

一个密码体制系统通常由 5 部分组成。

（1）明文空间 M：所有明文的集合。

（2）密文空间 C：所有密文的集合。

（3）密钥空间 K：所有密钥的集合，$K = (K_e，K_d)$。

（4）加密算法 E：$C = E(M，K_e)$。

（5）解密算法 D：$M = D(C，K_d)$，D 是 E 的逆变换。

加密技术包括两个主要元素：算法和密钥。密钥是用来对数据进行编码和解码的一种算法。在网络安全中，可通过适当的密钥加密技术和管理机制来保证网络的信息安全。密钥加密技术的密码体制根据加、解密算法所使用的密钥是否相同分为对称密钥体制和非对称密钥体制两种。相应地，加密技术也可分为对称加密体制和非对称加密体制两种。

2. 对称加密体制

对称加密又称私钥加密，加密密钥与解密密钥是相同的，即信息的发送方和接收方使用的是同一把私钥。对称加密体制的工作过程如图 8 – 6 所示。

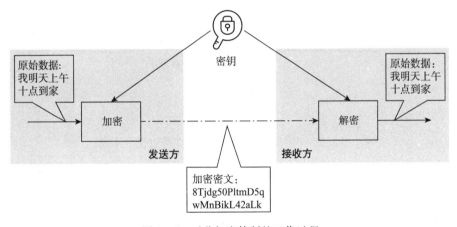

图 8 – 6　对称加密体制的工作过程

（1）发送方用自己的秘钥对要发送的信息进行加密。

（2）发送方将加密后的信息通过网络传送给接收方。

（3）接收方使用发送方进行加密的秘钥对接收到的加密信息进行解密，得到明文信息。

对称加密体制的优点是算法简单、密钥较短、破译困难、加密和解密速度快，适合对大量数据进行加密；缺点是密钥管理困难。一方面，密钥必须通过安全可靠的途径传递，如果通信双方能够确保密钥在交换阶段未曾泄露，就可以采用对称加密方法对信息进行加密；另一方面，有大量的私钥需要保护和管理，因为与不同的用户交互信息需要用不同的私钥加密。因此，密钥管理是对称加密应用系统安全的关键性因素。

目前，在对称加密体制中常用的算法如下：

（1）数据加密标准（Data Encryption Standard，DES）：速度较快，适用于需要对大量数据加密的场合。

（2）3DES（Triple DES）：基于 DES 算法对数据块用 3 个不同的密钥进行 3 次加密，强度更高。

（3）高级加密标准（Advanced Encryption Standard，AES）：速度快，安全级别高。

3. 非对称加密体制

非对称加密体制也称公开密钥密码。不同于对称加密，非对称加密体制是建立在数学函数的基础上的，而不是建立在位方式的基础上。更重要的是，非对称加密体制在加、解密时分别使用了两个不同的密钥：一个可对外公开，称为公钥，即加密密钥；一个只有所有者知道，称为私钥，即解密密钥。公钥和私钥之间具有紧密联系，用公钥加密的信息只能用相应的私钥解密，反之亦然。

非对称加密的工作过程如图8-7所示。

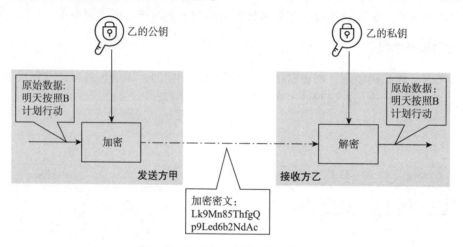

图8-7　非对称加密体制的工作过程

（1）发送方甲要给接收方乙发送信息，接收方乙首先要产生一对用于加密和解密的密钥，一个密钥公开（公钥），另一个密钥私有（私钥）。

（2）发送方甲得到乙公开的公钥，并使用该公钥对信息进行加密。

（3）甲将加密后的信息通过网络传送给接收方乙。

（4）接收方乙使用私钥对接收到的加密信息进行解密，得到明文信息。接收方乙只能用其私钥解密由对应的公钥加密后的信息。

非对称加密体制中，无论与多少用户交互，都只需要两个密钥：公钥和私钥。可以实现多用户加密的信息只能由一个用户解读，实现一个用户加密的信息由多个用户解读。前者可在公共网络中实现保密通信，后者可用于实现对用户的认证。公钥是公开的，因此，解决了对称加密体制中密钥传递的问题；私钥只有一个，因此，解决了对称加密体制中用户管理众多私钥的问题。非对称加密体制的保密性较好，因为最终用户不必交换密钥，但其加密和解密花费时间长、速度慢，不适合对文件加密，只适合对少量数据进行加密。

非对称密码体制的基本工具不再是代换和置换，而是数学函数，非对称加密体制主要用于加密/解密、数字签名、密钥交换。常用的非对称加密算法如下：

（1）RSA：由RSA公司发明，是一个支持变长密钥的公共密钥算法，需要加密的文件块的长度也是可变的。

（2）数字签名算法（Digital Signature Algorithm，DSA）：是一种标准的数字签名标准（Digital Signature Standard，DSS）。

（3）椭圆曲线密码编码学（Elliptic Curves Cryptography，ECC）：抗攻击性强、计算量小、处理速度快、存储空间占用小、带宽要求低，这些特点使 ECC 必将取代 RSA，成为通用的公钥加密算法。

8.2.3　认证

网络认证技术是网络安全技术的重要组成部分之一。认证指的是证实被认证对象是否属实和是否有效的一个过程，其基本思想是通过验证被认证对象的属性来达到确认被认证对象是否真实有效的目的。被认证对象的属性可以是口令，数字签名或者指纹、声音、视网膜这样的生理特征。认证常常被用于通信双方相互确认身份，以保证通信安全。

1. 认证的种类

安全认证技术按照鉴别对象可以分为消息认证和身份认证两种。

（1）消息认证：用于确认信息的完整性和抗否认性。在很多情况下，用户需要确认网上信息是不是假的、信息是否被第三方修改或伪造。

（2）身份认证：用于鉴别用户身份，包括识别访问者的身份、验证对访问者声称身份的确认。

根据应用的需要，认证主要有单向验证和双向验证两种模式。

（1）单向验证：从甲到乙的单向通信，它建立了甲和乙双方身份的证明及从甲到乙的任何通信消息的完整性。

（2）双向验证：双向验证与单向验证类似，但它增加了来自乙的应答。双向验证保证了应答是由乙而不是由冒名者发送来的，保证了双方通信的保密性，并可防止攻击。双向验证包括一个单向验证和一个从乙到甲的类似的单向验证。

2. 消息认证

网络技术的发展对网络传输过程中信息的保密性提出了更高的要求，这些要求主要包括：

（1）对敏感的文件进行加密，即使别人截取文件也无法得到其内容。

（2）保证数据的完整性，防止截获人在文件中加入其他信息。

（3）对数据和信息的来源进行验证，以确保发信人的身份。

在实际应用中，普遍通过加密方式来满足以上要求，实现消息的安全认证。消息认证是一个过程，用来验证接收消息的真实性（的确是由它所声称的实体发来的）和完整性（未被篡改、插入、删除），同时还可用来验证消息的顺序性和时间性（未重排、重放、延迟）。

可用来做消息认证的函数主要有 3 类：一是消息加密函数，它用完整消息的密文作为对消息的认证；二是消息认证码（Message Authentication Code，MAC），它是对信源消息的一个编码函数；三是哈希函数，它是一个公开的函数，能将一个任意长的消息映射成一个固定长度的消息。

消息加密函数主要有利用对称加密体制实现消息认证和利用非对称加密体制实现消息认证两种。

消息认证码是用来保证数据完整性的一种工具，它可以防止数据未经授权被篡改。消息认证码是利用密钥对要认证的消息产生新的数据块并对数据块加密生成的。认证编码的基本方法是在要发送的消息中引入冗余度，使通过信道传送的可能序列集 Y 大于消息集 X。对于任何选定的编码规则（对应于某一特定密钥），发送方从 Y 中选出用来代表消息的随机序列，即码字；接收方根据编码规则确定发送方按此规则向其传来的消息。消息认证码的基本用法如图 8-8 所示。

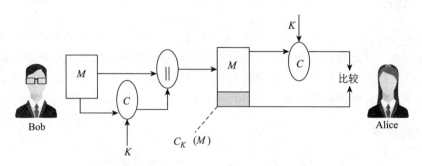

图 8-8　消息认证码的基本用法

串扰者由于不知道密钥，因此，其所伪造的假码字多是 Y 中的禁用序列，接收方将以很高的概率将其检测出来并拒绝。认证系统设计者的任务是构造好的认证码，以使接收方不易受骗。消息认证所用的摘要算法与一般的对称或非对称加密算法不同，它并不用于防止信息被窃取，而是用于证明原文的完整性和准确性，即消息认证技术主要用来防止数据的伪造和被篡改，以及证实消息来源的有效性，其已广泛应用于信息网络。

3. 身份认证

身份认证是声称者向验证者出示自己身份的证明过程，即证实用户的真实身份与其所声称的身份是否相符的过程。身份认证又称身份鉴别、实体认证和身份识别，其目的是使其他成员（验证者）获得对声称者所声称的事实的信任。身份认证是获得系统服务所必需的第一道关卡。

如何通过技术手段保证用户的物理身份与数字身份相对应呢？在真实世界中，验证一个人的身份主要通过 3 种方式判定：

（1）根据所知道的信息来证明身份（What You Know）。假设某些信息只有某个人知道，如暗号等，通过询问该信息就可以确认这个人的身份。

（2）根据所拥有的物品来证明身份（What You Have）。假设某个物品只有某个人有，如印章等，通过出示该物品也可以确认这个人的身份。

（3）直接根据独一无二的身体特征来证明身份（Who You Are），如指纹、面貌等。

一般来说，在信息系统中有 3 个要素可以用于认证过程，即用户的知识（Knowledge），如口令等；用户的物品（Possession），如 IC 卡等；用户的特征（Characteristic），如指纹等。常见的身份认证技术主要包括以下几种。

1）基于口令的认证方法

口令认证必须具备一个前提：请求认证者必须具有一个 ID，该 ID 必须在认证者的用户数据库（该数据库中必须包括 ID 和口令）中是唯一的。同时，为了保证认证的有效性，必须考虑以下问题：在认证过程中，必须保证口令的传送是安全的，请求认证者在向认证者请求认证前，必须确认认证者的真实身份。

2）基于物理证件的身份认证

基于物理证件的身份认证是一种利用授权用户所持有的某种物品来进行访问控制的认证方法。物理证件类似于钥匙，用于启动信息系统，如智能磁卡等。用户身份相关的数据存储在磁卡中，由合法用户随身携带，登录时必须通过专用的读卡器读取其中的信息，以验证用户的身份。物理证件有可能丢失，一般与用户的数字口令（Personal Identification Number，PIN）一起使用以增加安全性。

3）基于生物特征的认证方法

基于生物特征的认证方法是指采用每个人独一无二的生物特征来验证用户身份的技术，常见的有指纹识别、人脸识别、虹膜识别、静脉识别等。由于生物特征识别认定的是人本身，而且每个人的生物特征具有与其他人不同的唯一性和稳定性，不易伪造和假冒，因此，基于生物特征识别进行身份认证更准确，更安全可靠。此外，生物特征识别技术产品都借助现代计算机技术实现，容易实现智能自动化管理。

8.2.4　防火墙

防火墙技术是网络安全常用的有效防范技术和方法之一，对网络系统的安全非常重要，对于保护内部网络系统免受来自外部网络的攻击具有极为重要的防护作用。

1. 防火墙的概念

在网络中，防火墙是指一种由计算机硬件和软件组成的一个或一组系统，介于内部网络和不可信任的外部网络之间，用于增强内部网络和 Internet 之间的访问控制。图 8-9 所示为防火墙的逻辑位置。

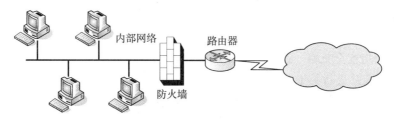

图 8-9　防火墙的逻辑位置

防火墙在可信任的内部网络和非信任的外部网络之间建立一道屏障，即将外部网络和内部网络隔离开，通过实施预先制定好的访问控制策略来控制（允许、拒绝、监视和记录）进出网络的访问行为，允许经过授权的通信通过，隔离未经授权的通信，从而保障内部网络的安全。

防火墙本身具有很强的抗攻击能力，它已成为实现网络安全策略中非常有效的工具之一，并被广泛应用到局域网与 Internet 的接口上。

2. 防火墙的特征

防火墙是在内部网与外部网之间实施安全防范的系统，可被认为是一种访问控制机制。防火墙通常采用的安全策略有禁止和允许两个基本准则，具体如下：

（1）一切未被允许的就是禁止。基于该准则，防火墙封锁所有信息流，然后对希望提供的服务逐项开放。这种方法可以创造安全的环境，但用户使用的方便性、服务范围会受到限制。

（2）一切未被禁止的就是允许的。基于该准则，防火墙转发所有信息流，然后逐项屏蔽有害的服务。这种方法构成了更为灵活的应用环境，可为用户提供更多的服务。但在日益增多的网络服务面前，网络管理人员很难提供可靠的安全防护。

防火墙通常作用于被保护区域的入口处，基于访问控制策略提供安全防护。典型的防火墙具有以下几个方面的基本特征：

（1）所有的网络数据都必须经过防火墙。

（2）防火墙是安全策略的检查站。

（3）防火墙具有非常强的抗攻击能力。

（4）防火墙提供强制认证服务，外部网络对内部网络的访问应经过防火墙的认证检查，包括对网络用户和数据源的认证。防火墙通过提高认证功能和对网络加密来限制网络信息的暴露。

3. 防火墙的主要功能

防火墙能够有效监控内部网络和外部网络之间的所有活动，其主要功能如下：

（1）创建一个检查点。防火墙在内部网络和外部网络间建立一个检查点，所有的流量都要通过这个检查点，该检查点也称为网络边界。一旦该检查点被创建，防火墙就可以监视、过滤和检查所有的进出数据流。强制让所有的出入数据流通过该检查点，网络管理员可以集中在较少的地方来实现安全目的。

（2）隔绝外部网络，保护内部网络，执行安全管理。网络防火墙作为防止不良现象发生的"警察"，能忠实地执行安全策略，限制非法用户进入内部网络，过滤掉不安全服务和非法用户，禁止未授权的用户访问受保护网络。

（3）强化网络安全策略。通过以防火墙为中心的安全方案配置，可将各个安全软件配置在防火墙上，能够进行集中安全管理。

（4）日志记录和告警。防火墙能有效地记录 Internet 上的活动，即记录所有通过防火墙的信息内容和活动，形成日志记录提供给网络管理员，同时也提供网络使用情况的统计数据信息，实现安全监视和预警的目的。当有可疑情况发生时，防火墙可以进行适当的报警，并提供目前网络是否安全、是否需要进一步的配置等详细信息。

4. 防火墙的类型

防火墙技术可根据防范方式和侧重点的不同分为很多类型。从防火墙实现技术来划分，防火墙可分为包过滤型防火墙、代理型防火墙和状态检测防火墙。

1）包过滤型防火墙

包过滤防火墙工作在 OSI/RM 的网络层和传输层，它根据数据包源地址、目的地址、端口号和协议类型等标志来确定是否允许该数据包通过。只有满足过滤条件的数据包才能被转发到相应目的地，否则就会被丢弃，如图 8-10 所示。

包过滤操作通常在选择路由的同时对数据包进行过滤，用户可以设定一系列规则，指定哪些类型的数据包可以流入或流出内部网络，哪些类型的数据包应该被拒绝。规则的集合组

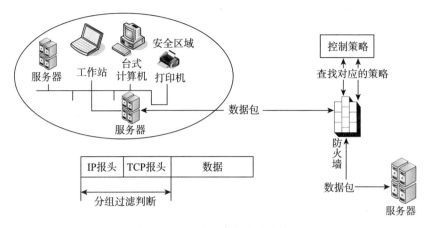

图 8 - 10　包过滤型防火墙的结构

成防火墙系统的 ACL，使用 ACL 可以提供基本的数据流过滤能力。ACL 规则的具体实现原理如下：

（1）通过协议类型控制特定的协议。

（2）通过 IP 地址控制特定的源和目的主机。

（3）通过控制源和目的端口控制特定的网络服务。

（4）通过源/目的控制入网信息和出网信息，即控制信息方向。

包过滤是一种通用、廉价和有效的安全手段，大多数路由器都提供数据包过滤功能，它能在很大限度上满足绝大多数企业的安全要求。但是，包过滤型防火墙也有其不足之处，主要表现在：

（1）过滤判别的依据只是网络层和传输层的有限信息，因而各种安全要求不可能充分满足。

（2）在许多过滤器中，过滤规则的数目是有限制的，且随着规则数目的增加，性能会受到很大的影响。

（3）大多数过滤器中缺少审计和报警机制，它只能依据包头信息，而不能对用户身份进行验证，很容易受到"地址欺骗型"攻击。

2）代理型防火墙

代理型防火墙是针对包过滤技术存在的缺点而引入的防火墙技术，代理型防火墙通过在主机上运行的服务程序，直接面对特定的应用层服务，也称为应用型防火墙。代理型防火墙工作在应用层，其特点是完全"隔离"了网络通信流，通过对每种应用服务（如 E - mail、FTP、WWW、Telnet 等）编制专门的代理程序，达到监视和控制应用层通信流的目的。也就是说，防火墙内、外计算机系统间应用层的"链接"由两个终止代理服务器上的"链接"来实现，外部计算机的网络链接只能到达代理服务器，从而起到了隔离防火墙内、外计算机系统的作用。图 8 - 11 所示为代理通信的工作原理。

代理型防火墙又可以分为 3 类：电路级网关代理防火墙、应用网关代理服务器和自适应代理防火墙。

（1）电路级网关代理防火墙。电路级网关在和 TCP 握手的过程中，通过检查双方的 SYN、ACK 和序列数据逻辑是否合理来判断该请求的会话是否合法。一旦该网关认为会话是

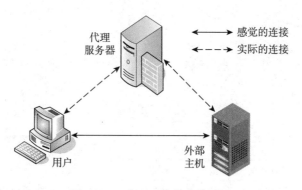

图 8 – 11　代理通信的工作原理

合法的，就会为双方建立连接，自此，网关仅复制、传递数据，而不进行过滤。电路级网关代理防火墙通常需要依靠特殊的应用程序来提供复制和传递数据的服务，其客户程序只在初次连接时进行安全协商控制，当连接建立后，数据将进行透明传输。

（2）应用网关代理服务器（Application Layer Gateway Service）也称应用层代理防火墙。这种防火墙通过一种代理（Proxy）技术参与一个 TCP 连接的全过程。从内部发出的数据包经过这样的防火墙处理后，就好像源于防火墙外部网卡一样，从而可以达到隐藏内部网络结构的作用。这种类型的防火墙被网络安全专家和媒体公认为最安全的防火墙，它的核心技术就是代理服务器技术。所谓代理服务器，是指代表客户处理服务器连接请求的程序，它在外部网络向内部网络申请服务时发挥了中间转接的作用，如图 8 – 12 所示。

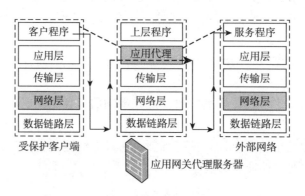

图 8 – 12　应用网关代理服务器的工作原理

（3）自适应代理防火墙。自适应代理（Adaptive Proxy）技术是近年来在商业应用防火墙中实现的一种革命性的技术。它结合代理型防火墙的安全性和包过滤型防火墙的高速性等优点，在毫不损失安全性的基础上将代理型防火墙的性能提高 10 倍以上。组成这种类型防火墙的基本要素有两个：自适应代理服务器（Adaptive Proxy Server）与动态包过滤器（Dynamic Packet Filter）。在自适应代理服务器与动态包过滤器之间存在一个控制通道。在对防火墙进行配置时，用户仅将所需要的服务类型、安全级别等信息通过相应代理的管理界面进行设置就可以了。然后，自适应代理防火墙就可以根据用户的配置信息，决定是使用代理服务从应用层代理请求还是从网络层转发包。如果是后者，它将动态地通知包过滤器增/减过滤规则，满足用户对速度和安全性的双重要求。自适应代理防火墙的工作原理如图 8 – 13 所示。

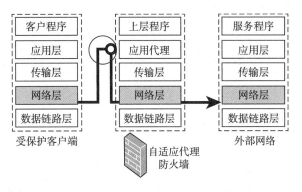

图 8 – 13　自适应代理防火墙的工作原理

应用级网关能理解应用层上的协议，能够进行较复杂的访问控制，在过滤数据的同时，也能对数据包进行必要的分析、登记和统计等，而且还有很好的审计功能和严格的用户认证功能，故应用级网关的安全性高。但是它要为每种应用提供专门的代理服务程序，使用时工作量很大，可能造成不必要的延迟。

代理型防火墙的最突出的优点是安全。由于它工作于最高层，因此它可以对网络中任何一层数据通信进行筛选保护，而不是像包过滤那样，只是对网络层的数据进行过滤。另外，代理型防火墙采取一种代理机制，它可以为每一种应用服务建立一个专门的代理，所以内、外部网络之间的通信不是直接的，都需先经过代理服务器审核，通过后再由代理服务器代为连接，从而避免了入侵者使用数据驱动类型的攻击方式入侵内部网络。代理型防火墙最大的缺点就是速度较慢，当网站访问量较大时会影响上网速度；代理型防火墙在设立和维护规则集时比较复杂，有时会导致错误配置和安全漏洞。

3）状态检测防火墙

状态检测防火墙采用了状态检测包过滤技术，是传统包过滤的功能扩展。状态检测防火墙在网络层有一个检查引擎，可截获数据包并抽取与应用层状态有关的信息，监视并维护每一个连接的状态信息，并以此为依据决定对该连接是接受还是拒绝。状态数据包过滤原则如下：在 TCP 建立之前，仍然使用普通的包过滤，但是在使用普通包过滤的同时，建立起连接状态表，对一个已建立的连接使用连接状态表去匹配。状态检测防火墙的工作原理如图 8 – 14 所示。

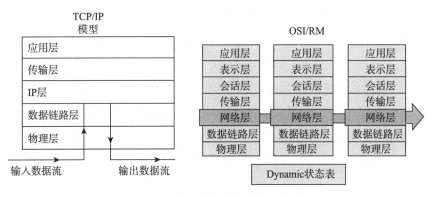

图 8 – 14　状态检测防火墙的工作原理

状态检测防火墙具有效率高、安全性高、可伸缩和易扩展、应用范围广等优势。现在的主流防火墙设备都是基于状态检测的防火墙设备，这类防火墙设备对业务应用是敏感的。状态检测防火墙涉及音频、视频等多媒体业务，协议比较复杂，经常会因为对协议的状态处理不当造成加入防火墙之后业务不通，或者为了保证业务的畅通需要打开很多不必要的端口，造成安全性降低。因此，一定要考察防火墙设备对业务的适应能力，避免引入防火墙设备后对正常业务造成影响。

5. 防火墙的部署

除了防火墙技术之外，防火墙在网络中的位置也是影响网络安全性的关键因素。防火墙的安全拓扑设计是非常灵活的，下面介绍几种常见的防火墙部署方式。

1）双宿主主机结构

双宿主主机结构防火墙系统是围绕具有双宿主主机的计算机而构筑的，该计算机至少有两个网络接口。这样的主机可以充当与这些接口相连的网络之间的路由器，它能够从一个网络向另一个网络发送 IP 数据包。防火墙内部的系统能与双宿主主机通信，同时防火墙外部的系统（在互联网上）能与双宿主主机通信，但是这些系统不能直接互相通信，它们之间的 IP 通信被完全阻止。双宿主主机结构防火墙系统如图 8－15 所示。

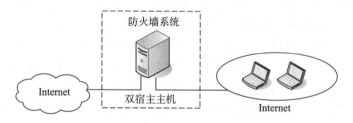

图 8－15　双宿主主机结构防火墙系统

双宿主主机结构中的堡垒主机创建了一个完全的物理隔断，其系统软件可用于维护系统日志、硬件复制日志或远程日志，这对于日后的检查很有用，但不能帮助网络管理者确认内网中哪些主机可能已被黑客入侵。同时，该防火墙系统仍由单机组成，没有安全冗余机制，仍是网络的"单失效点"。

2）屏蔽主机结构

屏蔽主机结构防火墙系统由包过滤路由器和堡垒主机组成，包过滤路由器位于内部网络与外部网络之间，而堡垒主机位于内部网络与包过滤路由器之间，如图 8－16 所示。

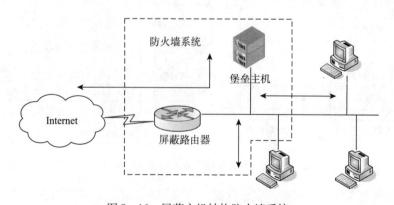

图 8－16　屏蔽主机结构防火墙系统

该系统主要的安全功能由包过滤路由器提供，堡垒主机主要提供面向应用的服务，而且可以用来隐藏内部网络的配置。包过滤路由器使用包过滤技术，使堡垒主机成为外部网络所能到达的唯一节点，并进行包过滤控制；内部网络中其他主机直接对外的通信，必须通过堡垒主机来完成。堡垒主机运行应用代理服务程序，为内部主机提供代理服务。

3）屏蔽子网结构

屏蔽子网结构防火墙系统在屏蔽主机结构的基础上增加了一个周边防御网段，即在内部网络和外部网络之间建立一个被隔离的独立子网，进一步隔离内部与外部网络，使内、外部网络之间形成一条"隔离带"，称为非军事区（Demilitarized Zone，DMZ），如图 8 - 17所示。

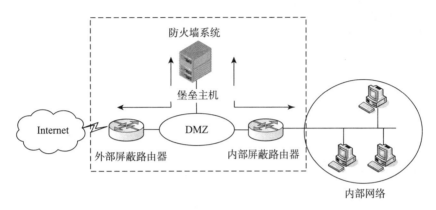

图 8 - 17　屏蔽子网结构防火墙系统

这种结构的主要优势是攻击者必须攻破 3 个单独的设备——外部包过滤路由器、DMZ中的堡垒主机、内部包过滤路由器，DMZ 所受到的安全威胁不会影响内部网络，因此该防火墙系统更安全，也是实际防火墙部署中最常见的一种部署方式。

8.3　网络故障与排除

8.3.1　网络故障诊断概述

网络组建和使用过程中可能会出现各种各样的故障，如操作系统问题、网络协议问题、网络设备硬件及配置问题等。整个网络或部分网络中断，会对企业造成严重的负面影响，所以企业需要网络管理员具备扎实的网络故障排除技术。当出现网络故障时，网络管理员必须使用系统化的方法对故障进行分析和排查，尽快恢复网络的正常运行状态。网络管理员为了能够对网络进行监控和排除故障，必须拥有一套完整且准确的当前网络文档，包括配置文件、物理和逻辑拓扑图等。

1. 网络故障诊断

网络故障诊断应该实现 3 方面的目标：

（1）确定网络的故障点，恢复网络的正常运行。

（2）发现网络规划和配置中的欠佳之处，改善和优化网络性能。

（3）观察网络运行状况，及时预测网络通信质量。

2. 网络故障诊断依据

网络故障诊断以网络原理、网络配置和网络运行的知识为基础，从故障现象出发，以网络诊断工具为手段获取诊断信息，确定网络故障点并查找问题的根源，然后排除故障，恢复网络的正常运行。

网络故障发生的原因通常有以下几种：

（1）物理层问题：物理设备连接故障或设备本身硬件故障及线路本身故障。

（2）数据链路层问题：网络设备接口及配置故障。

（3）网络层问题：网络协议配置或操作引起的故障。

（4）传输层问题：设备性能或通信拥塞引起的故障。

（5）应用层问题：包括操作系统和网络应用程序自身的软件故障。

故障诊断过程中可以使用路由诊断命令、网络管理工具、网络分析仪和其他故障诊断工具。

8.3.2 网络故障排除模型

1. 网络故障分类

随着计算机网络的发展和普及、新技术的不断出现，互联技术、拓扑以及应用日益复杂，这就要求网络管理人员必须具备以下能力：

（1）确保网络尽量稳定运行。

（2）熟练掌握故障排除方法。

（3）熟悉各种协议的可能故障点，迅速定位，排除故障。

常见的网络故障一般可以分为连通性问题和性能问题。连通性问题主要包括：硬件、媒介、电源故障，软件配置错误，设备兼容性问题。性能问题主要包括：网络拥塞、到目的地不是最佳路由、供电不足、产生路由环路、网络不稳定等。

2. 网络故障排除的步骤

网络故障排除的 3 个步骤是收集故障征状、查找分析问题和解决问题。在所有步骤中，网络管理员应该记录相关过程，并为每个阶段建立故障排查策略，在问题得到解决后，将故障排查过程文档化。图 8 - 18 所示为网络故障排除的基本流程。

（1）确定故障的具体现象，分析造成这种故障现象的原因类型。

（2）收集用于帮助隔离故障的信息。从网络管理系统、协议分析跟踪、路由器诊断命令的输出报告或软件说明书中收集有用信息。

（3）根据收集到的情况考虑可能的故障原因，排除某些故障原因。

（4）根据最后的可能故障原因，建立一个诊断计划或策略。

（5）执行诊断计划，认真做好每一步测试和观察，每改变一个参数都要确认结果。

（6）记录解决方案，确定预防措施。

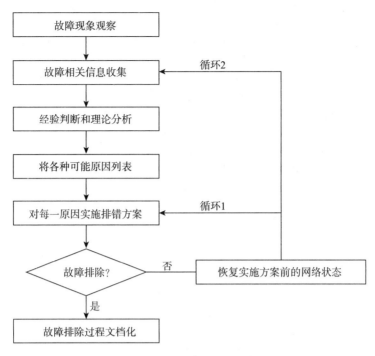

图 8 – 18 网络故障排除的基本流程

8.3.3 网络故障分层诊断技术

OSI/RM 的层次结构为网络管理员分析和排查网络故障提供了非常好的组织方式，由于各层相对独立，按层排查能够有效地发现和隔离故障，因此一般使用逐层分析和排查的方法。

使用分层模型排查网络故障时，主要有 3 种方法：

（1）自下而上故障排查法。采用自下而上故障排查法时，首先检查网络的物理组件，然后沿着 OSI/RM 的各层向上进行排查，直到确定故障原因。这种方法适用于不够成熟的物理网络，如新建的网络和重新调整过的网络。大部分网络故障一般出在较低层，因此，这种排查方法在实际网络维护中非常有效。自下而上故障排查法的缺点是必须逐一检查网络中各台设备和各个接口，所以工作量较大。

（2）自上而下故障排查法。采用自上而下故障排查法时，首先要检查最终用户应用程序，然后沿着 OSI/RM 的各层向下进行排查，直到确定故障原因。这种方法适用于物理网络相对成熟稳定的情况。自上而下故障排查法的缺点是必须逐一检查各网络应用程序，直至查明故障原因，比较有挑战性的是确定首先检查哪个应用程序。

（3）分治故障排查法。分治故障排查法是指网络管理员选择一个层并从该层的两个方向进行测试。采用分治故障排查法时，首先从用户那里收集故障征状并作记录，然后根据这些信息进行合理推测，即确定从哪一层开始进行排查。例如，如果用户无法访问 Web 服务器，但可以对服务器执行 ping 操作，则问题出现在三层之上；如果对服务器执行 ping 操作失败，则问题可能出现在较低层。

8.3.4 常用网络故障检测命令

网络组建完成后，首先应保证网络的正常运行。因此，在网络出现问题时迅速判断故障类型并加以解决是十分重要的，通常可以使用一些命令来检测网络故障。常用于收集网络故障征状的命令有 ping、ipconfig、tracert、netstat 和 telnet 命令。

1. ping 命令

ping 命令是一种网络连通性测试命令，也是网络中使用最频繁的一个测试命令。ping 命令通过向计算机发送 ICMP 报文并监听回应报文的返回，以校验与远程主机或本地主机的连接情况，可以很好地帮助人们分析判定网络故障。

ping 命令可以加入许多参数，其完整语法格式如下：

ping[-t][-a][-n count][-l size][-f][-i TLL][-v TOS][-r count][-s count][[-j host -list]|[-k host -list]][-w timeout][-R][-s srcaddr][-4][-6]target_name

target_ name 可以是目标主机的 IP 地址，也可以是目的主机的域名。ping 命令的参数可以单独使用，也可以多个参数一起使用。可以在 DOS 命令提示符下输入"ping/?"查看 ping 命令参数，如图 8 – 19 所示。

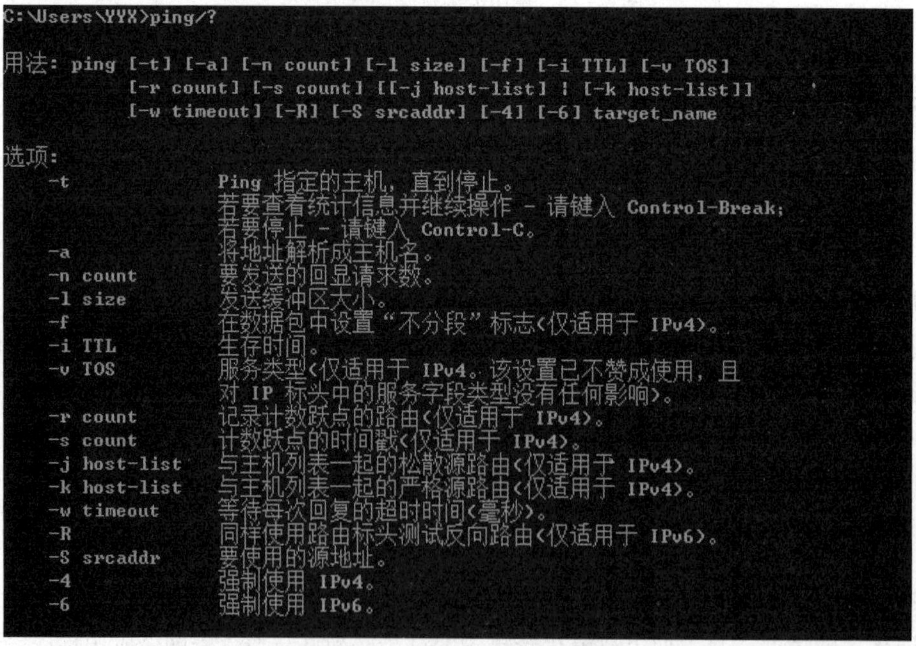

图 8 – 19　查看 ping 命令参数

2. ipconfig 命令

ipconfig 命令用来查看本机主机 TCP/IP 的配置信息，如 IP 地址、子网掩码、默认网关、DNS 服务器等。ipconfig 命令有多个可选参数，主要有/all、/renew、/release 3 个，其中/all

参数显示与 TCP/IP 相关的详细信息，/renew 参数用来在使用了 DHCP 的客户端更新 IP 配置参数，/release 参数用来在使用了 DHCP 的客户端释放 IP 配置参数。若不加任何参数，则只显示 IP 地址、子网掩码和默认网关，如图 8 – 20 所示。

```
PC>ipconfig

FastEthernet0 Connection:(default port)
Link-local IPv6 Address.........: FE80::2E0:A3FF:FEB1:88C2
IP Address.......................: 172.16.10.10
Subnet Mask......................: 255.255.255.0
Default Gateway..................: 172.16.10.1
```

图 8 – 20　ipconfig 命令

3. tracert 命令

tracert 命令用来显示数据包从源主机到目的主机所经过的路径。tracert 命令通过向目的主机发送具有不同 TTL 的 ICMP 请求应答报文，以确定到目的地要经过的中间节点。使用该命令可以很好地定位网络中存在的故障点。tracert 命令的使用及测试结果如图 8 – 21 所示。

```
PC>tracert 172.16.1.10

Tracing route to 172.16.1.10 over a maximum of 30 hops:

  1    1 ms        0 ms        0 ms        172.16.10.1
  2    *           0 ms        0 ms        172.16.0.9
  3    *           0 ms        0 ms        172.16.1.10

Trace complete.
```

图 8 – 21　tracert 命令的使用及测试结果

4. netstat 命令

netstat 命令可以显示活动的 TCP 连接、计算机侦听的端口、以太网统计信息、IP 路由表、IPv4 统计信息（对于 IP、ICMP、TCP 和 UDP）及 IPv6 统计信息（对于 IPv6、ICMPv6、通过 IPv6 的 TCP 及通过 IPv6 的 UDP）。netstat 命令的主要参数如下：

（1）– a 参数：显示所有的有效连接信息列表，包括已建立的连接（ESTABLISHED），也包括监听连接请求（LISTENING）的那些连接、断开连接（CLOSE_ WAIT）或者处于联机等待状态的连接（TIME_ WAIT）等。

（2）– n 和 – o 参数：– n 参数以数字形式显示地址和端口号，– o 参数显示每个连接的进程 ID（PID）。

（3）– s 参数：显示 TCP、UDP、ICMP 和 IP 的统计信息。

（4）– e 参数：显示以太网统计信息。

5. telnet 命令

使用 telnet 命令可以连接到某个 IP 地址，命令格式为"telnet 目的地址"，如图 8 – 22 所示。

图 8 - 22　telnet 命令

8.3.5　常见网络故障的排除

网络故障极为普遍，故障种类繁多。如果把常见的网络故障进行归类查找，那么无疑能够迅速而准确地查找故障根源，进而解决网络故障。引起计算机网络故障的因素总的来说可以分为物理故障和逻辑故障。本节主要介绍常见物理故障与逻辑故障的分类诊断及故障排除过程。

1. 主机故障

1）物理故障

物理故障即网络设备的故障，指设备或线路损坏、插头松动、线路受到严重的电磁干扰等情况。

（1）线路故障：在日常网络维护中，线路故障的发生率相当高，约占故障发生率的70%。线路故障通常包括线路损坏及线路受到严重的电磁干扰。

一般的排查方法：替换法，替换接口或连接线缆判断是接口问题还是连接线缆问题。使用网线测试仪测量线缆的好坏。对于由邮电部门等供应商提供的，需通知线路供应商检查线路，看是否线路中间被切断。对于是否存在严重电磁干扰的排查，可以用屏蔽较强的屏蔽线在该段网络上进行通信测试，假如通信正常，则表明存在电磁干扰，注意远离如高压电线等电磁场较强的物件；假如同样不正常，则应排除线路故障而考虑其他原因。

（2）端口故障：端口故障通常包括插头松动和端口本身的物理故障。

一般的排查方法：此类故障可以通过端口指示灯的状态大致判定故障的发生范围和可能原因，也可以使用其他端口替换看能否连接正常。

（3）主机物理故障：主机物理故障通常包括网卡松动、网卡物理故障、主机的网卡插槽故障和主机本身故障。其一般的排查方法是更换新的插槽或网卡进行测试。

2）逻辑故障

逻辑故障中最常见的情况是配置错误，即网络设备的配置错误导致的网络异常或故障。

（1）网卡的驱动程序安装不当：解决方法很简单，只要找到正确的驱动程序重新安装即可。

（2）网卡设备冲突：网卡设备与主机的其他设备有冲突，会导致网卡无法工作。

一般排查方法：磁盘大多附有测试和设置网卡参数的程序，分别查验网卡设置的接头类型、IRQ、I/O 端口地址等参数。

（3）主机的网络地址参数设置不当：主机配置的 IP 地址与其他主机冲突，或 IP 地址根本不在网范围内，这将导致该主机不能连通。

一般排查方法：查看网络邻居属性中的连接属性窗口或者使用 ipconfig 命令，查看 TCP/IP 选项参数是否符合要求（包括 IP 地址、子网掩码、网关和 DNS 参数），如果参数不符合要求，则进行修改。

（4）主机网络协议或服务安装不当：主机网络协议或服务安装不当也会造成网络无法连通。

一般排查方法：在网上邻居属性或在本地连接属性窗口查看所安装的协议是否与其他主机一致，如 TCP/IP、NetBEUI 和 IPX/SPX 兼容协议等；其次，查看主机所提供的服务的相应服务程序是否已安装，假如未安装或未选中，则重新安装或选中相应服务。

（5）网络配置故障：网络配置故障就是因网络中的各项配置不当而发生的故障。

一般排查方法：检查服务器的各项配置和工作站的各项配置，根据出现的错误信息和现象查出原因。

2. 交换机故障

1）物理故障

物理故障主要指交换机电源、背板、模块、端口等部件的故障，可以分为电源故障、端口故障、模块故障、背板故障和线缆故障。

（1）电源故障：一般观察电源指示灯即可发现这类问题。如果面板上的 POWER 指示灯是绿色的，就表示是正常的；如果该指示灯灭了，则说明交换机没有正常供电。

（2）端口故障：一般情况下，端口故障是某一个或者几个端口损坏。因此，在排除了端口所连计算机的故障后，可以通过更换所连端口来判断其是否损坏。

（3）模块故障：在排除此类故障时，首先确保交换机及模块的电源正常供应，然后检查各个模块是否插在正确的位置上，最后检查连接模块的线缆是否正常。在连接管理模块时，还要考虑它是否采用规定的连接速率，是否有奇偶校验，是否有数据流控制等因素。

（4）背板故障：在外部电源正常供电的情况下，如果交换机的各个内部模块都不能正常工作，那就可能是背板损坏，需要更换背板。

（5）线缆故障：可能原因为接头接插不紧、线缆制作时顺序排列错误或者不规范、线缆连接时应该使用交叉线却使用了直连线、光缆中的两根光纤交错连接、错误的线路连接导致网络环路等。

2）逻辑故障

交换机的逻辑故障是指系统及其配置上的故障，它可以分为系统错误和配置错误。

（1）系统错误：解决这类错误的一般方法是更新系统或通过备份重新导入系统文件。

（2）配置错误：交换机配置错误一般包括 VLAN 划分不正确导致网络不通、端口被错误地关闭、交换机和网卡的模式配置不匹配、端口安全限制、交换环路拓扑中 STP 配置不当等。这类故障需要结合 show vlan、show interfaces 和 show port – security 等命令查看相关配置进行排查。

3. 路由器故障

1）物理故障

在故障定位的过程中，可把不必要的相连设备先去掉，缩小故障定位的范围，从而快速准确地定位故障。

（1）串口故障：串口出现连通性问题时，一般使用 show interface serial 命令查看串口状态，结果中提供了该接口状态和线路协议状态。通过分析查看结果，找出问题所在。

（2）以太接口故障：以太接口的典型故障问题有接口需处理的数据太多、碰撞冲突频繁、使用不兼容的帧类型。使用 show interfaces 命令可以查看以太接口的吞吐量、碰撞冲突、信息包丢失和帧类型的有关内容等。

2）逻辑故障

逻辑故障中最常见的情况是配置错误，即网络设备的配置错误所导致的网络异常或故障。路由器的逻辑故障通常包括路由器端口参数设定有误、路由器路由配置错误、路由器 CPU 利用率过高和路由器内存余量太小等。这类故障需要结合 ping 或 traceroute 命令来查看远端地址的哪个节点出现了问题，然后对该节点参数使用 show 命令进行检查和修复。

8.4　实践练习

常见网络故障诊断命令的使用

1. 工作任务

网络搭建和使用中经常会出现一些故障，如果本地主机（172.16.110.10/24）与远端主机（172.16.160.10/24）之间无法正常通信，其案例拓扑结构如图 8-23 所示，作为网络管理员，需要根据网络故障现象使用 ping、tracert、show 等命令进行故障诊断和排除，以确保网络的正常运行。

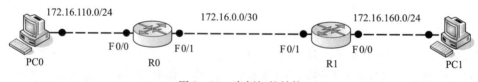

图 8-23　案例拓扑结构

2. 任务实施

1）使用 ping 命令测试网络连通性与故障排除

ping 命令是 Windows 操作系统中集成的一个 TCP/IP 探测工具，它只能在有 TCP/IP 的网络中使用。前面已经介绍了 ping 命令的参数及语法结构，这里主要介绍在故障排除过程中 ping 命令的用法。

（1）使用 ping 命令测试环回地址。验证在本地计算机上的 TCP/IP 配置是否正确，如果测试结果不通，则需重新安装 TCP/IP，然后进行测试。在命令提示符界面输入命令"ping 127.0.0.1"，测试环回命令及测试成功结果如图 8-24 所示。

（2）用 ping 命令测试本地计算机的 IP 地址 172.16.110.10/24，可以测试出本地计算机的网卡驱动是否正确、IP 地址设置是否正确、本地连接是否被关闭。如果能正常 ping 通，说明本地计算机网络设置没有问题；如果不能 ping 通，则要检查本地计算机的网卡驱动是否正确、IP 地址设置是否正确、本地连接是否被关闭。输入命令如下：

图 8 - 24　测试环回命令及测试成功结果

C:\>ping 172.16.110.10

（3）用 ping 命令测试默认网关。用 ping 命令测试默认网关的 IP 地址，可以验证默认网关是否运行及默认网关能否与本地网络上的计算机通信。如果能正常 ping 通，说明默认网关正常运行，本地网络的物理连接正常；如果不能 ping 通，则要检查默认网关是否正常运行、本地网络的物理连接是否正常，需要分别检查，直到能 ping 通默认网关。用 ping 命令测试默认网关的命令格式为"ping 默认网关地址"，假如默认网关的 IP 地址是172.16.110.1，则输入命令如下：

C:\>ping 172.16.110.1

（4）用 ping 命令测试远程计算机的 IP 地址 172.16.160.10/24。用 ping 命令测试远程计算机的 IP 地址可以验证本地网络中的计算机能否通过路由器与远程计算机正常通信。如果能正常 ping 通，说明默认网关（路由器）正常路由；如果出现图 8 - 25 所示的测试结果，则说明本地网关路由器的路由信息不全，需要查看路由信息。

图 8 - 25　测试失败结果 1

如果出现图 8 - 26 所示的测试结果，则需要检查两端主机硬件、本地连接、IP 属性配置，还需查看对端路由器的路由信息。

图 8 - 26　测试失败结果 2

通过以上 4 个步骤的检测和修复，本地局域网内部和路由器存在的问题基本就可以确定了。

（5）带参数的 ping 命令的使用。

可以用 ping 命令的 –t 参数，如"ping – t 172. 16. 160. 10"，该命令将一直执行下去，直至用户按"Control + C"组合键才能停止。根据命令执行的结果可以查看网络对数据包的处理能力（如丢包率、响应时间等）及网络的稳定性。

可以通过 ping 命令的 –r 参数探测 IP 数据包经过的路径，了解网络结构，帮助排除网络故障，此参数可以设定探测经过路由的个数。例如，"C:\ > ping – r 2 39. 98. 64. 56"可以测试并记录到目的主机路径上两个路由器的情况，测试结果如图 8 – 27 所示。

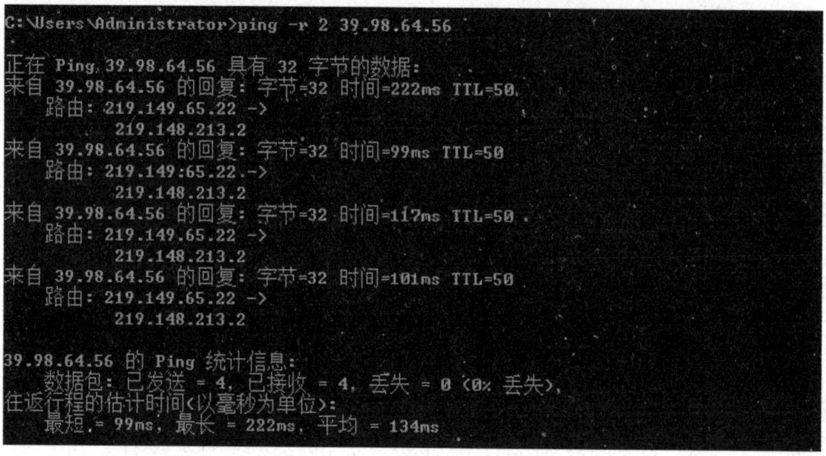

图 8 – 27　ping – r 测试结果

2）tracert 命令

tracert（跟踪路由）是路由跟踪实用程序，用于确定 IP 包访问目标所经过的路径，是解决网络路径错误非常有用的工具。通常用该命令跟踪路由，确定网络中某一个路由器节点是否出现故障，然后进一步解决该路由器的节点故障。使用命令"tracert 172. 16. 160. 10"可以跟踪本地主机到目的主机 172. 16. 160. 10 的路由情况，图 8 – 28 所示的 tracert 测试结果说明故障出现在 IP 地址为 172. 16. 0. 2 的路由器或下一跳设备上。

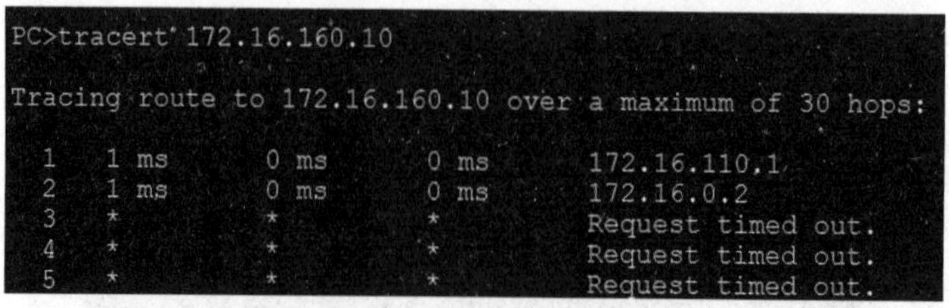

图 8 – 28　tracert 命令的测试结果

网络故障测试命令很多，在实际应用中一般需要先使用测试命令初步确定故障点范围及可能引发的原因，然后结合命令查看可能原因的相关内容，进一步分析并解决问题。

3. 任务结果

排查故障一般从以下几个方面进行：

（1）查看 PC1 的 IP 属性配置是否正确。

（2）查看 PC1 与路由器连接是否正常。

（3）查看路由器 R1 的配置内容，重点检查路由表信息和接口 IP 是否正确。

每排查一个故障点，都需进行路由跟踪或连通性测试，直至所有故障点都被排查。连通性测试结果如图 8-29 所示。

```
PC>tracert 172.16.160.10

Tracing route to 172.16.160.10 over a maximum of 30 hops:

  1    0 ms      0 ms      0 ms       172.16.110.1
  2    0 ms      0 ms      0 ms       172.16.0.2
  3    0 ms      0 ms      0 ms       172.16.160.10

Trace complete.

PC>ping 172.16.160.10

Pinging 172.16.160.10 with 32 bytes of data:

Reply from 172.16.160.10: bytes=32 time=1ms TTL=126
Reply from 172.16.160.10: bytes=32 time=0ms TTL=126
Reply from 172.16.160.10: bytes=32 time=0ms TTL=126
Reply from 172.16.160.10: bytes=32 time=0ms TTL=126

Ping statistics for 172.16.160.10:
    Packets: Sent = 4, Received = 4, Lost = 0 (0% loss),
Approximate round trip times in milli-seconds:
    Minimum = 0ms, Maximum = 1ms, Average = 0ms
```

图 8-29　连通性测试结果

本章习题

一、选择题

1. 下列属于物理层故障的征状是（　　）。

A. CPU 使用率高　　B. 广播过多　　　　C. STP 融合缓慢　　D. 产生路由环路

2. 技术人员已被要求排查看起来像软件导致的简单网络故障，建议使用的故障排查方法是（　　）。

A. 自上而下故障排查法　　　　　　　　B. 自下而上故障排查法

C. 分治法故障排查法　　　　　　　　　D. 从中间着手

3. 关于 SNMP 的说法中正确的是（　　）。

A. SNMP 是一种对称协议，没有主从关系

B. SNMP 中规定的 5 种网络管理操作都具有原子特性

C. SNMP 是实际上的工业标准

D. 网络管理操作 trap 被 Agent 用来向 Manager 报告某一种异常事件的发生

4. ping 命令用的是（　　　）的 ECHO 报文。

A. IP　　　　　　　B. ICMP　　　　　　C. L2TP　　　　　　D. SNMP

5. 在浏览器中的地址栏中输入 IP 地址可以访问网站，而输入域名不能访问网站，这可能是因为（　　　）。

A. 子网掩码设置有误　　　　　　　B. IP 地址设置有误

C. 网关设置有误　　　　　　　　　D. DNS 设置有误

6. 下列不属于网络防火墙类型的是（　　　）。

A. 入侵检测技术　　B. 包过滤　　　　C. 电路层网关　　　D. 应用层网关

7. 加密系统至少包括（　　　）。

A. 加解密密钥　　　B. 明文　　　　　C. 加解密算法　　　D. 密文

8. 对称加密算法的特点是（　　　）。

A. 算法公开　　　　B. 计算量大　　　C. 安全性高　　　　D. 加密效率低

9. 关于防火墙的说法中错误的是（　　　）。

A. 防火墙能隐藏内部的 IP 地址

B. 防火墙能提供 VPN 功能

C. 防火墙能阻止来自内部的威胁

D. 防火墙能控制进出内部网络的信息流和信息包

二、简答题

1. 简述通用网络故障排除的一般步骤。

2. 简述分层故障排除方式中各层故障的征状。

3. 简述网络管理的功能。

4. 简述防火墙的主要功能和类型。

5. 网络故障排除的常用命令有哪些？

参 考 文 献

[1] 宁蒙. 局域网组建与维护 [M].2 版. 北京：机械工业出版社，2012.

[2] 姜东洋，卢晓丽，张学勇. 中小型企业网络建设与维护 [M]. 北京：机械工业出版社，2018.

[3] 谢希仁. 计算机网络 [M].7 版. 北京：电子工业出版社，2017.

[4] 杨云江. 计算机网络基础 [M].3 版. 北京：清华大学出版社，2016.

[5] 刘勇，邹广慧. 计算机网络基础 [M]. 北京：清华大学出版社，2016.

[6] 严争. 计算机网络基础教程 [M].4 版. 北京：电子工业出版社，2016.

[7] 满昌勇，崔学鹏. 计算机网络基础 [M].2 版. 北京：清华大学出版社，2015.